Hans-Joachim Pachur, Hans-Peter Röper

Zur Paläolimnologie Berliner Seen

Druck: **Z**entrale **U**niversitäts-**D**ruckerei, Kelchstraße 31, 1000 Berlin 41

BERLINER GEOGRAPHISCHE ABHANDLUNGEN

Herausgegeben von Peter-Jürgen Ergenzinger, Dieter Jäkel, Hans-Joachim Pachur
und Wilhelm Wöhlke

Schriftleitung: Dieter Jäkel

Heft 44

Hans-Joachim Pachur & Hans-Peter Röper

Zur Paläolimnologie Berliner Seen

150 Seiten, 42 Abbildungen, 28 Tabellen

mit einem Beitrag von

KARLHEINZ BALLSCHMITER und HEINZ BUCHERT

1987

Im Selbstverlag des Institutes für Physicne Geographie der Freien Universität Berlin
ISBN 3 - 88009 - 043 - 2

Vorwort

In geomorphologischen und älteren geologischen und bodenkundlichen Kartenwerken bleibt die Darstellung der Substrate am Boden der Seen und Flüsse ausgespart. Erst in den letzten zwei Jahrzehnten gelangten im Rahmen von Moormächtigkeitskartierungen und Überarbeitungen von geologischen Karten die subhydrischen Sedimenten zur Darstellung.

Hierin drückt sich ein Kenntnisdefizit aus, welches angesichts der im Archiv Seesediment gespeicherten, landschaftsgeschichtlichen Informationen und den Erfordernissen der Wassergüteerhaltung der Vorfluter in den letzten 15 Jahren vermehrt zu Forschungsaktivitäten in verschiedenen Disziplinen (vgl. u.a. FÖRSTNER & MÜLLER 1974) geführt hat.

In der vorliegenden Publikation werden Ergebnisse von Untersuchungen an Seesedimenten, vorzugsweise des Berliner Raumes, vorgestellt, die im wesentlichen im Rahmen von Forschungs- und Entwicklungsvorhaben des Umweltbundesamtes zusammen mit K. BALLSCHMITER, Ulm, erarbeitet wurden. Die Veröffentlichung in einer Institutsreihe bietet dank einer Druckbeihilfe der Freien Universität Berlin und der Ernst-Reuter-Stiftung die Möglichkeit, die Erfahrungen bei der Anwendung der Methoden und Techniken zur Untersuchung subhydrischer Sedimente ausführlicher darzustellen, um die Studenten der Geowissenschaft zu ermutigen, Arbeiten in diesem Gebiet aufzunehmen.

Es galt einige methodische Schwierigkeiten zu überwinden, angefangen von der Probennahme möglichst ungestörter hoch wasserhaltiger Sedimente, der Verbindungsidentifikation im Nanogrammbereich aus hochkomplexen Gemischen polychlorierter Kohlenwasserstoffe, der Vortrennung von Rohextrakten, der Entfernung elementaren Schwefels und Organoschwefelverbindungen für die Gaschromatographie über Koagulationsprobleme bei der Granulometrie der Schlämmfraktion, der Matrix-Störeffekte bei der Schwermetallbestimmung und der Abschätzung des Durchlässigkeitsbeiwertes von Mudden.

Der Kanzler der Freien Universität hat durch einen einmaligen Zuschuß die Konstruktion eines Entnahmegerätes gefördert, und die Abteilung Wasserwesen beim Senator für Stadtentwicklung und Umweltschutz unter R. KLOOS und das Fischerei-Amt unter U. GROSCH haben Personal und Schiffsmaterial zur Verfügung gestellt. Mittel für eine Bohrung verdanken wir dem Senator für Bau- und Wohnungswesen. Eine fruchtbare Zusammenarbeit entwickelte sich mit dem Institut für Wasser-, Boden-, Lufthygiene (A. GROHMANN, U. HÄSSELBARTH, K. MAYER und A. KLEIN) und der Technischen Universität (A. BRANDE, Palynologie) sowie dem Umweltbundesamt, vertreten durch P. HENSCHEL.

Ohne den persönlichen Einsatz der Studenten und Mitarbeiter des Instituts für Physische Geographie der FU-Berlin wären weder die Bohrarbeiten noch die Auswertung möglich gewesen. Die Analysen führte im wesentlichen Frau B. LADWIG aus. Herr J. SCHMIDT war im wesentlichen bei der Probennahme sowie den sedimentologischen Arbeiten beteiligt.

Berlin, im Dezember 1987
HANS-JOACHIM PACHUR
HANS-PETER RÖPER

Anschrift der Autoren:

Prof. Dr. HANS-JOACHIM PACHUR, Institut für Physische Geographie, Geoökologie und Wüstenforschung, Grunewaldstr. 35, 1000 Berlin 41.
Dr. HANS-PETER RÖPER, Institut für Physische Geographie, Geoökologie und Wüstenforschung, Grunewaldstr. 35, 1000 Berlin 41.

Inhaltsverzeichnis

Seite

1. Einleitung und Problemstellung. 11

2. Geowissenschaftliche Position der Berliner Seen 14
   2.1 Klima, Witterung und Hydrographie 18

3. Untersuchungsmethoden. 24
   3.1 Kerngewinnung. 24
      3.1.1 Tiefgefriermethode 24
      3.1.2 Kernung nach LIVINGSTONE 24
      3.1.3 Kernung nach STADE & KAHL 24
      3.1.4 Zusammenfassung. 25
   3.2 Sedimentologische und geochemische Untersuchungen. 25
      3.2.1 Interstitialwasser 26
      3.2.2 Festsubstanz. 26
          3.2.2.1 Organischer und anorganischer Kohlenstoff 26
          3.2.2.2 Austauschkapazität 28
          3.2.2.3 Diatomeen-Kieselsäure 28
          3.2.2.4 Gesamt-Phosphor 29
          3.2.2.5 Ca, Mg und Schwermetalle 30
          3.2.2.6 Granulometrie. 33
          3.2.2.7 Röntgenographische Untersuchungen 35
          3.2.2.8 Energiedisperse Röntgenmikroanalyse. 35
   3.3 Persistente Chlorkohlenwasserstoffe und Polyaromate in limnischen Sedimenten (BALLSCHMITER & BUCHERT 1982 und 1985) 36
      3.3.1 Experimentelle Grundlage 36
          3.3.1.1 Geräte zur Kapillar-Gaschromatographie 36
          3.3.1.2 Reinigung der Lösungsmittel und Adsorptionsmittel 36
          3.3.1.3 Sonstige Geräte 38
          3.3.1.4 Reinigung der verwendeten Geräte 38
          3.3.1.5 Verwendete Eich- und Vergleichssubstanzen. 39
          3.3.1.6 Technik der Mikro-Reaktionssäulen 40
      3.3.2 Identifizierung nach temperaturprogrammierter Kapillar-Gaschromatographie. 41
      3.3.3 Quantifizierung von Chlorkohlenwasserstoffen im Spurenbereich in Sedimentproben nach temperatur-programmierter Kapillar-Gaschromatographie. 42
      3.3.4 Extraktion der Sedimentproben 43
      3.3.5 Vortrennung des Sediment-Rohextraktes mittels Adsorptionschromatographie. 43
      3.3.6 Bewertung der erhaltenen Ergebnisse 43

4. Ergebnisse. 44
   4.1 Mächtigkeit der Limnite, Verbreitung und Altersstellung 44
      4.1.1 Das Maximalalter der Flußseen 48
      4.1.2 Die Talungen außerhalb der Havel. 51
          4.1.2.1 Die Bäke 51
          4.1.2.2 Der Tatarengrund 53
          4.1.2.3 Die Grunewaldseenrinne 54
          4.1.2.4 Die Teufelssee-Pechsee-Barssee-Talung 54

Seite

4.2	Seebeckengenese und Toteistheorie	56
4.3	Das Gefüge der Sedimente und Sauerstoffisotope	61
	4.3.1 Das Liegende der Kalkmudden, die sandige Basis	61
	4.3.2 Die Rhythmite	61
	4.3.3 Zur Abschätzung der Paläotemperatur	66
	4.3.4 Granulometrie der Mudde	68
4.4	Chemische und mineralogische Charakterisierung der Sedimente	72
	4.4.1 Der Wassergehalt	72
	4.4.2 Der Chlorid-Gehalt des Interstitialwassers	77
	4.4.3 Der organische Kohlenstoff	80
	4.4.4 Die Diatomeenkieselsäure	84
	4.4.5 Der Phosphorgehalt der Sedimente	86
	4.4.6 Eisen und Mangan	87
	4.4.7 Die Karbonate	94
	4.4.7.1 Mittel- und Spätholozäne Änderungen im $CaCO_3$-Gehalt der Sedimente	100
	4.4.8 Die Silikate und die Tonfraktion	101
	4.4.9 Die Austauschkapazität der Limnite	103
4.5	Die hydrographischen Aspekte	105
4.6	Die Kontamination der Sedimente mit Schwermetallen und Umweltchemikalien	111
	4.6.1 Die Schwermetalle	111
	4.6.2 Organische Umweltchemikalien	118
	4.6.2.1 Einführung (BALLSCHMITER & BUCHERT 1985)	118
	4.6.2.2 Das Kontaminationsspektrum	121
5. Zusammenfassung		125
6. Literatur		128
7. Anhang		132
Résumé		140
Summary		142
List of Figures		144
List of Tables		148

Verzeichnis der Abbildungen

Seite

Abb.	1:	Übersichtskarte der Berliner Gewässer.......................... Beilage
Abb.	2:	Glaziale Vorprägung eines Seebeckens auf der Teltower Platte............ 17
Abb.	3:	Stratigraphische Abfolge für den Berliner Raum...................... 18
Abb.	4:	Niederschläge und Zahl der Tage (1950-1969) mit für Erosionsereignisse relevanten Regenhöhen.. 19
Abb.	5:	Durch Absenkung des Grundwassers eingetretene influente Bedingungen im Einzugsbereich der Wasserwerke Wannsee und Riemeisterfenn............ 21
Abb.	6:	Sedimentprofile des Teltower und Schönower Sees..................... 23
Abb.	7:	Spektrum der angewendeten Untersuchungsmethoden und -techniken für die gefüge- und geochemische Analyse von Seesedimenten.................. 27
Abb.	8:	Aufarbeitungs- und Reinigungsschritte bei der Untersuchung von Umweltchemikalien in Seesedimenten.. 39
Abb.	9:	Vulkanisches Glas (Bims) der alleröd zeitlichen, phreatomagmatischen Laacher See Eruption aus dem Teufelssee.................................... 44
Abb.	10:	Mächtigkeit und Verbreitung der Mudde in der Haveltalung aufgrund von Bohrungen und Sondierungen....................................... 45
Abb.	11:	Distaler Fächer der Laacher See Tephra............................. 47
Abb. 12A:		Sedimentfolge im Tegeler See (Kern T; Seemitte) bei 14,5 m Wassertiefe Beilage
Abb. 12B:		Sedimentfolge der oberen 9 m und des Basisbereichs im Krienicke See.. Beilage
Abb.	13:	Übersichtsskizze der im Seebeckentiefsten — 14-16 m Wassertiefe — des Tegeler Sees angetroffenen Limnite................................... 49
Abb.	14a:	Die Seesande an der Basis der Mudde im Tegeler See.................. 50
Abb.	14b:	Characee mit Calciumumhüllung aus dem Seesand des Teufelssees........ 51
Abb.	15:	Verbreitung und Mächtigkeit limnischer siderithaltiger (Seekreide) und telmatischer Sedimente in der Buschgrabentalung........................... 52
Abb.	16:	Höhenlinienplan der pleistozänen glazifluviatilen Abflußbahn des Tatarengrundes mit spätpleistozäner Wasserscheide............................. 55
Abb.	17:	Ausgewählte Sedimentparameter des Teufelssees...................... 57
Abb.	18:	Fortschreitendes Schmelzen eines Eisblockes unter einem wassergesättigten Quarzsand, der den Boden des Sees bildet............................ 59
Abb.	19:	Rhythmit aus 26 m Tiefe unterhalb des rezenten Seebodens (Tegeler See)... 62
Abb.	20:	REM-Photo: Framboidaler Pyrit und Diatomeenvalven (Tegeler See)....... 65
Abb.	21:	Kurve der stabilen Sauerstoffisotope karbonatischer Mudden aus dem Tegeler See.. 67
Abb.	22:	Korngrößenverteilung im oberen Bereich von Kern B, Havel............. 71
Abb.	23:	Die oberen Dezimeter der Havelsedimente (Kern B)................... 73
Abb.	24:	REM-Foto von Diatomeenvalven und Aggregatkörnern (Havel).......... 74
Abb.	25:	REM-Foto eines Aggregats aus Diatomeenvalven (Kern B, Havel)........ 75
Abb.	26:	REM-Fotos einer Diatomeenmudde aus dem Krienicke See bei Spandau.... 76
Abb.	27:	Wassergehalt, organischer Kohlenstoff, Diatomeenkieselsäure, Gesamt-Phosphor und Austauschkapazität im Kern B, Havel........................ 78
Abb.	28:	Wassergehalt, Chlorid-Konzentration des Interstitialwassers, organischer Kohlenstoff der Trockensubstanz und Gesamt-Phosphor, Diatomeenkieselsäure, sowie Austauschkapazität im Kern T, Tegeler See........................ 79
Abb.	29:	Karbonat-Gehalt, Ca-, Fe-, Mn-Konzentrationen und Fe/Mn-Verhältnis im Kern B, Havel... 82
Abb.	30:	Karbonat-Gehalt, Ca-, Mg-, Mn-, Fe-Konzentrationen und Fe/Mn-Verhältnisse im Kern T, Tegeler See.. 83

			Seite
Abb.	31:	Sedimentzusammensetzung sowie anorg. C-, org. C- und P-Gehalte im Kern Kl 2, Krumme Lanke.	84
Abb.	32:	Sedimentzusammensetzung sowie anorg. C- und org. C-Gehalte im Kern Kl 1, Krumme Lanke	84
Abb.	33:	REM-Foto: Diatomeenvalven und einzelne Aggregatkörner; Kern B, Havel.	85
Abb.	34a:	Röntgendiagramme der Mangananreicherungszone des Tegeler Sees (Kern T).	96
Abb.	34b:	REM-Foto einer hellen Lage (Sommer) des Rhythmits aus 27,65 m Sedimenttiefe; Tegeler-See-Kern (Seemitte).	97
Abb.	35:	Sedimentzusammensetzung sowie anorg. C-, org. C- und P-Gehalte im Kern des Schlachtensees.	99
Abb.	36:	Ausgangssituation möglicher Migration aus dem Sediment in das genutzte Grundwasser am Beispiel des Tegeler Sees.	107
Abb.	37:	Vergleich der Durchlässigkeit von Mineral- und Moorböden mit der Mudde vom Tegeler See	108
Abb.	38:	Chloridkonzentration des Interstitialwassers und Schwermetall-Gehalte des Sediments im Kern B, Havel	110
Abb.	39:	Schwermetalle im Sedimentkern des Schlachtensees.	111
Abb.	40:	Schwermetalle im Sedimentkern Kl 2, Krumme Lanke.	111
Abb.	41:	Schwermetalle im Sedimentkern des Pechsees.	111
Abb.	42:	Schwermetalle und Xenobiotika in der obersten Sedimentzone	119

Verzeichnis der Tabellen

Seite

Tab.	1:	Übersicht über die Geräteparameter für die Kapillar-Gaschromatographie....	37
Tab.	2:	Arbeitsbedingungen bei der Untersuchung von Sedimentproben mit der Gaschromatographie-Massenspektrometrie-Kombination	38
Tab.	3:	Ausschnitt aus einer Retentionsindex-Tabelle, die nach Ausdruck des Originalreports von einem HP 5880 A BASIC-Programm erstellt wurde	42
Tab.	4:	Definition der Belastungsstufen.................	43
Tab.	5:	Korngrößenverteilung von der Basis der Limnite (Tegeler See)	49
Tab.	6:	Korngrößenverteilung von der Basis der Limnite, Teufelssee und Krumme Lanke (Kern Kl 1).................	63
Abb.	7:	Korngrößenanalysen, Kern B, Havel	69
Tab.	8:	Korngrößenanalysen, Mudden des Tegeler Sees.......................	70
Tab.	9:	Wassergehalt, Glühverlust sowie organischer und anorganischer Kohlenstoff im Kern Kl 1 (Krumme Lanke)................	77
Tab.	10:	Geochemische Daten Krumme Lanke (Kern Kl 2)...................	81
Tab.	11A:	Analysendaten Kern B, Havel	133
Tab.	12A:	Geochemische Daten Krienicke (Havel).........................	134
Tab.	13A:	Analysendaten Tegeler See.................................	135
Tab.	14:	Eisenbilanzierung an Mudden aus dem Krienicke See (Havel)	88
Tab.	15A:	Geochemische Daten Krumme Lanke (Kern Kl 1)...................	136
Tab.	16A:	Geochemische Daten Schlachtensee	137
Tab.	17A:	Geochemische Daten Pechsee	138
Tab.	18A:	Geochemische Daten Teufelssee	139
Tab.	19:	Eisen-Schwefel-Bilanzierung	89
Tab.	20:	Geochemische Parameter im Bereich der Manganreicherungszone, Tegeler See	90
Tab.	21:	Tegeler See, Fe-, Mn-, P- und org.C-Gehalte bezogen auf einen Karbonatgehalt von 15,73 %	91
Tab.	22:	Krienicke See. Mn-, Fe-, P- und org. C-Gehalte bezogen auf einen $CaCO_3$-Gehalt von 6,74 %................	92
Tab.	23:	Karbonate im Bereich der Manganreicherungszone des Tegeler Sees	98
Tab.	24:	kf-Werte von Mudden des Tegeler Sees	109
Tab.	25:	Organischer Kohlenstoff und Schwermetalle im Havelsediment (Kern B)	113
Tab.	26:	Beurteilungsschema für die Schwermetallanreicherung	113
Tab.	27:	Anreicherungsfaktoren, bezogen auf den seespezifischen „background" sowie den Tongesteins-Standard	117
Tab.	28:	Übersicht über die in den Sedimentproben qualitativ identifizierten persistenten Umweltchemikalien.................	123

1. Einleitung und Problemstellung

Von den 7,4 Mio km^3 Wasser auf der Erde weisen nur ca. 0,02 % zwei besondere Eigenschaften auf. Die Konzentration der Wasserinhaltsstoffe ist kleiner als 1000 mg/l; wir bezeichnen es daher als Süßwasser, und es ist in einer kurzen Zeitspanne regenerierbar. Es handelt sich um das in den Flüssen und Seen gespeicherte im Umlauf befindliche Wasser, auf welches sich eine Wasserbilanz stützen muß. Eine einfache Überschlagsrechnung zeigt die Bedeutung dieser Ressource:

- Das regenerierbare Wasser = Abfluß von den Kontinenten (außer Antarktis und Grönland) beträgt 41.900 km^3 a^{-1}.

- Verbrauch pro Individuum (Physiologisch.-Landwirtsch.-Industrieller-Haushalts-Bedarf) gleich 2,0 m^3 caput^{-1}d^{-1}.

- Verbrauch der Weltbevölkerung N_o = 4 x 10^9 Individuen entsprechend 8 km^{3}d^{-1}.

- Rechnerisch könnten 14,6 mal soviel Menschen, N = 58,4 x 10^9, mit Süßwasser versorgt werden.

- Nach welcher Zeit t ist diese Zahl erreicht, wenn die Wachstumsrate 1,5 %, 1,7 % und 2,5 % beträgt. Nach N = No · e$^{\lambda t}$ und

$$\lambda = \ln \left(\frac{No + No \cdot a}{No} \right) \ t = 1 \ \text{mit} \ H_{1/2} = \frac{\ln 2}{a}$$

ergibt sich:

Wachstums-rate %	Verdoppelung auf 8 x 10^9 cap. H 1/2 Jahre	58 x 10^9 cap. t = Jahre
1,5	46,2	180
1,75	39,6	154
2,5	27,7	108
3,0	23,1	90

Die Randbedingungen des Szenariums werden sich jedoch in den Trockengebieten der Erde und den Ballungsräumen früher ändern, sowohl hinsichtlich der Wassermenge wie der Wassergüte.

Im Berliner Raum existieren folgende hydrologische Randbedingungen: Mit 590 mm langjährigem Niederschlagsmittel bei bis zu vier nicht humiden (LAUER & FRANKENBERG 1985) Monaten ist im Berliner Raum z.B. die Grenze zur Hochmoorbildung nicht mehr erreicht. Die geringe mittlere Wasserführung der Havel von 15 m^3/s und der Spree von 27 m^3/s führt zu einem ungünstigen Verhältnis zwischen Einwohnerzahl (E) - größer 3,2 Mio - und der Niedrigwasserführung von 274 (E l^{-1} s^{-1}); für den Rhein liegt dieser Wert bei 120 (HÄSSELBARTH 1974).

Nur die besondere topographisch-geomorphologische Situation beschert dem Berliner Raum ein Massenplus durch die Reduzierung der Fließgeschwindigkeit, die die Spree im Warschau-Berliner Urstromtal zur Mäanderbildung veranlaßt und außerdem verstärkt seit dem 12. bis 13. Jahrhundert durch die Anlage von Mühlenstauwehren und Eindeichungen an der Elbe, die die Havel mit einem Gefälle von ca. 0,04 - 0,05 ‰ zu einem Flußsee macht.

DRIESCHER (1986) diskutiert einen zeitweiligen Anstieg der Seespiegel Brandenburgs im 16. Jahrhundert.

In den mächtigen, pleistozänen Akkumulationen kann das Wasser der genannten Flüsse einen bedeutenden Grundwasserrecharge erzeugen. Über 190 km Wasserstraßen und über 100 Seen belegen diese besondere hydrographische Gunstlage, die aber auch wegen des damit verbundenen hohen Grundwasserspiegels und dem geringen Gefälle die Sedimentation in den Seen besonders begünstigt und hinsichtlich der Abfuhr von Schadstoffen schon sehr früh (VEITMEYER 1871, 1875) Probleme bereitete. In der Gegenwart kommt es zu Nutzungskonflikten zwischen den Funktionen Wasserstraße, Naherholungsgebiet, Abwasserbeseitigung und Grundwassernutzung. Nach TESSENDORF (1973) förderten die Berliner Wasserwerke 1971 das 1,4-fache derjenigen Wassermenge, die in sämtlichen Oberflächengewässern von Berlin (West) speicherbar ist. Wie aus dem Grundwasserhöhengleichenplan von Berlin abzuleiten ist, fördern die Wasserwerke u.a. auch Uferfiltrat. Hieraus ergibt sich die besondere Bedeutung, die dem Erhalt der Güte der Oberflächengewässer zukommt. Schätzungen gehen davon aus, daß über 38 % (KÜNITZER 1956) der geförderten Grundwassermenge Uferfiltrat darstellt. Bei einigen Wasserwerken liegen die Schätzungen sogar bei 60 % (vgl. u.a. KLOOS 1978).

Die das Seebecken ausfüllenden Sedimente sind in den Grundwasserkreislauf einbezogen. Ihr Emissions- und Immissionsvermögen hat somit Anteil an der Grundwasserqualität.

Die Seen stellen auch die örtliche Denudationsbasis dar, im Einzugsgebiet bereitgestelltes, partikuläres Material wird in ihnen sedimentiert, Anteile des in Lösung Befindlichen können im Kontakt mit dem Seewasser ausgefällt werden. Deshalb sind Seesedimente Objekt der Prospektion auf Minerallagerstätten im Einzugsgebiet. Die Emissionen, die von einem Ballungsgebiet ausgehen, bilden sich in prinzipiell gleicher Weise in den Seesedimenten ab. Sie sind Archiven vergleichbar, in welchen die im Einzugsgebiet ablaufenden Veränderungen - klimatische Parameter, Dichte und Artenspektrum der Vegetation, Bodenentwicklung, anthropogene Aktivität - als verschlüsselte Information gespeichert werden.

Steuernde und regelnde Eingriffe in die Seen werden immer häufiger notwendig, und um die Folgen abschätzen und in die Zukunft fortschreiben zu können, benötigen wir die Retrospektive, d.h. Kenntnisse der Landschaftsgeschichte. Da andererseits die Seen als Materialsenken positiv rückgekoppelte Systeme darstellen, ist aus thermodynamischen Gründen ihre Lebensdauer begrenzt. Dies drückt sich u.a. darin aus, daß 8,7 % (HUCKE 1922) der Fläche der Mark Brandenburg aus verlandeten Seen besteht. Der geowissenschaftliche Ausdruck dieser Tatsache dokumentiert sich regional in der gegen Null gehenden Zahl der Seen südlich der ältesten, würmzeitlichen Eisrandlage, dem Brandenburger Stadium, welches das Berliner Gebiet geomorphologisch geprägt hat.

Der zeitlich differenzierte Sedimentzuwachs erreicht Größenordnungen der Sedimentzuwachsrate von Salzmarschen (SCHEFFER & SCHACHTSCHABEL 1979). Die Kompensation durch diagenetische Vorgänge, die abgesehen von Gasentwicklungen nur in Richtung der Verminderung der Sedimentationshöhe geht, kann nur näherungsweise abgeschätzt werden. Dem natürlichen Sedimentzuwachs addiert sich in der Gegenwart infolge Zufuhr nährstoffreichen Abwassers eine Zuwachsrate, die stellenweise 8 mm pro Jahr erreicht. D.h., das natürliche Sedimentationssystem erfährt eine Beschleunigung, die der Mensch nur steuern kann durch Verhinderung der Nährstoffzufuhr.

Extrasystemisch hat der Mensch eingegriffen, indem er die Verlandung beschleunigt bzw. z.T. rückgängig gemacht hat - vgl. die Karte der Seen und Tümpel von SCHMETTAU 1767-87 mit der heutigen Seen- und Wasserstraßenkarte Berlins. SOLGER (1905) zählt allein im Blatt Tempelhof mit Schwerpunkt im Verlauf des die Teltower Platte in West-Ost-Richtung querenden "Steglitzer Halt" (PACHUR & SCHULZ 1983: Abb. 2) 114 vertorfte Tümpel.

Um der exponentiell wachsenden Verlandung und Freisetzung aus am Sediment fixierbarer Nährstoffe z.B. infolge herabgesetzten Redoxpotentials zu begegnen, wird u.a. die Ausbaggerung von Seeabschnitten diskutiert. Bindungsform und Grad der Belastung mit Umweltchemikalien des Sediments müssen vorher bekannt sein, um zu prüfen, ob eine solche Maßnahme sinnvoll ist (Gefahr der Mobilisation älterer Akkumulate) und wie die Wiederverwendung und Lagerung (Kontaminationsgefahr des Grundwassers) der Aushubmassen erfolgen soll. Deshalb wurde die Verbreitung und die Mächtigkeit der limnischen Sedimente sowie ihre Belastung abgeschätzt.

In Bohrkernen der limnischen Sedimente, vorzugsweise aus dem Einzugsgebiet des Ballungsraumes Berlin, wurde
1. die Variabilität der Limnite bestimmt und
2. die Konzentration persistenter organischer und anorganischer Umweltchemikalien ermittelt,

um Hinweise auf ihre Mobilität und Migration zu erhalten.

Die Anwendung sedimentologischer Untersuchungsmethoden auf den Stoffhaushalt anthropogen beeinflußter Seesedimente ist bereits von MINDER (1922, 1926) auf den Zürich-See angewandt worden (siehe auch ZÜLLIG 1956). Die Bedeutung der Seesedimente liegt in der Konservierung und Anreicherung umweltrelevanter Stoffe. Dies gilt auch für quasinatürliche Kontaminationen, deshalb sind Seesedimente auch Objekte prospektiver Untersuchungen. Vergleicht man die Kationenverteilungskurve in den Seesedimenten mit dem Ausgangsgestein, so weisen erstere einen engeren Konzentrationsbereich auf. Gedanklich ist die Emissionsleistung einer Lagerstätte mit der eines industriellen Ballungsgebietes vergleichbar. Durch die teilweise Fixierung der Immission im Sediment sind diejenigen Randbedingungen von besonderem Interesse, bei denen möglicherweise eine Mobilisation eintritt. Grundsätzlich gilt dies auch für Deponien, die gänzlich ohne Einwirkung des Menschen zustande gekommen sind, da Seesedimente Lagerstätten für Metalle (vgl. Seeerze) in statu nascendi darstellen können. Besondere Relevanz für die Frage nach dem Verbleib dieser Elemente und Chemikalien ergibt sich, wenn die Seebecken influenten Bedingungen ausgesetzt werden, wie es bei der Gewinnung von Uferfiltrat der Fall ist. Insofern bildet das Seesediment Filter und Aquifer; Permeabilität und Adsorptionsvermögen sind daher von Bedeutung für die Grundwasserqualität.

Sowohl Nährstoffe, Schwermetalle und Umweltchemikalien unterliegen der Geoakkumulation neben der Bioakkumulation. Erstere beginnt eine zunehmende Bedeutung bei der geoökologischen Bewertung der Deponie persistenter Umweltchemikalien zu gewinnen (vgl. MACKEY et al. 1985: Fig. 4).

Seesedimente können als Senken für Xenobiotika angesehen werden, sie werden zu Emittenten, wenn influente Bedingungen hergestellt werden, so daß die in relativ hoher Konzentration eingelagerten persistenten Schadstoffe mobil werden. Aus diesem Grund gewinnt die qualitative und quantitative Erfassung des Eintrages von persistenten Umweltchemikalien in die Binnengewässer und deren Anreicherung in limnischen Sedimenten zunehmend an Bedeutung.

Trotz des Mangels an verläßlichen Daten über eine mögliche Remobilisierung von persistenten Chemikalien aus Sedimenten, gilt es als gesichert, daß sie sich in Jahren bis zu einigen 100 Metern im Sickerwasser des subaerischen Bodens bewegen können (KORTE 1980, VENKATESAN et al. 1980). Auch haben neuere Untersuchungen von Grundwasserproben mit modernen spurenanalytischen Methoden gezeigt, daß eine Vielzahl von abiotischen Stoffen durch Migration oder andere Transportprozesse in das Grundwasser gelangt sind. (BALLSCHMITER 1981, ZOETEMAN et al. 1980, HELLMANN 1974).

Auf der Basis des in den Berliner Seen überprüften methodischen Ansatzes wurden in der Bundesrepublik, orientiert an jeweils einem Nord-Süd und Ost-West orientierten Transekt in ausgewählten Seen der Belastungsgrad mit Umweltchemikalien und Schwermetallen exemplarisch untersucht.

2. Geowissenschaftliche Position der Berliner Seen

Die untersuchten Seen (Abb. 1; als Beilage) liegen zwischen den südlich Berlins gelegenen Höhen des *Brandenburger Stadiums* (Weichsel-Würm-Maximalvereisung mit Erhebungen zumeist um 100 m NN) und den nördlich liegenden Höhenzügen der *Frankfurter Eisstillstandsstaffeln* (100-150 m NN). Zwischen diesen beiden, generell von Südosten nach Nordwesten streichenden Eisrandbildungen liegt die Grundmoränenfläche des Teltow (mittlere Höhenlage zwischen 40 und 50 m NN) und Barnim (mittlere Höhen um 65 m NN). Diese ortsüblich als Platten bezeichneten Grundmoränen werden von breiten Talzügen ehemaliger Schmelzwasserabflüsse umgeben. Der Nordrand des *Barnim* wird durch ein Teilstück des Thorn-Eberswalder Urstromtales begrenzt, dem u.a. der Oder-Havel-Kanal folgt. Barnim und südlich liegender *Teltow* sind durch einen Teil des *Warschau-Berliner Urstromtales* getrennt, welches die Spree in einer Höhe von ca. 33 m NN durchfließt. Der südlich des Teltow liegende Niederungsbereich gehört zum Glogau-Baruther Urstromtal. Im Osten werden die Grundmoränenflächen durch das Oderbruch und die Alt Friedland-, Buckow- und Erkner-Rinne sowie östlich des Teltow durch die Spree-Dahme-Niederung (um 33 m NN) begrenzt.

Die spätpleistozäne Tiefe der Niederungen und Talungen unterscheidet sich wesentlich von der rezenten. Im Bäketal wurden 15 m mächtige, überwiegend holozänzeitliche Mudden erbohrt, im Riemeisterfenn lokal 18 m und im Tegeler See 28,7 m - zuzüglich einer Wassertiefe von 16 m, so daß das Muldentiefste hier mehr als 13 m unter NN liegt. In der Havel nördlich Schildhorn wurden Mudden bis zu 30 m Mächtigkeit erbohrt.

Die Platten sind vielfältig durch zumeist Nordost-Südwest verlaufende Talungen, d.h. Rinnen mit Becken und Schwellen, gegliedert. Den Platten sind Erhebungen unterschiedlicher Genese aufgesetzt, z.B. *Grundmoränenkuppen* (Rieselfelder in Gatow), *Endmoränen* und *Endmoränenvertreter* (Höhenzüge am Ostufer der Havel mit Karlsberg und Dachsberg, am Westufer der Havel Helleberge und Windmühlenberg; sowie der Fichteberg in Steglitz). Ferner *Sanderflächen* zwischen der Teufelssee-Pechsee-Barseerinne und den Grunewaldseen und *Oser* (Kuppen in der Teufelsee-Pechsee-Barseerinne des Grunewaldes und im Verlauf der vom Teltowkanal eingenommenen Talung). *Dünen* beherrschen große Teile des Warschau-Berliner Urstromtales mit dem Tegeler See und kommen vereinzelt nördlich der Bäketalung vor.

Die geomorphologisch-geologischen Ausgangsbedingungen werden von weichseleiszeitlichen Sedimenten geprägt. Die Tiefenlage des Eem beträgt im Süden der Teltower-Platte ca. 13,2 m NN, erreicht am Grunewaldsee 22,4 m NN und steigt in den Havelbergen auf ca. 55 m NN an. Jenseits der Havel werden in Gatow unter Einschluß der Helleberge über 40 m NN erreicht. Hiernach liegt der Boden der Haveltalung stellenweise über 20 m tiefer als das Interglazial (PACHUR & SCHULZ 1983: Abb. 36).

Die Mächtigkeit des gesamten Quartärs beträgt im Norden des Warschau-Berliner Urstromtals, welchem im Osten die Spree folgt, 40-50 m, im Süden bis zu 95 m und in Rinnen, die nach Ergebnissen des Bohrprogramms Süd des Senats von Berlin etwa Nordsüd streichen, bis zu 210 m (zwischen Schwanenwerder und Schlachtensee) und über 240 m im Norden Berlins. Diese erosiv angelegten Rinnen (vgl. MEYER 1974) stellen ein charakteristisches elsterzeitliches Reliefelement dar, nördlich von Spandau berührt eine solche, 100 m unter NN hinabreichende Rinne, das Haveltal (CEPEK 1967).

Das Bohrprogramm Süd scheint nach ersten veröffentlichten Profilen von FREY in KLOOS (1986) zu enthüllen, daß die Havel im Berliner Bereich einer Rinne folgt, auch für die Grunewaldseen-Rinne (BEHR 1956) scheint dies zu gelten, unter dem Stölpchensee erreicht sie am Rande halokinetisch aufgerichteter Schichten des Mittleren Buntsandsteins und des Tertiärs mehr als 130 m unter NN, und im Königssee nahe 150 m unter NN. Da die prä-elsterzeitlichen Rinnen einen horizontalen Abstand im Bereich der Teltower Platte von nur 9-10 km aufweisen, ist die genetische Zuordnung zu den Talungen der heutigen Täler nicht zwingend.

Auswertungen von Baugrundbohrungen der DeGeBo (Deutsche Forschungsgesellschaft für Bodenmechanik) - für deren Überlassung und Erläuterungen wir K. MEYER danken - zeigen, daß die spätpleistozänen bis holozänen Seebecken auf der Teltower Platte glaziale Vorläufer hatten. Wie aus Abb. 2 hervorgeht, befinden sich im Muldentiefsten zwischen zwei Geschiebemergellagen eingeschaltetete Tone und Schluffstraten, die in einem Schmelzwassersee abgelagert wurden.

Auch am Nordrand der Bäketalung treten zwischen Geschiebemergel Stillwassersedimente auf. Sie gehören unseres Erachtens zu Schmelzwasserseen, die sich im Vorland des in Auflösung begriffenen Inlandeises gebildet haben. Sie sind Elemente, die im Verlauf des Niedertauens entstanden. In Anlehnung an die Beobachtung BOULTONs (1972) am Rand des Grönländischen Inlandeises denken wir an eine Entstehung dieser Eisstauseen im Verlauf des Abtauens eines Eisschildes, in welchem durch die Kombination von liegender Grundmoräne, aus dem Eis ausgetautem Material und dem Niedertauen von intermoränalem Material eine Stratifizierung entsteht, wie sie in dem Schema der Abb. 2 erläutert wird. Das Schema ist übertragbar auf die im folgenden zu behandelnden Beispiele des Formenschatzes in den Talungen, wozu der Tatarengrund und die Bäketalung gehören, die im Süden der Teltower Platte auftreten.

Ferner rückt die Wahrscheinlichkeit der Beteiligung halokinetisch ausgelöster Talungsanlage, wie das Beispiel der Stölpchenseetalung zeigt (KLOOS 1986: Bohrprofil C, Bild 2-4), in den Vordergrund.

Im oberen Perm (Abb. 3) wurde im Berliner Raum in vier Zyklen ein ca. 600 m mächtiges Salinar aufgebaut, welches ab Ende Trias halokinetischen Verlagerungen, die in der Kreide und im Tertiär ihr Maximum erreichten, unterlag (TRUSHEIM 1957). Die umfangreiche Halokinese führte zu den Salzdiapiren von Sperenberg südlich Berlins, wo der Zechsteingips die Erdoberfläche erreicht, und zur Struktur von Rüdersdorf nordöstlich von Berlin, wo triassische Serien abgebaut werden.

Auch im Oberen Buntsandstein (Röt) kam es zu bis zu 150 m mächtigen salinaren Sedimenten, die Fazies umfaßt Mergel, Anhydrit und Steinsalz, und auch noch einmal im Mittleren Muschelkalk wurden salinare Mächtigkeiten um 80 m erreicht. Wie die Bohrungen des Programms Nord ausweisen, bildet halokinetisch steilgestellter Mittlerer Buntsandstein unter dem Forst Düppel eine steile Aufwölbung, eine flachere liegt unter Neukölln. Das Abtauchen der Sedimente westlich von Spandau markiert vermutlich einen Salzhang. In Lübars erreicht gebunden an eine Salzstruktur der in einer früheren Ziegeleigrube abgebaute Septarienton (Alttertiär) die Erdoberfläche. Der Rupelton stellt die für die Wasserversorgung von Berlin wichtigste Aquiklude dar, da sie das liegende Salzwasserstockwerk vom hangenden Süßwasser trennt. In den mit elsterzeitlichen Sedimenten verfüllten Rinnen kann er abgetragen sein, so daß in geringer Tiefe hochchlorierte Wässer erschürfbar sind, z.B. in den Schmöckwitzer Wiesen mit Chloridgehalten von 3000 mg/l (SARATKA & MARCINEK 1977).

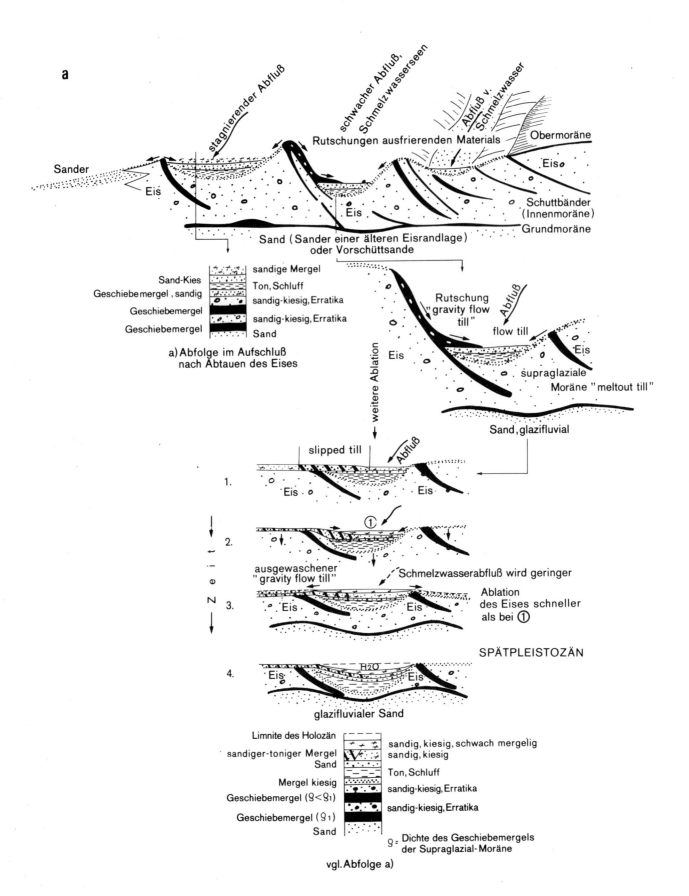

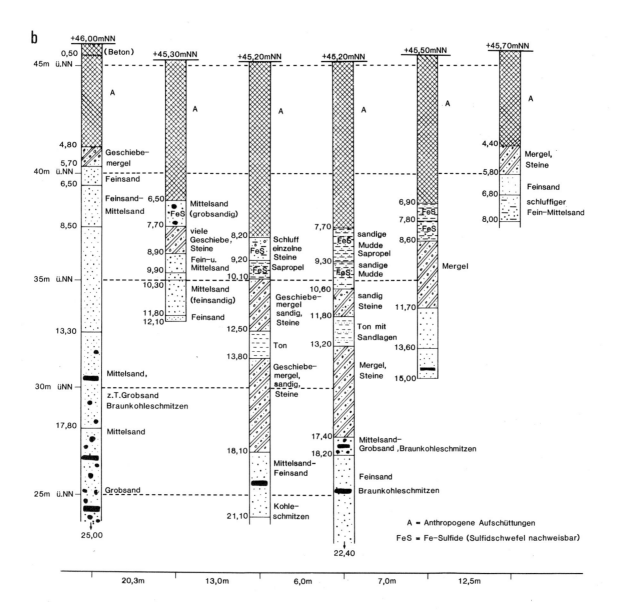

Abb. 2: Glaziale Vorprägung eines Seebeckens auf der Teltower Platte.

a: Modell zur Entstehung der Lagerungsverhältnisse auf der Teltower Grundmoränenplatte im Bereich des Steglitzer Halts (vgl. Abb. 1).
b: Bohrungen nach K. MEYER, DeGeBo (Position vgl. Abb. 1).

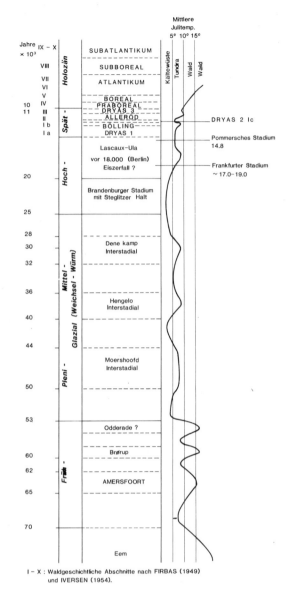

Abb. 3: Stratigraphische Abfolge für den Berliner Raum, u.a. nach KALLENBACH (1980) und FREY in KLOOS (1986).

Das Lascaux-Ula-Interstadial für Berlin beruht auf einer hypothetischen Ableitung, basierend auf den ^{14}C-Daten aus dem Teufelssee (vgl. Abb. 17).

2.1 Klima, Witterung und Hydrographie

Der Berliner Raum hat Anteil am *Übergang vom maritimen zum kontinentalen Bereich* zwischen der Elbe und Oder sowie dem Fläming im Süden und der Schorfheide im Norden. Im Jahresmittel sind maritime Luftmassen zu 64,3 % und kontinentale zu 29 % wetterwirksam. Dementsprechend herrschen westliche Winde (Südwest, West und Nordwest) im Mittel zu 57 % vor, Winde aus östlichen Richtungen (Südost, Ost und Nordost) sind im Winterhalbjahr durchschnittlich zu 29 %, im Sommerhalbjahr dagegen zu 17 % vertreten. Die jährliche durchschnittliche *Niederschlagssumme* erreicht 640 mm im Luv des Fläming und 486 mm als minimalem Wert bei Magdeburg im Lee des Harzes. Das korrespondierende Minimum nordöstlich des Fläming zeigt Werte um 500 mm und greift mit der 520 mm-Isohyete westlich Berlins bis in den Bereich von Beelitz und Werder vor.

Ein weiterer orographischer Effekt zeigt sich in der starken Zunahme der Niederschlagsmengen am nordöstlichen Rand des stärker bewaldeten und höher aufragenden Barnim südlich Eberswalde (um 620 mm). Um 100 mm niedriger liegen dagegen die Werte des Oderbruchs (SCHLAAK 1972).

In den Grenzen Berlins gibt es vier Gebiete mit Niederschlagssummen von mehr als 620 mm, die an die Höhen- und Waldbereiche des Grunewaldes, des Tegeler Forstes, der Müggelberge und an das Gebiet mit den Rieselfeldern zwischen Weissensee und Wartenberg (50-60 m NN) gebunden sind. Hinsichtlich der Niederschlagssummen liegt Berlin außerhalb der Grenze ombrogener Moorbildung. Der innerstädtische Bereich erhält Niederschläge von weniger als 540 mm.

Für den Eintrag von organischem und minerogenem Detritus in die Seen sind *Starkregenfälle* von Bedeutung. Die Zahlen der Tage mit Starkregen (24-stündige Summe mehr als 35 mm) für den Zeitraum von 1950-1969 (SCHLAAK 1972) sind Abb. 4 zu entnehmen. Starkregenereignisse in der Innenstadt (mit 7-9 Ereignissen in 20 Jahren) sind seltener als im Umland (10-15 Ereignisse).

Neben der 24-stündigen Regenmenge von mehr als 35 mm sind für die Auslösung von Bodenerosionsschäden auch Niederschlagsereignisse

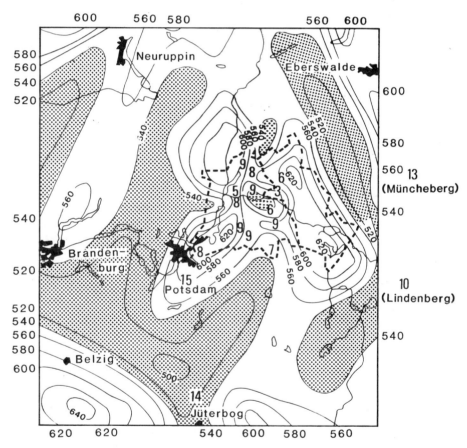

Abb. 4: Niederschläge und Zahl der Tage (1950-1969) mit für Erosionsereignisse relevanten Regenhöhen (aus: PACHUR & SCHULZ 1983).

mit einer geringeren Menge, aber einer relativ hohen Intensität ausreichend. So rechnet MASUCH (1958) die oft mit Gewittern verbundenen Regen mit mindestens 20 mm in 24 Stunden zu den bodengefährdenden Niederschlägen. Sie gruppiert den Berliner Raum für die Zeit von 1926-1952 (April-September) ohne die Jahre 1941-1945 in die Klasse 48-59 Ereignisse. Danach wären im Durchschnitt 2-3 bodenerosionswirksame Regen pro Jahr zu erwarten.

LINDENBEIN & MALBERG (1973) haben für das Stadtgebiet von Berlin (West) Intensivregenereignisse festgestellt, in denen als untere Schwelle 4,8 mm/10 min fallen. Diese Intensiv-Regen mit $8 \cdot 10^3$ l s^{-1} ha^{-1} verursachen einen erhöhten Abfluß, der zum Teil direkt in die Vorfluter geht und aufgrund der mitgeführten Reduktoren zu einer dramatischen Sauerstoffzehrung führen kann. In den Hubertussee werden deshalb seit 1982 Sauerstoffeinleitungen vorgenommen. In der Innenstadt sind die Abflußeinrichtungen für diese Starkregenereignisse noch unterdimensioniert. Auch die Grunewaldseen nehmen noch Straßenabläufe auf, und der Teltow-Kanal schließlich bildet den Vorfluter für die Siedlungen des gesamten südlichen Teltower Bereichs.

Bei simulierten Starkregen und aufgrund von Kartierungen (PACHUR & SCHULZ 1983) an der Krummen Lanke (Grunewaldseenrinne), einem durch Naherholung stark genutzten Gelände, konnte der Abtrag von den Hangflächen auf bis zu 0,11 mm Substrathöhe (organische Substanz des Bodens plus minerogenem Skelett) belegt werden. Von dieser Masse gelangen ca. 25 % direkt in den See. Unter intakter Vegetationsdecke dagegen ergibt sich ein vernachlässigbar kleiner, rechnerischer Abtrag von 0,0005 mm.

In Berlin sind nach KLOOS (1985) Regenwasservorreinigungsanlagen bis 1995 projektiert, eine Pilotanlage für den Dianasee ist bereits installiert.

Unter dem Niederschlagsregime von im Mittel 580 mm pro Jahr haben sich im Einzugsgebiet der Seen in den quartären Sedimenten tiefgründige Böden entwickelt. Entkalkungstiefen von 1 m werden in den Geschiebemergelflächen, über 2 m in den glazialen Sanden gemessen; ein Teil der Karbonate gelangt durch lateralen Grundwasserzustrom in den Vorfluter. Diese Entkalkung der Substrate hat somit erst in den letzten 14.000 Jahren intensiv eingesetzt und dürfte zur Gegenwart immer mehr abgenommen haben.

Das heutige hydrologische Bild von Havel, Spree und Panke, sowie der Seen und Teiche auf den Grundmoränenplatten, ist das Ergebnis einer Entwicklungsreihe, die von einem glazifluvialen Stadium über ein periglaziäres bis zum limnisch-telmatischen reicht. Wassermengenmäßig beherrscht die Spree das hydrographische System. Durch die zwischengeschalteten Seen wird der Abfluß gedämpft. Bei den Sommer- bzw. Frühjahrshochwässern ist die Havel der Spree ebenfalls untergeordnet. Im Unterlauf der Havel machen sich bereits die Elbe-Hochwässer rückstauend, gelegentlich bis über Spandau hinaus (BESCHOREN 1934), bemerkbar.

Das Spree-Havel-Flußsystem gehört zu dem Tieflandsabflußtyp mit weniger als 155 mm Abflußhöhe pro Jahr. Die topographisch-geomorphologische Situation wie der anthropogene Aufstau (Elbe-Deiche seit dem 12. Jahrhundert) bilden die Ursache für das Entstehen von Flußsseen, die die Havel im betrachteten Untersuchungsgebiet charakterisieren. Mit der Einrichtung der Brunnengalerien am Ufer der Havel, des Tegeler Sees, sowie des Schlachtensees, im Unterlauf der Spree und am Müggelsee werden influente Bedingungen erzeugt. Im Bereich der Brunnengalerien der Havel wird mit einem Gefälle in der Größenordnung von 5 ‰ zu rechnen sein. Das natürliche zum Vorfluter geneigte Gefälle liegt dagegen im Berliner Raum in der Größenordnung von 0,8‰. Mit der Förderung von uferfiltriertem Wasser ergibt sich neben dem Wassermengen- auch ein Wassergüteproblem. Die Abb. 5 gibt die Grundwasserabsenkung seit 1921 bis 1978 im Südwesten der Teltower Platte wieder. Ab 1913 wurde mit dem Einpumpen von Havelwasser in den Schlachtensee begonnen, um die Absenkung der Seespiegelhöhen zu vermeiden. Sie betrugen im Schlachtensee 0,64 m 1915 (23.8.-28.10.) und erreichten 1,02 m 1951 (19.6.-

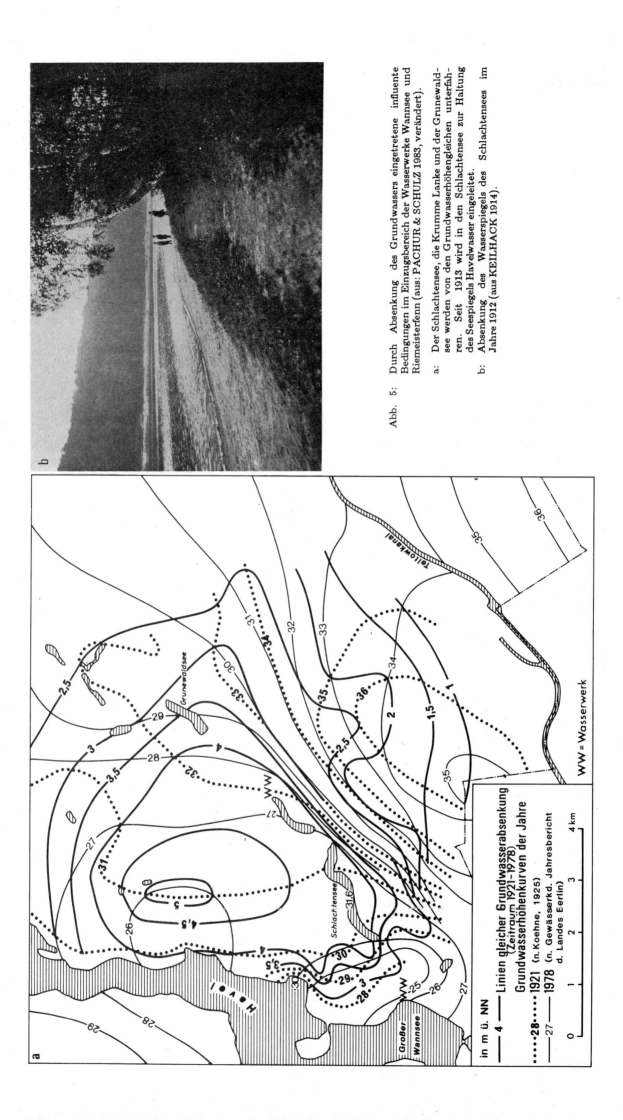

Abb. 5: Durch Absenkung des Grundwassers eingetretene influente Bedingungen im Einzugsbereich der Wasserwerke Wannsee und Riemeisterfenn (aus: PACHUR & SCHULZ 1983, verändert).

a: Der Schlachtensee, die Krumme Lanke und der Grunewaldsee werden von den Grundwasserhöhengleichen unterfahren. Seit 1913 wird in den Schlachtensee zur Haltung des Seespiegels Havelwasser eingeleitet.

b: Absenkung des Wasserspiegels des Schlachtensees im Jahre 1912 (aus KEILHACK 1914).

1.11.) als die Einspeisung unterbrochen wurde. Gegenwärtig befindet sich die 30 m Grundwassergleiche bereits 1000 m westlich des Grunewaldsees. Die ehemaligen Grundwasserblänken sind nunmehr zu quasinatürlichen Grundwasseranreicherungsbecken geworden. In der Gegenwart erwies sich die Überleitung von Havelwasser als problematisch, weil mit Phosphatkonzentrationswerten von über 1 mg PO_4 pro Liter im Havelwasser die Grunewaldseen gedüngt werden - die Grenze zum oligotrophen See liegt bei 40 $\mu g/l$ -, abgesehen von der Kontamination mit Schwermetallen und Umweltchemikalien. Durch die Zwischenschaltung einer Entphosphatisierungs-Anlage wird seit 1985 phosphatarmes Wasser eingespeist. Ein vergleichbarer Lösungsweg zur Erhaltung der Wassergüte wurde am Tegeler See beschritten. Der Anteil des Uferfiltrats im Bereich des größten Berliner Wasserwerkes liegt bei 60 % (nach KLOOS 1978); an der Havel in Höhe von Belitzhof ermittelt SIEBERT (1958) 2,06 km^3 pro km Uferstrecke, und für das Werk Kladow auf dem Westufer der Havel errechnet sich aus der von KLOOS (1986) angegebenen Chloridfracht von Rohwasser, Grundwasser und Havelwasser ein Seihwasseranteil von ca. 60 %. Die Zahlen umreißen die Bedeutung, die den subaquatischen Flächen zukommen. Sie werden von natürlichen Deponien, den Seesedimenten, eingenommen. Ihre Verbreitung und Mächtigkeit bestimmen die hydraulischen Eigenschaften, die die geförderte Wassermenge berühren, und ihre Sedimentparameter, die als Filter des geförderten Wassers dienen, die Wassergüte. Außerdem besteht durch Mobilisierungsvorgänge an der Oberfläche des Sedimentes eine Wechselbeziehung zwischen demselben und der Güte des Oberflächenwassers.

Auf den Barssee, Pechsee und Teufelsee wirkt sich die *Grundwasserabsenkung* durch expandierende Verlandung aus, so durchlief der Barssee in nur etwa vierzig Jahren die Stadien von einem landschaftlich reizvollen See mit wohl entwickelten Zonen der Wasservegetation bis zu einer artenarmen Grundwasserblänke mit einer Schlammpionierflora. Schon 1912 berichtete POTONIE über Vegetationsveränderung infolge der Grundwasserabsenkung. Die in der Umgebung des Pechsees in ca. 4 m Höhe über dem heutigen Seespiegel anzutreffenden Moore vererden, und die Gleye sind Reliktformen, die einen ehemals mindestens 4 m höheren Grundwasserstand anzeigen.

Grundwasseraustritte am Havelhang sind versiegt und nur noch durch Gleymerkmale der Böden kenntlich. Quellaustritte am Ufer des Wannsee bei Niedrigwasser - beobachtet um 1930 von NÖTHLICH (1936) - sind nicht mehr vorhanden.

Schon früh wurde in die limnologischen Systeme eingegriffen. Im Grunewaldsee wurde die südlichste Bucht als Schlammabsatzbecken vermutlich 1938 bei einer Ausbaggerung benutzt, eine weitere wird gegenwärtig durchgeführt. Der verlandete Hubertussee wurde bereits 1890 ausgebaggert, ferner der Dianasee (Langes Fenn), Königssee (Hundefenn). Auch der Waldsee (früher Krummes Fenn) ist 1981 abermals durch Ausbaggern der Mudden vertieft worden. Anstelle des ehemaligen Torffenn ist der Hubertussee getreten und weitere vertorfte Senken in der Wilmersdorfer Talung wurden wieder freie Wasserflächen. Auch der Schäfersee und weitere kleine Seen werden ständig von ihren Sedimenten befreit (vgl. KLOOS 1985). Der Halensee wird mit Grundwasser aufgefüllt und befindet sich daher in einem mesotrophen bis oligotrophen Zustand, auch der Teufelsee erhält eine Grundwassereinspeisung.

Mit dem Bau des 1910 eingeweihten Teltowkanals wurden in der Talung der Bäke der Teltower See zu einem Hafen umgestaltet, der ehemalige Schönower See verfüllt (Abb. 6) und der Machnower See durch die Schleuse Machnow verändert.

Abb. 6: Sedimentprofile des Teltower und Schönower Sees.

Während des Baus der Teltowkanal-Trasse wurden die seenartigen Erweiterungen der Bäketalung aufgefüllt oder ausgebaggert. Die spätpleistozänen und holozänen Sedimente erreichen Mächtigkeiten von über 20 m (Bohrungen im Archiv der DeGeBo, K. MEYER). Im Buschgraben (Abb. 15; ca. 1,3 km talaufwärts) wurde die Basis der Mudde in dem waldgeschichtlichen Abschnitt Ia bzw. Ib, d.h. älter 13.000 bzw. 12.500 b.p., angetroffen.

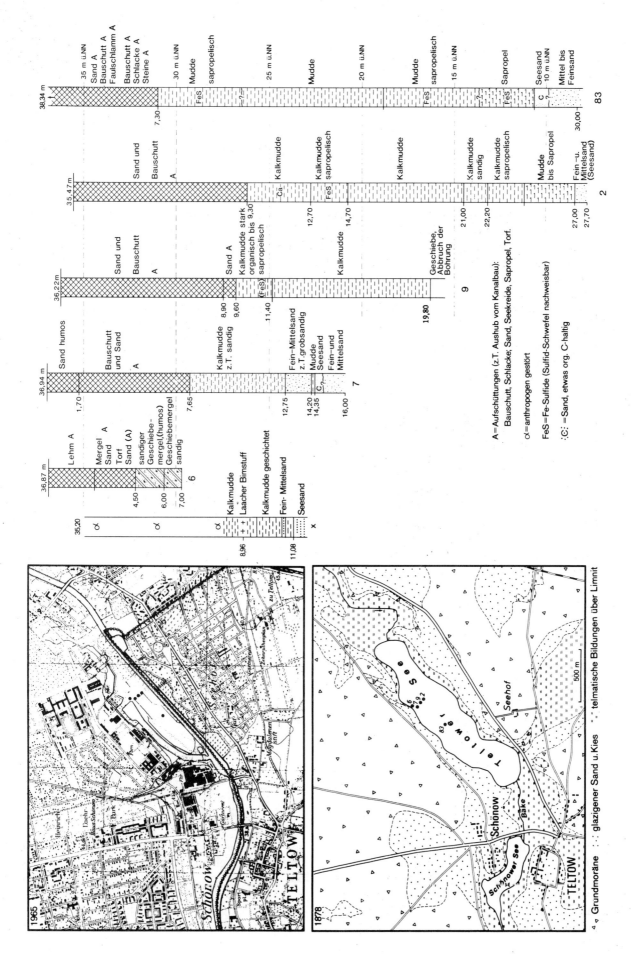

3. Untersuchungsmethoden

3.1 Kerngewinnung

3.1.1 Tiefgefriermethode

Die Beprobung des Interface Wasser-Sediment ist mit einer Störung der Struktur verbunden, die um so nachhaltiger ist, je höher der Wassergehalt des Sediments liegt. Der Grenzbereich stellt jedoch die Zone zahlreicher Konzentrationsgradienten dar, die möglichst durch die Probennahme erfaßt werden sollten.

Die eingeführten Probenahmengeräte erwiesen sich als nicht brauchbar, so daß ein speziell an die Fragestellung angepaßtes Probenahmegerät entwickelt (PACHUR et al. 1984) und eingesetzt wurde. Es handelt sich um ein Tiefgefrierentnahmegerät bestehend aus einem 100 cm langen Rohr mit 70 mm Durchmesser, um welches in einem vakuumisolierten Mantel flüssiger Stickstoff geführt wird. Die Probe gefriert völlig unter weitgehendem Ausschluß von abkühlungsbedingter Turbulenz innerhalb des Sediments. Mittels einer eingebauten besonders dimensionierten Heizung wird der tiefgefrorene Kern mit der Grenzfläche Wasser/Sediment aus dem Rohr entnommen und sofort in einen Behälter mit kohlensaurer Schneekühlung überführt. Im Laboratorium können unter Abtrag der äußeren Millimeter beliebig viele Querschnitte erhalten werden.

Zur Kontrolle der kontaminationsfreien Probenahmen wurde im Sediment die Aktivität von ^{137}Cs in fünf bis zehn Millimeterabständen gemessen (für die Durchführung danken wir J. GANS, Berlin). Im Falle anthropogen ungestörter Sedimentation im Abtsdorfer See/Bayern wurde ein zufriedenstellendes Abnehmen der Aktivität mit der Tiefe bzw. die Rekonstruktion des ersten fall-out-Ereignisses ermittelt. Im Gegensatz hierzu ist bei anthropogenen Störungen des Sedimentgefüges, z.B. in den Berliner Seen durch Munitionssuche, ein diskontinuierlicher Verlauf der ^{137}Cs-Konzentration mit Umkehrungen im Profil nachgewiesen worden, d.h. die Probenahmetechnik ist gut an Systeme mit sehr hohen Wassergehalten (> 85 %) adaptiert.

3.1.2 Kernung nach LIVINGSTONE

Zwei bis vier Meter unterhalb des suspensionsartigen Seesediments wurde die Beprobung mit einem Stechbohrgerät nach LIVINGSTONE in einer verbesserten Version nach MERKT & STREIF (1970) vorgenommen. Bei diesem Verfahren wird ein 2 m langes Edelstahlrohr mit einem Ø von 48 mm zur Probenaufnahme verwandt. Das Rohr wird mittels eines Motorhammers in das Sediment getrieben. Ein Klemmkolbenmechanismus verschließt das Rohr. Wenn die gewünschte Teufe erreicht ist, wird der Kolben gelöst und das Rohr zwei Meter weiter in das Sediment vorgetrieben.

Das entstehende Vakuum und die Wandreibung verhindern ein Herausrutschen des Kerns. Mit dem Gerät wurden bis zu 25 m mächtige Mudden teufengerecht beprobt.

Sandlagen größerer Mächtigkeit dagegen werden durch das Vortreiben auf maximale Lagerungsdichte gebracht, so daß eine Entfernung aus dem Stechrohr nur unter Störung des Gefüges gelingt.

3.1.3 Kernung nach STADE & KAHL

Bei Teufen von mehr als 20 m können nur noch unter besonders günstigen Bedingungen mit dem Livingstone-Verfahren zuverlässig teufengerechte Proben genommen werden. Um bodenphysikalische Untersuchungen aus dem Material durchführen zu können, waren Kerne mit größerem Ø als 48 mm erwünscht. Es kam daher ein Probenahmegerät nach STADE & KAHL (Angaben in SCHULTZE & MUHS 1967) zum Einsatz. Das Gerät arbeitet in zwei Stufen. Innerhalb einer Verrohrung wird das Sediment mit einer Schappe auf eine gewünschte Teufe freigelegt. Dann wird mit dem Probenahmegerät nach STADE ein 1 m langer Sedimentkern ausgestanzt. Dieses Gerät besteht aus einem Führungsrohr, in welches ein PVC-Schlauch eingelegt ist, der den Sedimentkern aufnimmt. Ein einfacher Verschlußmechanismus (ein nach innen gewölbter segmentförmig eingeschnittener Blechkegel) verhindert das Hinausgleiten des Kerns. Auch diese Methode ist nur bei bindigem Sediment verwendbar, übersteigt der Wassergehalt ca. 85 %, fließt das Probengut heraus. Auch das Stehen einer Wassersäule in der Verrohrung bewirkt eine die Kohäsion herabsetzende Infiltration, so daß der Arbeitsgang sehr zügig ablaufen muß.

Außerdem kamen auch 30 cm lange Entnahmezylinder zum Einsatz, die einen Durchmesser von 10,5 bis 20 cm aufweisen. An diesen "Zylinder"-Proben wurden kf-Wert-Bestimmungen durchgeführt.

3.1.4 Zusammenfassung

Alle drei Verfahren führen in diagenetisch hinreichend verfestigten Sedimenten zu weitgehend ungestörten Proben, die geochemischen, sedimentologischen und stratigraphischen Untersuchungsmethoden weitgehend genügen. Eine systembedingte und daher nicht auszuschaltende Fehlerquelle liegt in dem Eindringen von Seewasser in das verrohrte Bohrloch, wodurch eine Kontamination tieferer Sedimentabschnitte nicht mit Sicherheit ausgeschlossen werden kann. Insbesondere den isotopenphysikalischen Messungen im Porenwasser und der Spurenanalytik von Umweltchemikalien als Indikator für den Migrationsfortschritt in den Sedimenten erwächst daraus eine Fehlerquelle, deren Größe nicht abzuschätzen ist. Proben, die den Anforderungen an eine Probenbank bzw. der Spurenanalytik entsprechen sollen, müssen mit einem besonders adaptierten Gerät, welches in Konstruktion befindlich ist, gewonnen werden.

3.2 Sedimentologische und geochemische Untersuchungen

In Abb. 7 ist das Spektrum der Untersuchungen dargestellt, die an dem Kernmaterial zur Anwendung kamen. Die Anzahl der Parameter pro Probe variiert, da hier zusammenfassend über verschiedene Arbeiten mit unterschiedlicher Zielsetzung berichtet wird.

Einige quantitative Angaben erfolgten entgegen den gegenwärtigen Vorschriften über Analysendaten noch in Prozent (1 mg/1 kg $\triangleq$ 1 ppm $\triangleq 0.1 \cdot 10^{-3}$ %).

Bei den Tiefbohrungen wurden 1 m Kernabschnitte je nach Aufgabenstellung entweder in Aluminiumfolie verpackt oder in Plastikschläuchen in das Labor transportiert.

Nach Entfernung der randlichen Verschmierung an den jeweiligen Kernstücken wurde die Profilbeschreibung vorgenommen und zunächst eine punktuelle, teufengerechte Entnahme von Kleinproben für die Pollenanalyse und für die Untersuchung von Diatomeen durchgeführt. Im Anschluß daran erfolgte sofort die Aufteilung des Kernstückes in Einzelproben. Hierbei wurden normalerweise 1 m-Kernstücke schematisch in fünf Einzelproben unterteilt, die mit zunehmender Teufe die Endzahlen 1 bis 5 erhielten. Somit ergeben sich z.B. folgende Probenbezeichnungen: B3-4 = vierte Probe aus dem 3. Bohrmeter; falls zu erkennen, richtete sich die Abgrenzung der Proben-Kernstücke nach den Schichtgrenzen. Die Gefrierkerne wurden in 5 bis 10 cm mächtige Kernstücke unterteilt.

Bei der Entnahme von Probenmaterial für die H_2O-Gehalts-Bestimmung, Austauschkapazität (im folgenden AK), HNO_3-H_2O_2-Aufschluß und Interstitialwassergewinnung, wurde ein möglichst repräsentativer Querschnitt der Gesamtprobe angestrebt. Es wurden daher aus dem zentralen Kernteil Schlitzproben über die gesamte Kernlänge des Probenstückes genommen. Außerdem wurde darauf geachtet, daß die Entnahme für den HNO_3-H_2O_2-Aufschluß und AK gleichzeitig mit denjenigen für den H_2O-Gehalt wegen der Umrechnung auf Festsubstanz erfolgte. Sofort anschließend wurde - um Verluste durch Verdunstung weitgehendst auszuschalten - ein größerer Probenteil auf die Zentrifugeneinsätze verteilt und das Interstitialwasser gewonnen.

Für die Bestimmung des H_2O-Gehaltes wurden 10 bis 20 g Frischsediment eingewogen, bei 105° C getrocknet, im Exsikkator abgekühlt und gewogen. Das hierbei anfallende getrocknete Sedimentmaterial wurde in einer Scheibenschwingmühle unter Verwendung eines Widia-Einsatzes, - Achat, wenn Kobalt untersucht werden soll -, gemahlen. An dem gemahlenen Material wurde organischer und anorganischer Kohlenstoff-Gehalt, Diatomeen-Kieselsäure, Gesamt-P, Ca-Mg-Gehalte und Schwermetalle (Fe, Mn, Zn, Cu, Cd und Pb) bestimmt und Röntgenübersichtsaufnahmen gefahren.

Die Entnahme der Proben für die Pollenanalyse und Diatomeenbestimmung erfolgte insbesondere beim Tegeler See kontinuierlich über den gesamten Kern. Für H_2O-Gehalt, Interstitialwassergewinnung und Schwermetallanalysen wurde in den oberen Kernmetern fünf Proben verwendet, in tieferen Kernbereichen zwei und schließlich nur noch eine Probe pro Meter, sofern keine deutlichen Materialunterschiede im Sediment zu erkennen waren.

3.2.1 Interstitialwasser

Die Gewinnung des Interstitialwassers wurde mit einem Hochgeschwindigkeitseinsatz in einer Cryofuge durchgeführt. Hierzu wurden in die vier Behälter des Einsatzes 80 bis 140 g Frischsediment eingewogen und bei 22.000 bis 24.000 U/min zentrifugiert. Die Ausbeute an Interstititalwasser lag bei 10 bis 50 ml. Das Sedimentmaterial wurde quantitativ aus den Zentrifugengläsern entfernt und für die Korngrößenanalyse verwendet.

Die Chloridbestimmung wurde am Interstitialwasser vorgenommen. Acht bis 20 ml Interstitialwasser (Volumen wurde über eine Wägung ermittelt) wurden in 250 ml Bechergläsern mit dest. H_2O auf ein Volumen von 50 ml gebracht und die Chloridbestimmung nach MOHR durchgeführt.

3.2.2 Festsubstanz

3.2.2.1 Organischer (org. C) und anorganischer Kohlenstoff (anorg. C)

Diese Bestimmungen wurden mit einem Gasanalyse-Gerät der Firma Wösthoff durchgeführt.

a) Bestimmung des gesamten C-Gehaltes: Trockene Verbrennung im O_2-Strom bei 1000° C und konduktometrische Bestimmung des in NaOH eingeleiteten CO_2.

b) Bestimmung des anorganischen Kohlenstoffs: Lösung des Karbonats mit H_3PO_4 (1 : 1) bei 80° C. Einleiten des freigesetzten CO_2 in NaOH und Messen der damit verbundenen Änderung der Leitfähigkeit der Lauge. Anorganischer Kohlenstoff x 4,996 = CO_3

c) Der organische Gehalt ergibt sich aus der Differenz gesamt-C-Gehalt minus anorganischer C-Gehalt = organischer C-Gehalt.

Nach SCHEFFER & SCHACHTSCHABEL (1979) wird ein Umrechnungsfaktor für organischen Kohlenstoff in organische Substanz von 1,724 (für Böden) angegeben. Dieser Faktor ist jedoch nach SCHLICHTING & BLUME (1966) wahrscheinlich zu niedrig und dürfte eher bei 2 liegen. (Zur Umrechnung der organischen C-Gehalte in organische Substanz wurde dieser Faktor bei den Proben des Tegeler Sees und des Kern B (Havel) verwendet).

In einer jüngeren Untersuchung (PACHUR & SCHMIDT 1985) wurde ein Vergleich von Glühverlust- und organischen C-Werten an Proben einer Detritusmudde (Pechsee) durchgeführt, der zeigte, daß der C-Gehalt des organischen Materials bei etwa 55 bis 56 % liegt. Der Umrechnungsfaktor für organischen Kohlenstoff in organische Substanz beträgt danach 1,8. Er wurde bei allen übrigen Umrechnungen in organische Substanz verwendet.

Durch die Bestimmung des Glühverlustes kann der Gehalt an organischer Substanz abgeschätzt werden (DEAN 1974). Fehler sind hierbei durch Sulfide, welche durch Röstung in Oxide übergehen, Siderit (Umwandlung in Fe_3O_4) sowie durch Tonminerale gegeben, die beim Glühen in Zwischenschichten eingelagertes Wasser abgeben.

Aus den anorganischen C-Daten kann der Karbonatgehalt der Sedimente ermittelt werden. Besonders in den tieferen Kernabschnitten tritt neben Calzit ($CaCO_3$) auch Siderit ($FeCO_3$) oder Rhodochrosit ($MnCO_3$) auf. Somit gibt erst die röntgenographische Übersichtsaufnahme Aufschluß darüber, ob die anorganischen Kohlenstoffgehalte ohne Fehler in Calzit (Umrechnungsfaktor 8,33) umgerechnet werden dürfen.

Um den Fehler abzuschätzen, der durch die Verwendung des Widia (WC)-Einsatzes infolge

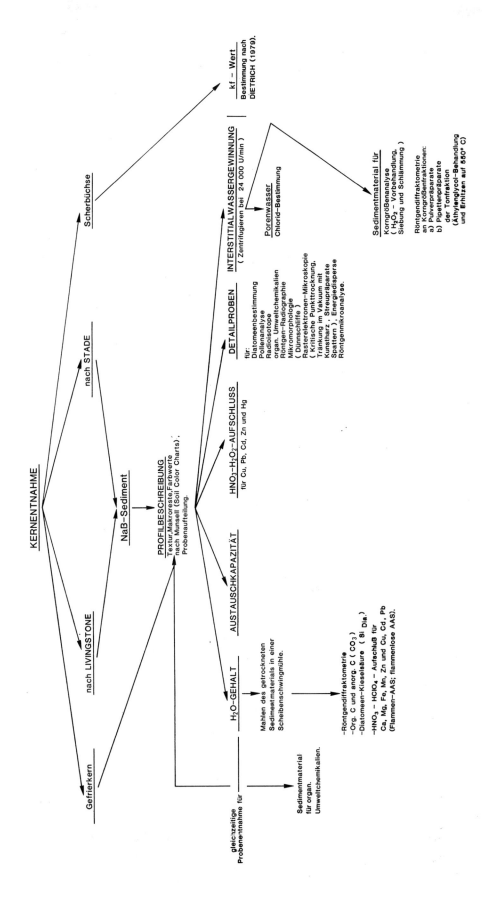

Abb. 7: Spektrum der angewendeten Untersuchungsmethoden und -techniken für die Gefüge- und geochemische Analyse von Seesedimenten.

Abriebs auftreten kann, wurden 4 g reiner Quarzsand (Merck) 5 Minuten gemahlen und der Gesamt-C-Gehalt bestimmt. Dieser lag bei 0,04 % C. Da jedoch das untersuchte Material viel feinkörniger ist, und die Sandgehalte normalerweise unter 20 %, meist jedoch unter 1 % liegen und die Mahldauer 1,5 bis 3 Minuten betrug, ist der durch den Abrieb auftretende Fehler bei den Proben zu vernachlässigen.

Da die gemahlenen Proben u.a. infolge der hohen Gehalte an organischer Substanz je nach Luftfeuchtigkeit unterschiedliche Wassermengen aufnehmen, wurde das Probenmaterial vor der Einwaage bei 105° getrocknet und im Exsikkator abgekühlt. Für die Gesamt-C-Bestimmung betrug die Einwaage 70 oder 80 mg. Zur Bestimmung des anorganischen C-Gehaltes wurden 100 bis 300 mg eingewogen. Parallelbestimmungen ergaben, daß der relative Fehler < 1 % ist.

Bei gröberem Material z.B. aus dem oberen Bereich der Havelsedimente wurde nach der Wasser-Gehaltsbestimmung der Anteil > 630 μ abgesiebt und in Einzelkomponenten zerlegt. Der Probenanteil < 630 μ wurde in der Scheibenschwingmühle ca. 5 Minuten gemahlen und die C-Bestimmung durchgeführt. Die erhaltenen Ergebnisse wurden unter Berücksichtigung der Gehalte an organischer Substanz, Holzkohle, Steinkohle und karbonatische Schalenreste (alle Komponenten auf Kohlenstoff umgerechnet) in der Korngrößenfraktion > 630 μ auf die Gesamtprobe korrigiert.

3.2.2.2 Austauschkapazität (AK)

Die Bestimmung der Austauschkapazität wurde in Abwandlung nach JACKSON (1958) und SCHLICHTING & BLUME (1966) durchgeführt. Ca. 20 g Naßsediment werden in einem 250 ml Becherglas mit 30 ml dest. H_2O und 30 g Quarzsand (Merck) versetzt, durchgerührt (nicht auseinanderfallende Sedimentklümpchen werden vorsichtig zerdrückt) und auf eine Porzellannutsche gegeben. Nach Perkolation des überschüssigen Wassers wird mit 0,2n $BaCl_2$-Lösung in sieben Portionen zu je 15 ml etwa drei Stunden perkoliert. Anschließend wird mit acht Portionen à 20 ml dest. H_2O Cl^--frei nachgewaschen. Das anfallende Filtrat wird verworfen. Nun wird die Probe mit 0,2n $MgCl_2$-Lösung in acht Portionen zu je 20 ml perkoliert, das Perkolat in einen 200 ml Meßkolben überführt und bis zur Marke aufgefüllt. Das rückgetauschte Ba^{2+} wird flammenphotometrisch bei 873 nm gegen entsprechende Eichlösungen ermittelt und auf mval/100 g Festsubstanz (parallele H_2O-Gehaltsbestimmung an einem gesonderten Probenteil) umgerechnet.

Bei der Perkolation ist darauf zu achten, daß im Filterkuchen zu keinem Zeitpunkt Trockenrisse infolge zu später Flüssigkeitszugaben auftreten. Bei langsamer Perkolation (mehrere Stunden) kann der Vorgang durch Anlegen eines Unterdruckes zeitweise beschleunigt werden.

Parallelbestimmungen ergaben, daß die Werte bei dieser Methode bis zu 10 % voneinander abweichen können. Die Überprüfung des Quarzsandes zeigte, daß er keine meßbare Austauschkapazität besitzt.

Das auf MEHLICH (1942) zurückgehende Verfahren, die Bestimmung der AK bei pH 8,1 durch Pufferung mit Triäthanolamin durchzuführen, ist in erster Linie dann anzuwenden, wenn die AK bei karbonathaltigen Proben aus der Summe der austauschbaren Kationen ermittelt werden soll. Nach JACKSON (1958) ist bei der Bestimmung der AK über den Rücktausch von Ba^{++} durch Mg^{++} die Verwendung von Triäthanolamin nicht notwendig; andererseits sind die Austauschvorgänge pH abhängig.

3.2.2.3 Diatomeen-Kieselsäure (Si_{Dia})

Diatomeen-Schalen werden von amorpher Kieselsäure aufgebaut. Die amorphe Kieselsäure limnischer Sedimente besteht normalerweise zum weitaus überwiegenden Teil aus Diatomeen-Schalen und deren Resten.

Nach KRAUSKOPF (1956, 1959) ist amorphe Kieselsäure erheblich löslicher als kristalline Kieselsäure (Quarz, Silikate). Sie hat eine Löslichkeit im pH-Bereich bis 9 von 100 bis 140 mg SiO_2/l bei 25° C und bei 100° C von 360 bis 420 mg SiO_2/l. Oberhalb pH 9 steigt die Löslichkeit der amorphen Kieselsäure stark an. Dagegen beträgt die Löslichkeit von Quarz im pH-Bereich bis 9 bei 25° C 6 bis 11 mg SiO_2/l. Oberhalb von pH 9 nimmt die Löslichkeit von Quarz ebenfalls zu, erreicht jedoch bei keinem pH-Wert diejenige der amorphen Kieselsäure.

Somit kann die amorphe Kieselsäure mit einem geeigneten Aufschlußverfahren quantitativ in Lösung gebracht werden, ohne daß Quarz und Silikate in stärkerem Maße gelöst werden. Es bot sich zunächst das von TESSENOW (1966) angegebene Aufschlußverfahren an, in dem es heißt:

"Es werden 10-20 mg Trockensubstanz eingewogen, in Nickel- oder Platintiegel überführt und in 50 ml 0.25 %iger Sodalösung aufgeschwemmt. Die Suspensionen werden 60 Min. auf dem kochenden Wasserbad behandelt, neutralisiert, erkalten lassen, filtriert und auf 100 ml aufgefüllt. Bei starker Braunfärbung wird mit Salzsäure auf pH 2-3 eingestellt und die ausgefällten Kolloide werden abzentrifugiert. Vor der Si-Bestimmung ist oft noch eine Verdünnung notwendig."

Diese Methode wurde an Diatomeenerde (Kieselgur von Oberohe) überprüft. Nach dem Aufschluß ergab die mikroskopische Durchsicht des Rückstandes, daß er noch Diatomeen in großen Mengen enthielt. Der von TESSENOW (1966) angegebene Aufschluß erwies sich als nicht geeignet, an den Kernen eine Tiefenfunktion der amorphen Kieselsäuren zu ermitteln, zumal im Basisbereich der Kerne mit einer Alterung der amorphen Kieselsäure der Diatomeen, wie in der Kieselgur, zu rechnen ist.

Versuche mit 50 mg Kieselgur und 1n sowie 2n NaOH (0,5n, wird von SCHLICHTING & BLUME (1966) für die Ermittlung des Laugelöslichen Si angegeben) anstelle der Sodalösung und 1,5 stündiger Behandlung auf dem kochenden Wasserbad ergaben bei mikroskopischer Überprüfung, daß erst bei Verwendung der 2n NaOH-Lösung die Diatomeen der Kieselgur vollständig aufgelöst waren.

Aufgrund dieser Ergebnisse wurde der Aufschluß wie folgt durchgeführt: 50 mg Trockensubstanz werden mit 25 ml 2n NaOH im Platintiegel 1,5 Stunden auf dem kochenden Wasserbad behandelt und nach dem Erkalten in 250 ml Kunststoff-Meßkolben überführt und aufgefüllt (Aufschlußlösung).

Die photometrische Si-Bestimmung der Aufschlußlösung erfolgte in Anlehnung in die Molybdänblau-Methode von MULLIN & RILEY (1955): 0,5-1,5 ml der Aufschlußlösung werden in 100 ml Kunststoffflaschen mit 50 ml dest. H_2O versetzt, neutralisiert (1-2 Tropfen 0,1 % HCl) und 2 ml Ammoniumheptamolybdat-Lösung hinzugegeben. Nach 5 Min. werden 2 ml 5 %ige Oxalsäure und 1 Min. später 2 ml Metol-Lösung (2 g Photo-Rex + 17,5 g Natriumdisulfit/100 ml dest. H_2O) zugegeben. Nach weiteren 10 Min. wird bei 740 nm die Extinktion der Mischung gemessen. Die entsprechenden Eichkurven wurden je nach Zusammensetzung der Festsubstanz durch die Additionsmethode erhalten.

Parallelbestimmungen an Proben mit niedrigem und höherem Diatomeengehalt ergaben im allgemeinen Abweichungen bis zu 5 %.

Die erhaltenen Si-Werte (Si_{Dia}) repräsentieren um so mehr das Silizium der Diatomeen, je weniger Quarz, Feldspat und Tonminerale die Sedimente enthalten. Dies gilt für Kern B (Havel) ab 3 m Tiefe und beim Tegeler See. Bei Proben des Kern B stammt oberhalb 3 m - infolge der höheren Sandgehalte und somit höheren Quarzgehalte (insbesondere bei B2-1 bis B2-6) - ein zunehmender Teil des ermittelten Si aus der Anlösung von Quarz und Silikat. Nach der angegebenen Methode ergab die Si-Bestimmung mit 50 mg Einwaage für gemahlenen, reinen Quarz (Merck) 1,7 % Si und für eine aus Geschiebemergel erhaltene Tonfraktion (zu über 90 % aus Tonmineralen bestehend) 3,4 % Si.

3.2.2.4 Gesamt-Phosphor

Für die Ermittlung des Gesamt-P-Gehaltes der Festsubstanz wurde ein modifizierter Aufschluß nach JACKSON (1958) gewählt und die photometrische Molybdänblau-Methode angewandt.

Aufschluß: 200 mg Festsubstanz werden in ein 25 ml Becherglas eingewogen, 2 ml HNO_3 konz.

zugegeben und die Mischung 10 Min bei etwa 110° C erhitzt. Dann werden 3 ml HClO$_4$ zugesetzt, umgeschwenkt und die Mischung etwa 30 Min bei 130 bis 140° C auf das Sandbad gestellt (Becherglas mit Uhrglas abdecken), bis die Probensubstanz farblos erscheint. Unter Umständen ist ein Erhitzen auf dem Sandbad bis zu 4 Stunden erforderlich. Bei den Proben des Kern B (Havel) wurden nach 3 Stunden nochmals 1 ml HNO$_3$ und 2 ml HClO$_4$ hinzugegeben und weitere 2 Stunden auf dem Sandbad belassen, um hier ebenfalls einen farblosen Rückstand zu erhalten. Nach dem Abkühlen werden 5 ml dest. H$_2$O zugesetzt, die Mischung in einen 50 bzw. 100 ml Meßkolben überführt und aufgefüllt (Aufschlußlösung).

Photometrische Bestimmung: 1-2 ml der Aufschlußlösung werden im 100 ml Meßkolben mit ca. 90 ml dest. H$_2$O und kurz nacheinander mit 5 ml Molybdat-Schwefelsäure-Reagenz[1] und 1 ml Ascorbin-Säure-Lösung (10 g Ascorbinsäure z.A. werden in dest. H$_2$O gelöst und auf 100 ml aufgefüllt) versetzt und bis zur Marke aufgefüllt. Es wird umgeschüttelt und die Extinktion der Mischung nach 15 Min. bei 665 nm gemessen. Die entsprechenden Eichkurven wurden je nach Zusammensetzung der Festsubstanz durch die Additionsmethode erhalten.

Parallelbestimmungen (inkl. Aufschluß) ergaben Abweichungen von weniger als 5 %.

3.2.2.5 Ca, Mg und Schwermetalle

Um möglichst alle Komponenten - mit Ausnahme der Silikate - in Lösung zu bringen (FÖRSTNER & WITTMANN 1979, KNAPP 1981, WELZ 1983, LESCHBER 1984, SALOMONS & FÖRSTNER 1984), wurden wegen der sehr unterschiedlichen, z.T. hohen Anteile organischen Materials die Sedimentproben mit Salpetersäure-Perchlorsäure aufgeschlossen (modifiziert nach JACKSON 1958; vgl. 3.2.2.4). Zur Absicherung der Ergebnisse wurden bei der Schwermetallbestimmung drei Parallelaufschlüsse analysiert, bei Ca, Mg und Mn erwiesen sich stichprobenweise vorgenommene Parallelaufschlüsse als ausreichend.

Die Metall-Gehalte von Ca, Mg, Fe, Mn und Zinn wurden mit einem Atomabsorptionsspektrophotometer (AAS) der Firma Unicam (SP 1900, bzw. SP 9) in der Flamme nach den üblichen Standardverfahren bestimmt. Die Eichkurven wurden über die Additionsmethode erhalten.

Wiederholungen der Analysen inkl. Aufschluß ergaben folgende Abweichungen:
Fe < 5 %, Mn < 3 %, Ca < 4 %, Mg < 4 %, Zn < 10 %.

Die Bestimmungen von Cu, Pb und Cd wurden mit Hilfe der Graphitrohrküvetten-AAS-Technik (AAS 372 mit HGA 500; bzw. AAS 5000, Perkin-Elmer) durchgeführt.

Cu wurde bei Vorliegen hoher Konzentrationen in der Flamme bestimmt; in den meisten Fällen erfolgte die Messung im Graphitrohr mit folgenden Bedingungen:

Schritt	1	2	3	4	5
Temperatur (°C)	90	120	800	2700	2700
Aufheizzeit (s)	15	15	15	1	1
Haltezeit (s)	10	10	10	4	3
Argon (ml/min)	300	300	300	50	300

Während die Untersuchungen von Cu relativ ungestört verliefen, wurde die Bestimmung von Cd und Pb durch Matrixeffekte gestört. Das wirkt sich besonders bei der Bestimmung niedriger Metallgehalte aus. Bei einer geringen Verdünnung der Probe und einer empfindlichen Einstellung der HGA kann der Fall eintreten, daß das Cd- oder Pb-Signal unterdrückt wird und eine Bestimmung unmöglich ist.

Ein Schritt zur Verbesserung der Messung ist eine möglichst hohe Verdünnung der Probenlösung (z.B. 1 : 25). Bei Vergleichsmessungen verschiedener Verdünnungen (1 : 5/1 : 10/ 1 : 25/1 : 50) einer Probe war für beide Metalle eine deutliche Verbesserung der Peakform (keine Doppelpeaks mehr), der Empfind-

---

[1] Molybdat-Schwefelsäure-Reagenz:
A. 144 ml H$_2$SO$_4$ z.A. (D= 1,84) werden unter Rühren in 300 ml dest. Wasser gegeben. Die Lösung wird auf 20°C abgekühlt.
B. 10 g Amidoschwefelsäure H$_2$N.SO$_3$H z.A. werden in 100 ml dest. Wasser gelöst.
C. 12,5 g Ammoniummolybdat z.A. (NH$_4$)$_6$Mo$_7$O$_{24}$· 4H$_2$O werden in 200 ml dest. Wasser gelöst.
D. 0,235 g SbCl$_3$ z.A. und 0,600 g Weinsäure z.A. werden in 100 ml dest. Wasser gelöst.

Lösung A wird nacheinander mit Lösung B, C und D versetzt und nach dem Temperieren mit dest. Wasser zu 1 l aufgefüllt.

lichkeit und der Reproduzierbarkeit in der jeweils höheren Verdünnung zu beobachten. Hohe Verdünnung allein reicht aber nicht aus, um störungsfreie Meßsignale zu erhalten. Bei der Cd-Bestimmung z.B. in der Probe Krumme Lanke-2.7a waren die Signale auch noch in der 1 : 25-Verdünnung breit und unregelmäßig; die Probenmeßwerte waren niedriger als die Blindwerte. Die Messung in verschiedenen Rohrtypen ergab unterschiedliche Ergebnisse.

Nur in einem Fall (Schlachtensee-Sediment und Acetataufschluß) war die in der Literatur vorgeschlagene Ammoniummolybdat-Behandlung (KNUTTI 1981) des Rohrs eine geeignete Methode, die Störungen bei der Cd-Bestimmung zu beseitigen.

10 μl einer wässrigen 10 %igen Ammoniumheptamolybdatlösung wurden ins Graphitrohr eingespritzt und atomisiert; dieser Vorgang wurde zehnmal wiederholt.

Schritt	1	2	3	4	5
Temperatur (°C)	80	120	300	1250	2650
Aufheizzeit (s)	5	8	10	5	5
Haltezeit (s)	5	10	15	5	3

Bei den übrigen Vergleichen verlief die Messung entweder im unbehandelten Rohr besser als im behandelten oder im Pyro-Graphitrohr. Der optimale Rohrtyp muß also vor der Bestimmung jeder Probenserie durch Vergleichsmessungen festgestellt werden, wobei es sinnvoll ist, mit dem Pyro-Graphitrohr zu beginnen und hier zu prüfen, ob Peakform und Reproduzierbarkeit zufriedenstellend sind.

Hinsichtlich einer besseren Trennung Matrix - Element schlägt KNUTTI (1981) als Matrixmodifikation die Zugabe von Diammoniumhydrogenphosphat (2 ml 10 %ige $(NH_4)_2 HPO_4$ in 25 ml Meßlösung) bzw. von Phosphorsäure (200 ml 8,5 %ige H_3PO_4 in 25 ml Meßlösung) vor, da dadurch die Zersetzungstemperatur erhöht werden kann. Sowohl bei den Standardlösungen der Metalle Cd und Pb als auch in der Probe KL 2.12a aus der Krummen Lanke konnte auf diese Weise das Signal erhöht werden, und zwar in allen (normalvorbehandelten -Pyro-) Rohrtypen.

Es ist festzustellen, daß ein Optimierungsrezept nicht für alle Limnite gilt, da die untersuchten Seesedimente unterschiedliche Matrixeffekte ergeben, die auf die primär differenzierte Zusammensetzung zurückgehen.

Für die Mehrzahl der Proben wurde ein Grenzwert angegeben; dies erscheint gerechtfertigt, wenn die Meßwerte nur wenig oberhalb des Blindwertes liegen. Nach diesen Erfahrungen kann zur Optimierung der Meßbedingungen für die Cd- und Pb-Bestimmung in einer unbekannten Sedimentprobe folgendermaßen vorgegangen werden:

- Eine Verdünnung der Probenlösung von 1 : 25 herstellen und H_3PO_4 dazugeben;
- ein unbehandeltes Graphitrohr oder ein Pyrographitrohr einsetzen;
- bei Cd mit 300° C zersetzen und 1250° C atomisieren, bei Pb mit 500° C zersetzen und 1400° C atomisieren;
- mit Hilfe von Probemessungen das dosierte Probenvolumen und den Argonstrom so wählen, daß ein Meßsignal von 40 bis 90 Einheiten (digits) entsteht;
- maximale Zersetzungstemperatur feststellen durch Erhöhen in 100° C-Schritten, dann auf die gleiche Weise optimale Atomisierungstemperatur bestimmen;
- mit den gefundenen Temperaturen 10 Parallelmessungen vornehmen, um die Reproduzierbarkeit zu überprüfen.

Blei und Cadmium wurden im wesentlichen mit folgenden Einstellungen im Graphitrohr bestimmt:

Blei	1	2	3	4	5
Temperatur (°C)	90	120	500	1600	2600
Aufheizzeit (s)	10	10	10	0	1
Haltezeit (s)	10	10	15	4	3
Argon (ml/min)	300	300	300	100	300
Cadmium	1	2	3	4	5
Temperatur (°C)	90	120	300	1250	2500
Aufheizzeit (s)	10	10	15	0	1
Haltezeit (s)	10	10	10	4	3
Argon (ml/min)	300	300	300	50	300

Soll Quecksilber bestimmt werden, ist ein vorheriges Trocknen der Proben auch bei Temperaturen unter 100° C nicht zu empfehlen, da hierbei Verluste nicht auszuschließen sind; besonders dann, wenn im Sediment auch leichtflüchtige organische Hg-Verbindungen vorhanden sein können. Es wurde daher für den Schwermetallaufschluß vom Naßsediment ausgegangen und an einer Parallelprobe die Festsubstanz durch Trocknung bei 105° C bestimmt.

Diese Untersuchungen wurden nur am Kern B (Havel) durchgeführt (PACHUR & RÖPER 1982) und das Naßsediment mit HNO_3 und H_2O_2 aufgeschlossen. Der HNO_3-H_2O_2-Aufschluß lieferte in Bezug auf die untersuchten Metalle zwar ähnlich gute Ergebnisse wie der HNO_3-$HClO_4$-Aufschluß, ist jedoch erheblich zeitaufwendiger.

HNO_3-H_2O_2-Aufschluß

20-50 g Naßsediment werden in einen 250 ml Erlenmeyer-Kolben eingewogen und mit 30 - 75 ml conz. HNO_3 "Suprapur" versetzt, über Nacht stehengelassen und dann vorsichtig auf dem Sandbad bis etwa 70 - 80° C erhitzt (Erlenmeyer-Kolben mit Uhrglas abdecken) und nach dem Auftreten nitroser Gase noch 1 Stunde auf dem Sandbad belassen. Nach dem Abkühlen werden 0,5 ml H_2O_2 (30 %ig) z.A. zugesetzt und das Ende der Gasentwicklung abgewartet (kann einige Stunden dauern). Danach wird wiederum 0,5 ml H_2O_2 zugegeben und wenn die Gasentwicklung deutlich nach der 0,5 ml Zugabe nachläßt, kann die Menge an H_2O_2 schrittweise bis auf 20 ml Zugaben gesteigert werden. Die H_2O_2-Behandlung ist solange fortzuführen, bis ein farbloser Rückstand erreicht wird. Bei einer Einwaage von 50 g Naßsediment (bei org. C-Gehalten < 22 % bezogen auf Festsubstanz) werden bis zu 350 ml H_2O_2 verbraucht, d.h. daß die Mischung im Erlenmeyer-Kolben zwischendurch des öfteren bei etwa 80° C auf dem Sandbad einzuengen ist. Der Aufschluß kann bei hohen Gehalten an org. C mehrere Tage dauern. Außerdem ist es notwendig, alle Proben gleicher Einwaage mit derselben Menge an H_2O_2 zu behandeln und einen Blindwert, mit entsprechender Menge an HNO_3 und H_2O_2 zu ermitteln.

Nach Beendigung des Aufschlusses wird kurz aufgekocht, um überschüssiges H_2O_2 zu entfernen. Nach dem Abkühlen wird die Mischung in einen 100 bzw. 200 ml Meßkolben (je nach Einwaage) überführt und bidest. H_2O bis zur Marke aufgefüllt. Durch Zentrifugieren der Mischung wird eine klare Aufschlußlösung für die Bestimmungen am AAS-Gerät erhalten.

Die Gehalte an Cu und Zn wurden nach entsprechender Verdünnung (mit bidest. H_2O) der Aufschlußlösungen (für Zn) mit Hilfe der AAS (Perkin-Elmer Modell 300 bzw. Unicam SP 1900) bei den für das jeweilige Element angegebenen Standardbedingungen mit D_2-Kompensation bestimmt. Die Pb- und Cd-Bestimmung erfolgte mittels der flammenlosen AAS (Perkin-Elmer Modell 300 mit HGA-72 bzw. Modell 372 mit HGA-500) unter den für diese Geräte angegebenen Standardbedingungen (bei Pb zusätzlich mit "gas-stop") und D_2-Kompensation. Die Eichkurven wurden über die Additionsmethode erhalten.

Quecksilber wurde mit dem Quecksilber/Hydrid-System MHS-1 der Firma Perkin-Elmer in Verbindung mit dem Grundgerät Modell 300 unter Standardbedingungen mit $SnCl_2$ bestimmt (Eichkurven mit Additionsmethode).

Wiederholungen inkl. Aufschluß an einigen Proben, zu einem späteren Zeitpunkt durchgeführt, ergaben für Hg Abweichungen < 5 %, in Ausnahmen jedoch bis zu 10 %.

Nach dem Zentrifugieren wurde der Rückstand jeder Probe sowohl aus den Zentrifugengläsern als auch aus den Meßkolben quantitativ auf einen Membranfilter gegeben, ausgewaschen, getrocknet und gewogen. Die Gewichte des Rückstandes wurden mit einer pauschalen Materialdichte von 2,6 auf Volumina umgerechnet und bei der Berechnung der AAS-Analysen auf Festsubstanz mitberücksichtigt. Untersuchungen des Rückstandes (Wösthoff-Apparatur) ergaben, daß die org. C-Gehalte weniger als 0,7 % (bezogen auf den Rückstand) betragen.

Zur Überprüfung der Aufschlußmethode wurde folgender Weg eingeschlagen: Zu fünf Proben (ca. 50 g Naßsediment) z.B. aus den Kernstükken B3 und B7 (Proben B3-2, B3-4, B7-1, B7-3, B7-5) wurde gleichzeitig je eine Parallele (ca. 50 g Naßsediment) eingewogen und diesem zum Sedimentmaterial bestimmten Mengen an Cu, Zn, Cd, Pb und Hg in gelöster Form zugesetzt. Die zugesetzten Mengen betrugen bei allen fünf Parallelen 100 µg Cu, 250 µg Zn und 5 µg Hg sowie bei drei Parallelen außerdem noch 5 µg Cd und 5 µg Pb, während die restlichen beiden mit 50 μg Cd und 50 μg Pb versetzt wurden. Die Wiederfindungsraten betrugen:

Pb 91 % (84-102 %), Cd 94 % (93-95 %), Hg 70 % (68-71 %), Cu 98 % (96-100 %), Zn 91 % (84-94 %). Beim Quecksilber zeigt eine Wiederfindungsrate von 70 %, daß während des Aufschlusses Substanzverluste auftreten, deren Ursache wahrscheinlich in der exothermen Reaktion bei der Zugabe von H_2O_2 liegt.

3.2.2.6 Granulometrie

Die Korngrößenanalyse wurde an dem für die Interstitialwassergewinnung verwendeten Probenmaterial mit folgenden Mengen vorgenommen: Mudden 10 bis 30 g; Sande 60 bis 100 g (sandige Basissedimente); kieshaltige Proben 70 bis 100 g (schlackehaltige Sedimente der Havel).

Die Gehalte an organischer Substanz sind, von den Seesanden abgesehen, so hoch, daß die Siebanalyse mit Sieben kleiner Maschenweite (63 μ; 125 μ; 200 μ) wegen zu großer Fehler infolge der z.T. faserigen Beschaffenheit der organischen Substanz nicht durchzuführen ist. Des weiteren trat in den Suspensionen mit Material < 63 μ eine starke Koagulation auf, die weder durch ammoniakalische Lösung noch durch Natriumpyrophosphatlösung (jeweilige Endkonzentration in den Suspensionen 0,01 m) oder Li_2CO_3-Lösung zu beseitigen war. Außerdem stört organische Substanz in größeren Mengen die Tonmineralanalyse in starkem Maße. Es mußte somit eine die Tonminerale schonende H_2O_2-Vorbehandlung zur Zerstörung der organischen Substanz vorgenommen werden. Das Sedimentmaterial wurde in 2 l Becherglas gegeben, mit etwas Wasser und in Intervallen mit 30 %igem H_2O_2 versetzt. Nachdem die intensive Gasentwicklung abgeklungen war, wurden die Proben in der Wärme auf dem Wasserbad mit H_2O_2 weiterbehandelt, bis kaum noch eine Gasentwicklung zu beobachten war. Um Lösungsverluste der karbonatischen Komponente des Sedimentmeterials zu vermeiden, wurde $CaCO_3$-gesättigtes H_2O_2 verwendet.

Bei den Topsedimenten des Kern B (Havel) wurde vor der H_2O_2-Behandlung der Anteil < 630 μ durch Naßsiebung abgetrennt und die Fraktion > 630 μ vor dem Trocknen unter dem Mikroskop in ihre Hauptbestandteile (Quarzkörner, Schnecken und Muscheln, Schlacke, Ziegelbruchstücke u.ä., organische Substanz, Holzkohle und Steinkohle) aufgeteilt. Diese Aufteilung wurde auch nach der Bestimmung der AK und der H_2O-Gehaltsbestimmung an dem betreffenden Probenmaterial durchgeführt, um die prozentualen Komponenten der jeweiligen Probe möglichst genau zu erfassen.

Zur Berechnung der Sandfraktionen und des Kiesgehaltes wurden jedoch organische Substanz, Holzkohle und Steinkohle nicht berücksichtigt; d.h. die granulometrischen Prozentangaben sind auf die org. C-freie Probe bezogen.

Durch Naßsiebung des vorbehandelten Sedimentmaterials wurden folgende Korngrößenfraktionen erhalten: > 2 mm; 2 bis 1 mm; 1 mm bis 630 μ; 630 bis 315 μ; 315 bis 200 μ; 200 bis 125 μ; 125 bis 63 μ und < 63 μ. Die Gewinnung der < 63 μ-Fraktion erfolgte über eine Absaugvorrichtung mit Membranfilter.

Da pennate Diatomeen eine Länge von über 200 μ aufweisen können, ihr Durchmesser jedoch unter 63 μ liegt, und bei der Naßsiebung diese Diatomeen schon bei normaler Siebdauer in unterschiedlicher Menge durch das 125 μ- und das 63 μ-Sieb hindurchtreten, wurde die Siebung so lange fortgesetzt, bis keine pennaten Diatomeen mikroskopisch mehr im Sieb festzustellen waren.

Die Abtrennung der Fraktionen 63 bis 20 μ; 20 bis 6,3 μ; 6,3 bis 2 μ und < 2 μ wurde mit Atterbergzylindern vorgenommen, bzw. die Korngrößenverteilung mittels der Pipettanalyse nach KÖHN bestimmt.

Eine mikroskopische Durchsicht des kleiner 2 μ-Materials, das nach einer normalen Schlämmung (Fallzeit nach einer mittleren Dichte von 2,65) erhalten wurde, ergab, daß in ihm noch Diatommeenbruchstücke mit einem Durchmesser bis zu 4 μ enthalten sind. Dies ist bedingt durch die niedrige Dichte (Opal 2,1 bis 2,2) und durch die Form der Bruchstücke, die die wirksame Dichte in Bezug auf die Fallzeiten herabsetzt. Diatomeenbruchstücke in dieser Größe stören jedoch die Herstellung von Texturpräparaten für die Tonmineralanalyse.

Eine erhebliche Verlängerung der Fallzeit setzt zwar den Durchmesser der dann in der sogenannten Tonfraktion enthaltenen größten Diatomeenbruchstücke herab, führt aber gleichzeitig zu einer Herabsetzung der Korngrößengrenze für den silikatischen Ton. Es war daher unter Vermeidung zu langer Fallzeiten ein Kompromiß zwischen den größten, in der Fraktion noch erfaßten Durchmessern von Diatomeenbruchstücken und von silikatischen Tonpartikeln zu schließen. Die Fallhöhe wurde von 25 cm auf 20 cm reduziert und die Fallzeit bei 24° C Wassertemperatur auf 22 Stunden festgesetzt. Nach dem Stoke'schen Gesetz weisen in der abgeschlämmten Fraktion silikatische Tonpartikel (mittlere Dichte mit 2,65 angenommen) einen Durchmesser von $< 1,6$ μ auf. Die mikroskopische Durchsicht zeigte, daß der weitaus überwiegende Teil der gröberen Diatomeenbruchstücke nun einen mittleren Durchmesser von < 2 μ aufweist. Die Fraktion kann somit näherungsweise als < 2 μ-Fraktion bezeichnet werden.

Aufgrund des Anteils an konkretionären Fe-Oxiden (Dichte > 3), der Zunahme des Quarzes in den Siltfraktionen, und der Überzüge von Fe-Oxiden an den Diatomeenvalven wurde für die Fallzeiten der Schlämmfraktionen im Siltbereich die Dichte von Quarz (2,65) als mittlere Dichte der Siltpartikel angenommen.

Bei den calcitarmen Proben des Kern B (Havel) konnte die Koagulation in nahezu allen Fällen durch eine einmalige Zugabe einer ammoniakalischen Lösung (in der Suspension: $< 0,005$ m) aufgehoben werden. Es ist darauf hinzuweisen, daß in der schwach alkalischen Lösung die Diatomeen etwas angelöst werden. Die Massenverluste waren aber zu vernachlässigen, insbesondere bei nur einmaliger Zugabe der NH_4OH-Lösung.

Bei Verwendung von Lithiumkarbonat als Antikoagulationsmittel wurden die gesamten Schlämmdurchgänge in 0,01m Li_2CO_3-Lösung durchgeführt. In einer Reihe von Fällen erwies es sich als notwendig, die < 63 μ-Fraktion auf zwei bis drei Atterbergzylinder zu verteilen, um gut dispergierte Suspensionen zu erhalten. Die so gewonnenen Fraktionen sind nach dem Filtrieren gründlich lithiumkarbonatfrei zu waschen.

Parallelbestimmungen einschließlich der H_2O_2-Behandlung ergaben, daß die Schlämmfraktionen um weniger als 4 % voneinander abweichen.

Bei Proben mit hohen Karbonatgehalten wurde für die Schlämmanalyse in bicarbonatgesättigtem Wasser die Dichte des Calcits (2,72) zur Berechnung der Fallzeiten verwendet. In den Suspensionen mit diesem < 63 μ-Material trat auch nach der H_2O_2-Vorbehandlung eine starke Koagulation des Feinmaterials auf, die nicht mit ammoniakalischer Lösung zu beheben war. Durch die Verwendung von Natriumpyrophosphatlösung (Endkonzentration in der Suspension $< 0,01$ m) konnten die Proben trotz Teilkoagulation geschlämmt werden und die Menge an zugesetzter Natriumpyrophosphatlösung war mit zunehmender Anzahl der Schlämmvorgänge deutlich herabzusetzen. Von großem Nachteil ist hierbei aber die Bildung von schwer löslichem Ca-Phosphat insbesondere in der < 2 μ-Fraktion, so daß die gewonnenen Fraktionen für die Ermittlung der Kornverteilung ungeeignet sind; sie können jedoch zur röntgenographischen Aufklärung des Mineralbestandes herangezogen werden. Diese Probleme stellen sich nicht, wenn die Schlämmanalyse in 0,01 m Li_2CO_3-Lösung durchgeführt wird; jedoch war des öfteren das < 63 μ-Material auf zwei bis drei Zylinder zu verteilen (Ausgangsmenge für die Sieb- und Schlämmanalyse 10 bis 30 g!).

Wird nur die Ermittlung der Kornverteilung im < 63 μ-Bereich angestrebt, so ist die zeitlich viel kürzere Pipettanalyse nach KÖHN dem Schlämmen mit Atterbergzylindern vorzuziehen. Hierfür kann das Probenmaterial im Muffelofen bei 500° C zur Entfernung der organischen Substanz geglüht werden, wenn insbesondere Siderit nur in vernachlässigbaren Mengen vorliegt.

Die besten Ergebnisse mit der Pipettanalyse nach KÖHN werden bei den Mudde-Proben mit einer Li_2CO_3-haltigen Schlämmlösung erhalten. Eingeschränkt ist sogar die Verwendung von Natriumpyrophosphatlösung (Endkonzentration im Schlämmzylinder 0,01 m) auch bei kalkhaltigen Proben möglich, da die Bildung des Ca-Phosphats ziemlich langsam vor sich geht, so daß die Bildung von Ca-Phosphat während des drei- bis vierstündigen Zeitraumes der Pipettanalyse relativ gering ist und vernachlässigt werden kann. Erst nach weiteren Stunden ist die Ca-Phosphatausfällung anhand einer schneeweißen Schicht oberhalb des sich bis dahin abgesetzten Sedimentmaterials zu erkennen.

3.2.2.7 Röntgenographische Untersuchungen

Die röntgenographischen Untersuchungen wurden unter folgenden apparativen Bedingungen durchgeführt: Röntgengerät: MÜLLER-Mikro 1011, Registriergerät: Philips-Röntgendiffraktometer, Cu-Röhre, 36 KV/24 mA, Blenden: Ni-Filter. Goniometergeschwindigkeit, Übersetzungsfaktor und Zeitkonstante sowie Papiergeschwindigkeit wurden individuell den Erfordernissen der einzelnen Proben angepaßt.

Übersichtsaufnahmen wurden an Pulverpräparaten des gemahlenen Probenmaterials mit einer Goniometergeschwindigkeit von 1/2° 2 Θ /min durchgeführt.

Die Tonminerale wurden an der Fraktion < 2 μ und an den Lösungsrückständen (s.u.) untersucht. Hierfür wurden Texturpräparate (Pipettenpräparate) hergestellt, die folgenden Behandlungen unterzogen wurden:

1) Aethylenglycol-Behandlung bei 60°C
2) aufgeheizt auf 550°C.

Von den unbehandelten und behandelten Präparaten wurden Röntgenaufnahmen im Bereich von 2 bis 35° bzw. 15° 2 Θ gefahren.

Da in der Regel die untersuchten relativ karbonatarmen Mudde-Proben der Havel im Tonmineralbereich der Diagramme keinerlei Röntgenreflexe aufwiesen, wurde ein Teil der < 2 μ-Fraktion mit Lauge und anschließend mit halbkonzentrierter HCl behandelt, um Diatomeen und Fe-Oxide wegzulösen, die verdünnend auf die Tonminerale wirken. Bei Kalkmudden wurde zur besseren Identifizierung der Tonminerale der Karbonatgehalt der < 2 μ-Fraktion mit Salzsäure weggelöst.

Diese chemischen Behandlungen verändern zwar insbesondere die quellfähigen Tonminerale, während alle nicht-quellfähigen durch Säurebehandlung kaum oder nicht angegriffen werden (OSTROM 1961); sie waren aber nötig, um überhaupt Tonminerale (nach BROWN 1961) identifizieren zu können.

3.2.2.8 Energiedisperse Röntgenmikroanalyse

Um eine Vorstellung von der Morphologie des Sediments und der Elementverteilung zu erhalten, wurde die energiedisperse Röntgenmikroanalyse kombiniert mit einem Rasterelektronenmikroskop (EDAX) eingesetzt. Mit dem Verfahren können zerstörungsfreie Punktanalysen aller Elemente von der Ordnungszahl 11 (Na) an aufwärts durchgeführt werden.

Schwierigkeiten waren bei der zerstörungsfreien Untersuchung der Sedimentproben - herauspräparierte Monolithe von ca. 10 mm Kantenlänge - zu bewältigen, die insbesondere in dem hohen Wassergehalt bestanden. Mehrtägiges Gefriertrocknen vermochte keine hinreichende Entwässerung zu erzeugen, ferner traten insbesondere bei geschichtetem Material (Rhythmite) Risse parallel zu den Schichtgrenzen auf. Die mangelnde Entwässerung führte zum Zusammenbruch des Vakuums beim Spattern bzw. unvollständiger Beschichtung mit Entladungserscheinungen im REM. Die Vorbehandlung der Probe wurde deshalb mit einem bei Gewebeschnitten erprobten Gefrierverfahren (kritische Punkttrocknung) durchgeführt und führte zu einem befriedigenden Ergebnis.

Die Probe wurde auf einen Al-Probenteller zur Vermeidung von Verfälschungen mit einem Graphitkleber, der frei von Elementen mit Ordnungszahl > 9 ist, aufgebracht. Um Röntgenemissionen aus dem Teller zu vermeiden, wurde auch dieser mit einer Graphitschicht überzogen.

Das Beschichten der Probe erfolgte vorzugsweise mit Ag, um die Analyse von Phosphor nicht zu beeinträchtigen.

3.3 Persistente Chlorkohlenwasserstoffe und Polyaromate in limnischen Sedimenten (BALLSCHMITER & BUCHERT 1982 und 1985)

Die Literatur zu diesem Kapitel ist vollständig zitiert in BUCHERT, BIHLER & BALLSCHMITER (1982). Im folgenden wird die *Literatur dieses Kapitels nur entsprechend der Numerierung der Publikation von BUCHERT et al. angegeben.*

3.3.1 Experimentelle Grundlage

3.3.1.1 Geräte zur Kapillar-Gaschromatographie

Die zur Aufnahme der Kapillar-Gaschromatogramme verwendeten Gerätekombinationen und deren Arbeitsparameter sind in Tab. 1 aufgeführt.

Der HP 5880 A Kapillar-Gaschromatograph war zusätzlich direkt an ein HP 3353 Labordatensystem gekoppelt.

Es erfolgte jeweils eine splitlose Injektion von 1 Mikroliter vorgereinigtem Sedimentextrakt entsprechend 3, 33 bis 600 mg trockenem Sediment (Abb. 8).

Gaschromatograph-Massenspektrometer-Kombination

Die Gaschromatograph-Massenspektrometer-Kombination bestand aus dem Modell HP 5995 A der Firma Hewlett Packard mit angeschlossenem HP 9825 Rechner. Die externe Datenspeicherung erfolgte auf 8-Zoll-Disketten. Hierzu standen zwei HP 9885 Laufwerke zur Verfügung. Als Trennkapillare war eine Fused Silica Kapillare (OV 101/25 m) eingebaut und direkt an das Massenspektrometer-Einlaßsystem gekoppelt (Ausgangssplitverhältnis 1 : 3). Für GC/MS-Untersuchungen wurden je nach Gehalt der Sedimentextrakte 1 bis 5 Mikroliter splitlos unter Nutzung des Lösungsmitteleffektes (46, 47, 63, 64) in das System injiziert. Tab. 2 gibt eine Übersicht über die Arbeitsparameter die bei den Untersuchungen mit der Gaschromatograph-Massenspektrometer-Kombination verwendet wurden.

Die Auswertung der erhaltenen Massenspektren erfolgte durch rechnerunterstützte Bibliothekssuche und automatischem Vergleich mit den in Frage kommenden Massenspektren von Einzelsubstanzen. Ergänzend hierzu erfolgte dann die detaillierte Korrelation der erhaltenen Retentionsdaten mit den massenspektrometrischen Daten und Retentionsindices aus der Literatur (15, 16, 36, 69, 72, 80, 87, 107, 108, 111, 112, 114). Wertvolle Unterstützung waren hierbei auch einige neuere Arbeiten zur Gaschromatographie und Massenspektrometrie von biogenen Substanzen in Sedimenten (4, 21, 52, 111, 117-119, 121).

3.3.1.2 Reinigung der Lösungsmittel und Adsorptionsmittel (8, 9, 131)

n-Hexan:

a) Rektifikation über Natrium (1,5 m Kolonne, Glaskörperfüllung, Rücklaufverhältnis 1 : 20); adsorptive Nachreinigung über Aluminiumoxid-Säule.

b) Extrem reines n-Hexan wurde erhalten durch Bestrahlung mit einem Quarzbrenner in einer Quarzapparatur und nachfolgende adsorptive Reinigung über Aluminiumoxid.

Aceton:
Die Hochreinigung von Aceton erfolgte nach den Erfahrungen anderer Autoren (27) in modifizierter Weise. Nach oxidativer Entfernung der Hauptverunreinigungen durch Zugabe einer 5 %igen wässrigen Kaliumpermanganat-Lösung wurde über eine Füllkörperkolonne eine Acetonfraktion mit bidestilliertem Wasser gemischt. Die wässrige Acetonphase wurde dann vier bis fünfmal mit hochgereinigtem n-Hexan ausgeschüttelt. Danach wurde das Wasser in einer Aceton-Trockeneis Mischung mehrmals ausgefroren. Zum Schluß erfolgte eine isotherme Destillation des Acetons bei Raumtemperatur unter Kühlung der Vorlage mit flüssigem Stickstoff. Der Einsatz des oben beschriebenen hochreinen Acetons ist nur sinnvoll bei schonender Kaltextraktion von Sedimentproben, da bei der Soxhlet-Extraktion bei höherer Temperatur und Anwesenheit katalytisch wirksamer Substanzen aus dem Aceton Nebenprodukte gebildet werden können. Allerdings ergaben andere Nachprüfungen, daß diese

Tab. 1: Übersicht über die Geräteparameter für die Kapillar-Gaschromatographie.

Gaschromatograph	Typ HP 5880A Fa. Hewlett Packard	Typ HP 5880A Fa. Hewlett Packard	Typ 3700 Fa. Varian GmbH
Detektor	Flammen-Ionisations-Detektor (FID)	Flammen-Ionisations-Detektor (FID)	Elektroneneinfang-Detektor (ECD) 8 mCi Ni-63
Detektortemperatur	300°C	300°C	280°C
Detektor-Hilfsgase	Wasserstoff 32 ml/min. Luft 300 ml/min. Stickstoff 10 ml/min.	Wasserstoff 26 ml/min. Luft 270 ml/min. Stickstoff 15 ml/min.	Argon/10%-Methan, 16 ml/min.
Trennkapillare	50 m flexible Quarzkapillare, Fa. Hewlett Packard SE 54, β = 450, Siloxan desaktiviert, I.D. 0,20-0,21 mm	50 m flexible Quarzkapillare, Fa. Hewlett Packard OV-101, β = 450, Carbowax desaktiviert, I.D. 0,31-0,32 mm	33 m Glaskapillare, eigene Herstellung, Siloxan desaktiviert SE 30, statistisch belegt
Trägergas	Wasserstoff μ = 51 cm/s (40°C)	Wasserstoff μ = 39 cm/s (40°C)	Wasserstoff μ = 36 cm/s (40°C)
Injektionssystem	Kapillar-Injektionssystem mit Ventil-Steuerung Fa. HP	Varian-Kapillar-Injektionssystem	Varian-Kapillar-Injektionssystem
Probendosierung	0,5-1 μl manuell, splittlos 3 min.	0,5-1 μl manuell, splittlos 3 min.	0,5-1 μl manuell, splittlos 3 min.
Injektor-Temperatur	280°C	280°C	260°C
Temperaturprogramm	3 min. isotherm bei 40°C, 40°C → 300°C lineares Temperaturprogramm mit 2°C/min. 30 min. isotherm bei 300°C	3 min. isotherm bei 40°C, 40°C → 300°C lineares Temperaturprogramm mit 3°C/min. 30 min. isotherm bei 300°C	2 min. isotherm bei 40°C 40°C → 250°C lineares Temperaturprogramm mit 3°C/min. 40 min. isotherm bei 250°C
Registrierung der Chromatogramme	HP 5880A dual GC Terminal Abschwächung: 2 ↑ 5 bis 2 ↑ 8 Schreibergeschwindigkeit 5 mm/min.	Potentiometerschreiber Servogor S Typ RE 541, Fa. Metrawatt Meßbereich 1 mV, Schreibergeschwindigkeit 5 mm/min.	Potentiometerschreiber Servogor S Typ RE 541, Fa. Metrawatt Meßbereich 1 mV, Schreibergeschwindigkeit 5 mm/min.
Chromatogramm-Auswertung und Berechnungen	HP 5880A Level IV Integrationssystem mit BASIC-Auswerteprogrammen	Spectra Physics SP 4100 Digitalintegrator mit BASIC-Auswerteprogrammen	Spectra Physics SP 4100 Digitalintegrator mit BASIC-Auswerteprogrammen
Verwendetes Rotationsindexsystem	n-Alkane C_8-C_{36} temperaturprogrammiert RF$_p$ n-Alkane (SE 54) Eichbereich 1100-3600	n-Alkane C_8-C_{36} temperaturprogrammiert RF$_p$ n-Alkane (OV 101) Eichbereich 1100-3600	n-Alkyl-Trichloracetate (ATA's) C_1-C_{24} temperaturprogrammiert RI$_p$ ATA (SE 30) Eichbereich 1000-3200

Tab. 2: Arbeitsbedingungen bei der Untersuchung von Sedimentproben mit der Gaschromatographie-Massenspektrometrie Kombination.

a) Arbeitsparameter bei der Gaschromatographie

Injektionssystem:	HP-Kapillar-Einlaßteil mit Splitt-Steuerventil; Temperatur 280° C
Trennkapillare:	50 m OV-101; flexible Quarzkapillare Carbowax desaktiviert; I.D. 0,31-0,32 mm
Trägergas:	Helium nachgereinigt; 2 ml/min. (40° C)
Probendosierung:	1 - 5 µl manuell, 3 min. splittlose Aufgabe
Temperaturprogramm:	3 min. isotherm bei 60° C 60° C → 270° C lineares Temperaturprogramm mit 2° C/min., danach isotherm bei 270° C und manueller Programmstop

b) SCAN-Parameter für Peakfinder Programm

Automatische Eichung der Massenskala erfolgt mit Perfluortributylamin. Alle Spektren wurden nach [32] auf der Basis von Decafluortriphenylphosphin normalisiert.

Ms-Peak-Detektionsschwelle:	50 lineare Zählereinheiten
Massenbereich:	70 - 550 amu
Abtast-Geschwindigkeit:	380 amu/sec. (4 samples/0,1 amu)
Electron Multiplier:	1400 Volt
GC-Peak-Detektionsschwelle:	300 (auf total abundance getriggert)

c) Parallelregistrierung der Chromatogramme mit Flammenionisationsdetektor

FID-Temperatur:	250° C
Verstärker Bereich:	1
Registrierung:	Potentiometerschreiber Servogor S, Typ RE 541, Meßbereich 1 mV; Schreibergeschwindigkeit 0,5 cm/min.
Abschwächung:	4

d) Selected-Ion-Monitoring (S.I.M.) Detektion der Chromatogramme

Gaschromatographische Arbeitsbedingungen wie unter a) beschrieben. Temperaturprogramm-Aufheizrate variabel.

Electron Multiplier:	1200 Volt
S.I.M. Fensterbreite:	0,1 amu
Ionenmassen:	je 12 ausgewählte Massen pro Chromatogramm
Verweilzeit/Ionenmasse:	50 ms
S.I.M.-Auswertung:	variable Parameter

Produkte bei der Vortrennung auf einer Florisil Säule abgetrennt werden. Sie erscheinen daher auch nicht im Chromatogramm des Gesamtblindwertes bei der von uns angewendeten Soxhletextraktion.

Toluol:
Rektifikation über Natrium führte zu einem ausreichend reinen Produkt.

Diethylether:
Rektifikation über Natrium.

3.3.1.3 Sonstige Geräte

Laminarfluß-Reinstbank für die organische Spurenanalyse, Fa. Ceag Schirp, Reinraumtechnik, Bork/Westfalen
Glühofen Typ MR 170 E, Heraeus, Hanau
Rotationsverdampfer, Fa. Büchi, Flawil, Schweiz
Achatmörser, 14,5 cm Durchmesser, Fa. Labor Handelsunion, Heidelberg
Apparatur zur Soxhletextraktion (eigene Entwicklung)
Glasexsikkatoren, Kühlfalle
Chromatographie-Säulen aus Glas mit Teflonhahn und Schliffansätzen für Trockenrohre

3.4.1.4 Reinigung der verwendeten Geräte

Die zur Probenverpackung verwendete Aluminiumfolie (Industriequalität) wurde abschnittweise mit einem n-Hexan-Aceton-Gemisch (1 : 1) gespült. Die abschließende Reinigung erfolgte unter der Reinstbank mit hochgereinigtem n-Hexan. Für den Transport wurden die

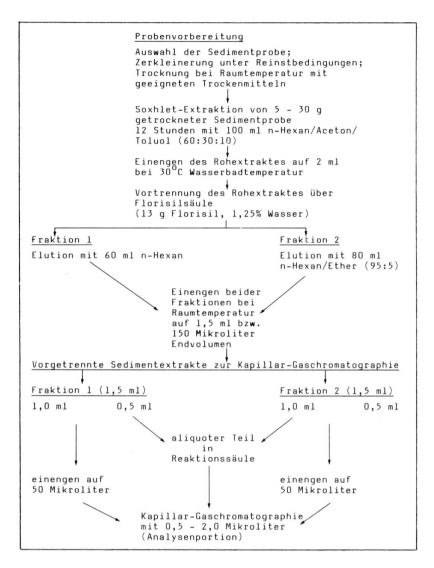

Abb. 8: Aufarbeitungs- und Reinigungsschritte bei der Untersuchung von Umweltchemikalien in Seesedimenten.

Folienabschnitte im gefalteten Zustand in auf dieselbe Weise gereinigten Aluminiumgefäßen aufbewahrt.

Die Reinigung der Glasgeräte erfolgte nach einer Grobreinigung mit üblichen Laborspülmitteln durch Tempern der Gefäße zwischen 200° und 300° C im Glühofen. Danach wurden die Geräte in weiteren Reinigungsschritten mit n-Hexan-Aceton-Gemischen und schließlich mit reinstem n-Hexan behandelt.

Die Glasgeräte wurden jeweils nur zur Aufarbeitung für einen bestimmten Probentyp verwendet, dessen Belastungsgrad vergleichbar war. Dasselbe gilt in besonderem Maße auch für die eingesetzten Mikroliterspritzen für die Gaschromatographie.

3.3.1.5 Verwendete Eich- und Vergleichssubstanzen

Die im folgenden aufgeführten Eich- und Vergleichssubstanzen wurden verwandt:
n-Alkane $C_7 - C_{30}$, Fluka/Buchs und Fa. Ega/Steinheim,
n-Alkane $C_{32} - C_{44}$, Altech Ass., Deerfield, Illinois,
Pristan und Phytan, Analabs Inc., No. Haven, Connecticut,
Chlorierte Kohlenwasserstoffe (Kit Nr. TK 161

und TK 162), Fa. Analabs Inc., No. Haven, Connecticut,
Alkyl-Trichloracetate C_3 - C_{24}, eigene Synthesen,
Polyaromaten; Standard Kit*, 20 Komponenten, Lot Nor. D 100 B, Fa. Analabs Inc., No. Haven, Connecticut,
EPA Priority Pollutants Kit (No. 1-11), Fa. Chem. Service Inc., West Chester,
Einzelkomponenten der DDT-Gruppe, Pestanal Substanzen, Fa. Riedel de Haen, Seelze,
Polychlorierte Biphenyle: Clophen A 30 (42 %), A 40 (48 %), A 50 (54 %), A 60 (60 %), Bayer AG, Leverkusen,
Polychlorierte Terphenyle: PCT 6825 (31,8 % Cl); PCT 6829 (39 %); PCT (54 % Cl), Bayer AG, Leverkusen,
Arocolor 5432 (32 % Cl), 5442 (42 % Cl), 5460 (60 % Cl), Analabs Inc., No. Haven, Connecticut,
Chlordan Einzelkomponenten und technisches Gemisch, Velsicol Chemical Corp., Chicago, Illinois,
Toxaphen, techn., Hercules Inc., Delaware.

3.3.1.6 Technik der Mikro-Reaktionssäulen

Die Technik der zerstörenden Reinigung (destructive clean up) wird bereits mit viel Erfolg zur gezielten Entfernung bestimmter Substanzen aus komplexen Gemischen angewandt (62, 116). So ist die Methode der Behandlung von stark wachshaltigen Proben (z.B. Pflanzenextrakte) mit konzentrierter Schwefelsäure oder alkoholischer Kalilauge weit verbreitet. Die dabei entstehenden Umsetzungsprodukte können dann meist durch anschließende Verteilungsoperationen (Ausschütteln; Säulen-Chromatographie) von den interessierenden Substanzen abgetrennt werden.

Für die organische Spurenanalyse ist es notwendig solche Schritte auf ein möglichst kleines Volumen und auf wenige manuelle Operationen zu beschränken. Hier bietet sich die Technik der Mikro-Reaktionssäulen an, die diese Forderungen in bestechend einfacher Weise erfüllt. Das Prinzip dieser Technik beruht auf der geeigneten Immobilisierung der für den gewünschten Reaktionstyp einzusetzenden Reagenzien. Das geschieht durch physikalische oder chemische Bindung an einen geeigneten Träger. Zur chemischen Umsetzung wird dann das zu behandelnde Substanzgemisch in heterogener Reaktionsführung mit dem "immobilen Reagenz" in Verbindung gebracht. Der letzte Schritt besteht aus der Separation von interessierenden und nicht interessierenden Substanzen. In einer Mikro-Reaktionssäule laufen alle diese Schritte lokal begrenzt und definiert ab.

Für spezielle organisch chemische Umsetzungen wird diese Art der Reaktionsführung seit einigen Jahren eingesetzt. Unter der Bezeichnung "Supported Reagents" sind solche Reaktionsphasen in neuerer Zeit auch käuflich erhältlich (115).

In der Praxis wird die jeweilige Reaktionsphase als stationäre Phase in eine kleine chromatographische Säule mit einem geeigneten Suspensionsmittel eingeschlämmt. Von der so vorbereiteten Säule werden eventuelle Verunreinigungen mit dem später einzusetzenden Elutionsmittel ausgewaschen. Nach dem Aufbringen einer kleinen Menge des gelösten Substanzgemisches (100 bis 500 μl) wird die Säule langsam mit dem gewählten Laufmittel eluiert. Wenn die erwünschte Reaktion langsam verläuft kann man den Elutionsprozeß für einige Minuten bis Stunden unterbrechen und dadurch die Kontaktzeit verlängern.

Das Eluat wird anschließend wieder auf ein bestimmtes Volumen eingeengt und kann anschließend in den Gaschromatograph eingegeben werden.

Herstellung einer Schwefelsäure-Reaktionsphase

In 5 ml konzentrierte Schwefelsäure wird solange Kieselgel (20 bis 30 g) mit einem Glasstab portionsweise eingerührt, bis ein rieselfähiges Pulver entstanden ist. Das Pulver kann direkt zur Entfernung störender Wachse in Sedimentextrakten mit n-Hexan als mobiler Phase nach oben beschriebener Technik eingesetzt werden.

Entfernung von elementarem Schwefel aus Sedimentextrakten

Die verbleibenden Hauptinterferenzen bei der Analyse von Organo-Halogen-Verbindungen in gereinigten Sedimentextrakten sind elementarer Schwefel (S_8) und einige Sulfane (4, 7, 14, 18, 24, 91, 129). Der elementare Schwefel tritt in hochverstärkt aufgenommenen Chromatogrammen mit einem Elektroneneinfangdetektor oder Schwefeldetektor und in Abhängigkeit von der stationären Phase als breites Signal im Retentionsindexbereich zwischen 1700 und 1900 störend in Erscheinung. Er verhindert z.B. bei Verwendung von SE 30 als stationäre Phase die Detektion von Aldrin und Heptachlorepoxid vollständig. Da elementarer Schwefel in oxidierenden sowie auch reduzierenden Sedimenten aus dem marinen und limnischen Bereich auftritt wurden zu seiner Entfernung die verschiedenen Methoden erprobt (39, 40, 65, 78). Die meisten dieser Methoden sind sehr zeitraubend und wenig praktikabel (z.B. Behandlung mit elementarem Quecksilber oder Kupfer) oder erfordern den Einsatz von schwer zu reinigenden Reagenzien.

Oberflächenaktives Silber-Kieselgel auf der Basis der Mikro-Reaktionssäulen erlaubt eine wirkungsvolle Entfernung von elementarem Schwefel aus Sedimentextrakten. Dabei werden selbst geringe Gehalte an Organohalogenverbindungen unverändert belassen.

Herstellung einer aktiven Silber-Kieselgel-Phase
In 50 ml n-Hexan zur Rückstandsanalyse wurden 0,1 bis 1 g Silberperchlorat-Hydrat suspendiert. Durch portionsweise Zugabe von Aceton zur Rückstandsanalyse wurden die Kristalle in Lösung gebracht. Danach wurden dieser Lösung 10 g Kieselgel (als Sorptionsmittel können auch Materialien wie Aluminiumoxid, Florisil oder ähnliches verwendet werden) portionsweise zugesetzt. Durch vorsichtiges Einrotieren der flüssigen Phase bei Raumtemperatur resultierte ein mit Silberperchlorat imprägniertes pulvriges Produkt. Die Aktivierung erfolgte durch kontrollierte thermische Zersetzung des Silberperchlorates in einem Glühofen durch langsames Aufheizen (ca. 2°C/min) des imprägnierten Kieselgels von 300 bis 600°C. Der Glühtiegel ist gasdurchlässig abzuschließen, da sich ab 350°C reichlich Sauerstoff entwickelt. Nach einer Phase der Bildung von braunschwarzem Silberoxid (ca. 450 bis 500°C) wird das Gemisch wieder hellgelb (38).

3.3.2 Identifizierung nach temperaturprogrammierter Kapillar-Gaschromatographie

Die Identifizierung mit Hilfe der unter isothermen Bedingungen definierten Retentionsindices nach KOVATS ist in der Gaschromatographie weit verbreitet (36, 72, 74, 113). Methoden zur praktischen Messung und wesentlichen Verbesserungen der Datenauswertung waren der Gegenstand zahlreicher Arbeiten (50, 51, 88, 89).

Bei Untersuchungen mit dem Flammenionisationsdetektor kann die homologe Reihe der n-Alkane in allen Konzentrationsbereichen als Bezugsbasis genutzt werden. Bei Detektionen mit dem Elektroneneinfangdetektor wurden in jüngster Zeit homologe Reihen von Halogenderivaten auf ihre Verwendbarkeit als Index-Standard untersucht, von denen sich die Reihe der n-Alkyl-trichloracetate als besonders geeignet erwies (10, 11, 13, 88, 132-135).

Da sich das Belastungsmuster von Umweltproben über einen weiten Flüchtigkeitsbereich erstreckt, muß aus Gründen der Praktikabilität und auch der Detektion im niederen Spurenbereich die Gaschromatographie temperaturprogrammiert durchgeführt werden. Es konnte gezeigt werden, daß dabei prinzipiell die Basis der Retentionsindices beibehalten werden kann (41, 49, 63, 72, 73, 90, 107, 129). Erschwerend für die praktische Handhabung ist die zusätzliche Abhängigkeit der so gewonnenen Retentionsindex-Werte vom Temperaturprogramm (Starttemperatur, Heizrate).

Moderne mikroprozessorgesteuerte Gaschromatographen gestatten die präzise Reproduzierbarkeit aller Geräteparameter wie Schaltung von Ventilen, Regelung des Gasflusses und besonders die Kontrolle der Starttemperatur und der Heizrate. Werden ferner wichtige chromatographisch-technische Parameter wie Trägergasreinigung, Schutz der Kapillare vor thermischen Überlastungen und aggressiven Reagenzien beachtet, können Kurzzeitschwankungen wie auch die Langzeitdrift von Bruttoretentionszeiten wesentlich erniedrigt werden.

Unter Einhaltung dieser Randbedingungen war es möglich, durch Intervalleichung des chromatographischen Systems mit n-Alkanen (FID) oder n-Alkyltrichloracetaten (ECD), die temperaturprogrammierten Retentionsindices ($RI_p^{Bezugsbasis}$) vieler Substanzen über Wochen (!) hinweg ausreichend reproduzierbar zu erhalten. Die Berechnung von Eich- und Korrekturfunktionen erfolgte dabei mit Hilfe von mathematischen Kurvenanpassungsalgorithmen auf der Basis von einfachen Polynomen oder Kubischer-Spline-Funktionen. Das hierfür entwickelte Gesamtkonzept und dessen programmtechnische Realisierung ist an anderer Stelle detaillierter beschrieben worden (BUCHERT et al. 1982).

In Tab. 3 ist ein Ausschnitt aus einer mit diesem Verfahren erhaltenen Retentionsindextabelle abgebildet. Die Ergebnisse demonstrieren z.B. für einige Substanzen der DDT-Gruppe die Langzeitkonstanz der temperaturprogrammierten Retentionsindices zwischen den um drei Tage auseinanderliegenden Eichungen.

3.3.3 Quantifizierung von Chlorkohlenwasserstoffen im Spurenbereich in Sedimentproben nach temperatur-programmierter Kapillar-Gaschromatographie

Die quantitative Bestimmung der Chlorkohlenwasserstoffe erfolgte durch externe Eichung der chromatographischen Systeme mit reinen Eichsubstanzen oder mit genau eingewogenen Eichlösungen der komplexen Gemische. Es wurden die Eichfunktionen für die verwendeten Stoffe und Stoffklassen ermittelt. Die Auswertung erfolgte über die Peakhöhe des jeweiligen Stoffes bzw. über mehrere ausgesuchte Peakhöhen der Hauptkomponenten bei den Stoffgemischen.

Der Summengehalt an polychlorierten Biphenylen (PCB) wurde durch Addition der sechs ausgewählten Referenzverbindungen gebildet. Um näherungsweise die quantitative PCB-Belastung der untersuchten Sedimentproben bezogen auf ein technisches Gemisch mit einem Chlorierungsgrad von 60 % zu erhalten, muß der Summengehalt der Referenz-PCB's nach SCHULTE & MALISCH (1983) mit dem Faktor 3 multipliziert werden.

Tab. 3: Ausschnitt aus einer Retentionsindex-Tabelle, die nach Ausdruck des Originalreports von einem HP 5880 A BASIC-Programm erstellt wurde. Ein Vergleich der Ergebnisse in Spalte 4 und 5 demonstriert die hohe Reproduzierbarkeit von temperaturprogrammierten Retentionsindices über einen Zeitraum von 3 Tagen.

Peak Nr. RI-Tabelle	Original Chromato.	Brutto Retentionszeit (min)	RI_p^{ATA} - SE54 Eichdatum 21.7.81	23.7.81	Original-Peakhöhe	normierte Peakhöhe	ECD-RI_p-Testverbind.
34	67	78.467	2150.5	2150.6	49	.6	
35	68	79.790	2178.4	2178.4	7613	87.3	4,4'-DDE
36	69	80.191	2187.0	2187.1	7	.1	
37	70	80.425	2192.1	2192.1	1506	28.7	2,4'-DDD
38	71	80.860	2201.5	2201.6	6	.1	
39	72	81.160	2208.0	2208.1	120	1.4	
40	73	83.585	2261.4	2261.5	3222	36.9	4,4'-DDD
41	74	83.703	2264.0	2264.1	2089	23.9	2,4'-DDT
42	75	84.779	2288.1	2288.2	23	.3	
43	76	86.927	2336.6	2337.1	2292	26.3	4,4'-DDT
44	77	87.175	2342.5	2342.8	30	.3	
45	78	87.344	2346.4	2346.7	34	.4	
46	79	88.472	2372.5	2372.8	44	.5	
47	80	89.732	2401.9	2402.3	39	.4	
48	81	90.684	2424.4	2424.9	18	.2	
49	82	92.674	2472.0	2472.6	1184	13.6	
50	83	93.301	2487.2	2487.8	27	.3	
51	84	94.369	2513.2	2513.9	4560	52.3	Mirex
52	85	95.785	2548.1	2548.9	221	2.5	
53	86	99.477	2641.2	2642.2	22	.2	
54	87	100.161	2658.8	2659.8	30	.3	
55	88	101.385	2690.6	2691.6	4608	52.8	PCB 194
56	89	104.504	2773.1	2774.2	21	.2	
57	90	107.033	2841.8	2842.8	7545	86.5	PCB 209

3.3.4 Extraktion der Sedimentproben

Alle Bohrkernabschnitte von Tiefbohrungen und Gefrierkernen wurden noch vor Ort in gereinigte Aluminiumfolie verpackt und sofort mit Trockeneis tiefgefroren. Die Lagerung erfolgte bei ca. -20 °C in Tiefkühltruhen.

Von den gefrorenen Kernen wurden unter Reinstbedingungen (Laminarflußbank für organische Spurenanalyse mit Staub- und Aktivkohlefiltern) genügend große Abschnitte mit einer Edelstahlsäge abgetrennt. Unter denselben definierten äußeren Bedingungen wurden die Proben in einem Achatmörser grob zerkleinert und bei Raumtemperatur unter leichtem Vakuum schonend getrocknet. Teilweise wurde nur in geschlossenem System (Exsikkator mit Trockenmittel) bei Raumtemperatur entwässert um einen eventuellen Verlust flüchtiger Substanzen zu vermeiden. Der Gehalt an Restfeuchte betrug nach diesem Trocknungsschritt noch ca. 1 bis 2 %. Die getrocknete Sedimentprobe wurde danach mit 5 bis 20 g geglühtem Natriumsulfat zur Entfernung letzter Feuchtigkeitsspuren verrieben.

Die Extraktion der Proben erfolgte in einer modifizierten Soxhlet-Apparatur während 18 bis 24 Stunden mit 100 ml eines Extraktionsmittelgemisches aus n-Hexan, Aceton und Toluol (60 : 30 : 10 Volumen-Teile). Die Zusammensetzung des Gemisches resultierte aus verschiedenen Extraktionsversuchen (18).

Es stellt im Hinblick auf Blindwertfreiheit, Praktikabilität in der Anwendung und Extraktionswirksamkeit bezüglich Organohalogenverbindungen und polykondensierten aromatischen Kohlenwasserstoffen eine optimale Lösung dar. Die je nach Herkunft und Zusammensetzung dunkelgelb bis schwarzgrün gefärbten Rohextrakte wurden am Rotationsverdampfer bis auf 2 bis 4 ml bei ca. 40 °C Wasserbadtemperatur eingeengt.

3.3.5 Vortrennung des Sediment-Rohextraktes mittels Adsorptionschromatographie

Die Reinigung und Vortrennung des Rohextrakt-Konzentrats erfolgte mit Hilfe der Flüssigkeitschromatographie [8-11]. Als stationäre Phase wurden 13 g Florisil (1,25 % H_2O) mit trockenem n-Hexan in eine chromatographische Säule eingeschlämmt. Das Säulenbett wurde mit 50 ml n-Hexan gewaschen. Die Waschlösung wurde auf 50 Mikroliter eingeengt (Anreicherungsfaktor = 1000) und deren Blindwert bestimmt. Nach dem Aufbringen von 2 ml des Rohextrakt-Konzentrats auf die Florisilsäule wurden durch Elution mit n-Hexan (60 ml) und mit n-Hexan/Diethylether 96 : 5 (80 ml) zwei Extrakt-Fraktionen gewonnen, welche jeweils auf ein Endvolumen von 1,5 ml eingeengt wurden. Die gesamte Aufarbeitungsfolge ist in Abb. 8 dargestellt. Je 500 Mikroliter dieser Extrakt-Fraktionen wurden, wenn wegen geringer Gehalte an Umweltchemikalien notwendig, auf 50 Mikroliter eingeengt und 1 Mikroliter zur Analyse in den Gaschromatographen injiziert. Zur weiteren chemischen Nachbehandlung wurden jeweils 100-500 Mikroliter der vorgetrennten Sedimentextrakte entnommen. Hierzu wurden vorwiegend die obengenannten Mikro-Reaktionssäulen eingesetzt.

3.3.6 Bewertung der erhaltenen Ergebnisse

Um die quantitativen Einzelergebnisse einfacher und übersichtlicher diskutieren zu können, wurde auf der Basis der in der Abteilung Analytische Chemie in Ulm durchgeführten Sedimentanalysen eine grob gerasterte Belastungsskala entworfen. Wie aus Tab. 4 hervorgeht, sind die einzelnen Belastungsstufen von der jeweiligen Substanzklasse abhängig.

Tab. 4: Definition der Belastungsstufen

Belastungsgrad	Gehalt von Einzelkomponenten $\mu g/kg$			
	HCB	HCH-Gruppe	DDT-Gruppe	PCB
sehr gering	< 0,05	< 0,1	< 0,1	< 0,1
gering	0,05-0,5	0,1-1	0,1-1	0,1-1
mittel	0,5-1	1- 10	1- 10	1- 10
hoch	1-5	10-100	10-100	10-100
sehr hoch	> 5	> 100	> 100	> 100

4. Ergebnisse

4.1 Mächtigkeit der Limnite, Verbreitung und Altersstellung

Für das Verständnis der Dynamik der Seenentwicklung, der Abschätzung der Migration von Stoffen aller Art im Bereich der Grundwasserbrunnen, die in Berlin am Rande der Gewässer liegen, ist die Kenntnis der Mächtigkeit und der Verbreitung der Limnite notwendig. Das Alter ergibt sich in grober Annäherung aus der Lage des Brandenburger und des Frankfurter Stadiums. Die Brandenburger Vergletscherungsphase der letzten Eiszeit hat ihr Maximum ca. 20 000 b.p. erreicht. Hieraus ergibt sich ein Maximalalter der Haveltalung von jünger als 20 000 b.p. ohne Berücksichtigung älterer Vorprägung. Das Frankfurter Stadium verblieb nördlich Berlins. Seine Schmelzwässer könnten die Talung noch benutzt haben. Die Basis der Limnite liegt damit örtlich unterhalb des heutigen Meeresspiegels.

Die Abb. 10 gibt in einem Nord-Süd-Profil entlang der Havel ausgewählte Befunde wieder. Die Datierung der Limnite ist durch eine Tephralage und durch Ausgliederung waldgeschichtlicher Abschnitte hier nach FIRBAS und IVERSEN (determ. A. BRANDE, Berlin) möglich.

Bei der Tephralage handelt es sich um einen gasreichen, xenolitharmen Bimstuff (Abb. 9) aus der Eifel, der in einer maximal zehntätigigen phreatomagmatischen Eruption in Form einer vermutlich 20 bis 30 km hohen (BOGAARD 1983) plinianischen Eruptionssäule gefördert wurde.

Der "fall out" der Eruptionswolke (Abb. 11) ist noch auf Gotland nachweisbar. Der Ascheschleier hat organisches Material begraben, welches mehrmals und an verschiedenen Orten radiometrisch datiert wurde. STRAKA (1975)

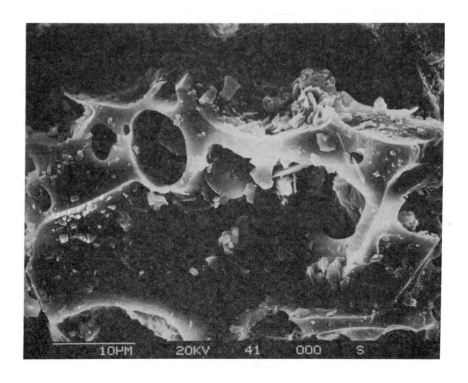

Abb. 9: Vulkanisches Glas (Bims) der allerödzeitlichen, phreatomagmatischen Laacher See Eruption aus dem Teufelssee.

Die kornscharf abgegrenzte Lage erreicht eine Mächtigkeit von 18 mm innerhalb der Mudde, ca. 6,8 m unterhalb des heutigen Seebodens, vgl. auch Abb. 17. Kopräzipitiert wurde eine Valve der Diatomee Cyclotella Kützingiana.

gibt 11 300 Jahre b.p. von einer Gyttja des Strohner Marchen an und FRECHEN (1959) 10 800 ± 160 b.p. aus Holzkohle des Nettetaltrass in der Eifel. PISSART et al. (1980) datieren Torf vom Hohen Fenn mit 11.030 ± 160 b.p. und FIRBAS (1953) Gyttja aus dem dem Braunkohlentagebau zum Opfer gefallenen Moor bei Walensen im Hils mit 11 044 ± 500 b.p.

In den Berliner Seen bildet der Tuff einen stratigraphischen Marker, der bis zu 25 mm

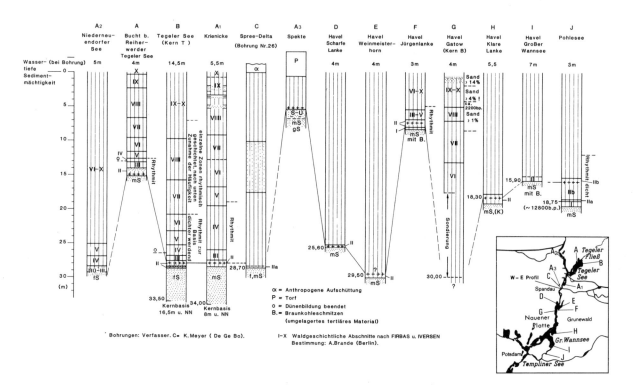

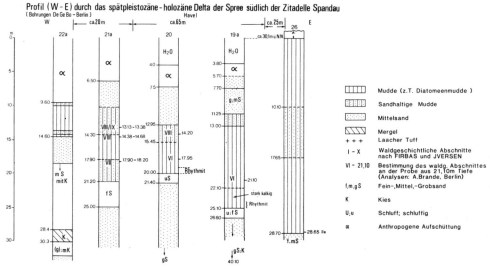

Abb. 10: Mächtigkeit und Verbreitung der Mudde in der Haveltalung aufgrund von Bohrungen und Sondierungen.

Die Seesande, falls nicht angegeben, sind mindestens 3 m mächtig. Die Sedimentproben aus dem Spreedelta verdanken wir zum Teil K. MEYER, DeGeBo. Im Anhang ist unter 12A eine detaillierte Kernbeschreibung aus dem Tegeler See (Seemitte) und unter 12B aus dem Krienicke (Basis und obere Meter) gegeben.

Mächtigkeit erreicht. Er hebt sich kornscharf von den liegenden Kalkmudden ab. An keiner Stelle wurde eine Mehrteilung des Tuffes sichtbar, so daß man tatsächlich von einem einmaligen Eruptionsereignis ausgehen darf. Palynologisch wurde er von A. BRANDE, Berlin, in der oberen Zone des waldgeschichtlichen Abschnitts II der relativen Warmphase des Alleröd eingestuft.

Aufgrund der im Norden des Spreedeltas angetroffenen Limnitsequenz von 28,5 m Mächtigkeit, die nicht durch Sandlagen unterbrochen wird, mit Ausnahme eines anthropogenen Eintrags in den oberen Metern, kann man zu dem Schluß gelangen, daß schon im Spätpleistozän die heute existierende morphologische Konfiguration der Spreemündung angelegt war. Die Deltaentwicklung erfolgte offenbar mit einer seit dem Präalleröd anhaltenden Südtendenz. Eine Deltaschüttung der Spree nach Westen hat im Alleröd nicht mehr stattgefunden, weil auch im Spektegraben (Abb. 10, Bohrpunkt A3) der allerödzeitliche Tuff innerhalb einer sandfreien, limnisch-telmatischen Sequenz angetroffen wurde.

Während im Niederneuendorfer See und Tegeler See die waldgeschichtlichen Abschnitte IV jeweils eine Mächtigkeit von 1,5 m aufweisen, sind es im Krienicke See 6,5 m (Abb. 10). Die Mudden der jüngeren Tundrenzeit (1,4 m) und des Boreals (2,8 m) sind dagegen im Krienicke See nur wenig mächtiger als im Tegeler See (jüngere Tundrenzeit 0,8 m; Boreal 2,0 m) und im Niederneuendorfer See (Boreal 1,8 m). Die beträchtliche Zunahme im Krienicke See während des Präboreals (IV) ist nicht durch die Sedimentproduktion des Sees und durch die Sedimentfracht der Havel allein zu erklären, da die Havel vom Niederneuendorfer See bis zum Krienicke See als ein Flußsee anzusprechen ist, der im Mittelteil dieser Strecke nur den Ablauf des Tegeler Sees aufnimmt. Da im Krienicke-Kern keine Hinweise auf Sedimentumlagerungen (Turbidite etc.) zu erkennen sind, könnte man annehmen, daß die Spree während des Präboreals einen zusätzlichen Stoffeintrag im Krienicke See verursachte. Während des Atlantikums kam dieser Einfluß anscheinend vollständig zum Erliegen, worauf die nahezu identische Sedimentmächtigkeit des Atlantikums im Tegeler See mit 7,4 m und im Krienicke See mit 7,55 m hinweist.

Es erhebt sich die Frage, ob die Spree wegen einer langanhaltenden Absinktendenz in die Havel mündend zu einer Südschwenkung veranlaßt wird. Es bleibt daher zu überprüfen, ob nicht der glazial-periglazial-fluvialen und schließlich limnischen Sedimentation in den Talungen der Unterhavel ein halokinetischer Effekt parallel läuft, der bis in die Gegenwart anhält. Die halokinetisch gesteuerte Beckenentwicklung Berlins ist von FREY (1975) bis in das Miozän nachgewiesen worden. In diesem Kontext ist auch die 24-Meter-Differenz in der Höhenlage des Tephra-Horizonts in Höhe der Jürgenlanke anzuführen (vgl. Abb. 10, Profil E und F). Daraus ergibt sich die allerödzeitliche Mindestwassertiefe der Havel unter der Voraussetzung, daß keine Senkungsvorgänge abgelaufen sind.

Im mittleren Teil der Unterhavel werden 30 m Sedimentsäule überschritten. Gegenüber den Randhöhen des Grunewaldes entsteht eine relative Höhendifferenz von über 100 m. Der spätpleistozäne Talboden liegt unterhalb des heutigen Meeresspiegels. Wie die Abb. 10 weiter zeigt, ist auch der Wannsee durch eine Limnitmächtigkeit von 16 m ausgezeichnet, und der nur 270 m Durchmesser erreichende Pohlesee weist durchgehend sandfreie Sedimente in einer Mächtigkeit von 19 m auf. Die Schwellen- und Senkengliederung des Talgefäßes der Havel wird besonders deutlich bei der Betrachtung des Spreedeltas, z.B. in Höhe von Spandau. Hier wechseln fluviale und limnisch-telmatische Bildungen innerhalb kurzer vertikaler Abschnitte, während nördlich im Krienicke 28 m mächtige Mudden auftreten, denen im Süden (Weinmeisterhorn) in Mächtigkeit und Textur vergleichbare Limnite entsprechen. Der Talungscharakter erweist sich weiter im Tegeler See mit einer Limnitmächtigkeit von 28 m, woraus sich bei 16 m Wassertiefe eine spätpleistozäne Beckentiefe von annähernd 44 m ergibt. Der flußabwärtige Beckenrand liegt bei 9 m Tiefe nach einer Horizontaldistanz von 1000 m (Fig. 1, PACHUR & HABERLAND 1977). Die Tiefen sind auf den heutigen mittleren Wasserpegel bezogen.

Der Stand unserer Kenntnis über die Wasserspiegelhöhe im ausgehenden Pleistozän ist wie folgt zu skizzieren.

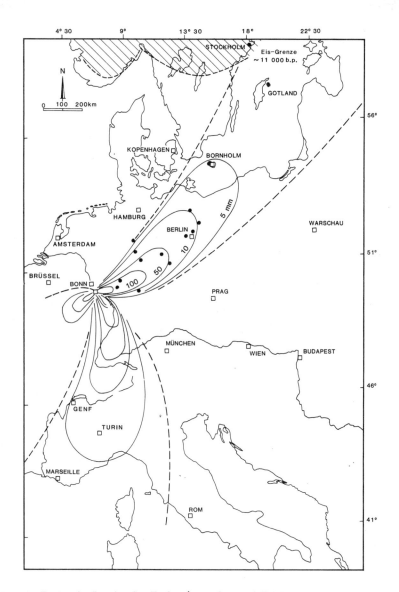

Abb. 11: Distaler Fächer der Laacher See Tephra (verändert nach BOGAARD 1983 und FRECHEN 1979).

An der Basis der Limnite - Mudde plus Seesand - treten Sande auf, deren Kieskomponente eine höhere Fließgeschwindigkeit verlangt. Dies ist ein Hinweis auf einen fluvialen Transport, möglicherweise noch durch Eisschmelzwasser. Das Auftreten von Muddehorizonten in den oberen 1 bis 2 m der Sande verlangt jedoch eine Fließgeschwindigkeit des Gewässers, die gegen Null geht. Auch die auf dem Sand aufgewachsenen Characeen stützen dies. Deshalb wird das Sediment als Seesand angesprochen, sedimentiert in einem See oder einer seebeckenartigen Erweiterung des Haveltals mit stark reduzierter Fließgeschwindigkeit. Basierend auf den phototrophen Ansprüchen der Characeen kann eine maximale Wassertiefe von 30 m abgeleitet werden, die jedoch unwahrscheinlich ist, weil in dieser frühen Phase das Wasser durch minerogenen Detritus höchstwahrscheinlich getrübt war. Nun ermittelt BERTZEN (1985) in den Seesanden eine arten- und formenreiche planktonische Diatomeenflora, in welcher die zentrischen Gattungen *Cyclotella* und *Stephanodiscus* mit 30 bis 35 % Anteil dominieren. Nur in zwei Proben tritt mit *Melosira islandica* eine arktische Gewässer besiedelnde Art als Einzelfund auf. Eine abweichende Verteilung weisen die millimeterstarken Muddelagen in dem Seesand auf, in welchem eine Litoralgesellschaft auftritt. Nach BERTZEN (1985) sind etwa 40 % der Kieselalgen Aufwuchsformen, mehr als 50 % gehören der Gattung *Fragilaria* an. Hieraus ergäbe sich somit ein Flachwassermilieu. Es handelt sich wohlgemerkt um jene Kernabschnitte, welche durch Characeenrasen besiedelt waren. Angesichts dieses Befundes ist neben Umlagerungseffekten zu diskutieren, inwieweit zeitweise Flachwasserphasen in den Talungen der Havel ausgebildet waren. In Frage käme jene kaltaride Zeit, die zwischen dem Abschmelzen des Eises des Brandenburger und des Pommerschen Stadiums gelegen haben könnte, in welcher die mit Flugsand verfüllten Frostkeile entstanden (BLUME, HOFFMANN & PACHUR 1979; PACHUR & SCHULZ 1983).

Die möglicherweise niedrigen Seespiegel im Alleröd dagegen müßten auf eine verstärkte Verdunstung wegen höherer Temperaturen zurückgeführt werden.

Für ein Trockenfallen des Talbodens gibt es jedoch keine sedimentologischen Hinweise, um so mehr, als die Position des Bohrkerns in der Mitte des Tegeler-See-Beckens einen detritischen Eintrag der geringmächtigen Muddelage unwahrscheinlich macht.

Eine weitere Abschätzungsmöglichkeit der Seespiegelhöhe ergibt sich aus der relativen Lage des Tephrahorizontes in Rand- und Beckenposition der Talungen. Da bereits im waldgeschichtlichen Abschnitt I (Pohlesee) die Rhythmitbildung einsetzt, sollte spätestens zu diesem Zeitpunkt eine Seebodentiefe erreicht sein, die dem Wellenschlag und dem detritischen Eintrag vom Ufer her weitgehend entzogen war. Da im Tegeler See die Rhythmite zeitgleich in den flacheren Buchten wie im Seetiefsten einsetzten, bestand eine Mindestwassertiefe in der Größenordnung von 4 m am Rande des Seebeckens. Daraus ergibt sich in Seemitte eine Wassertiefe größer 27 m (± 2 m anthropogener Havelaufstau). In der Unterhavel (vgl. Abb. 10) wurde in der Jürgenlanke der Tephraleithorizont in 10,4 m, gerechnet ab heutiger Wasseroberfläche, angetroffen, im Talungstiefsten dagegen bei 33,5 m, somit bestand im Alleröd mindestens eine Wassertiefe von 23 m.

Auch im Niederneuendorfer See wurden 29,8 m mächtige Limnite angetroffen, deren Basis im Gegensatz zu allen anderen Sequenzen erst in der jüngeren Tundrenzeit (III) einsetzt. Aufgrund der Position ist für die an der Basis angetroffenen Sande ein fluvialer Transport anzunehmen. Der Anteil an Flugsand entstammt dem tundrenzeitlich noch aktiven Dünengürtel im Warschau-Berliner Urstromtal, der den Niederneuendorfer See quert.

Das gegenüber den südlichen Abschnitten verspätete Einsetzen der dominierenden limnischen Sedimentation im Niederneuendorfer See könnte darauf zurückzuführen sein, daß noch ein intakter Abfluß von Schmelzwässern über das Eberswalder Urstromtal aus nördlicher liegendem Eis die Oberhavel erreichte. Erst als dieses aklimatische Plus des Abflusses ausblieb, konnten sich die für das Spätpleistozän und Holozän typischen limnischen Sedimentationsbedingungen auch im Norden der Haveltalung, die eine Folge hintereinander geschalteter Sedimentationsbecken bildet, einstellen.

4.1.1 Das Maximalalter der Flußseen

Im Tegeler See wurde im Bereich der tiefsten Stelle bei 14,5 m Wassertiefe eine Bohrung abgeteuft. Die Beschreibung ist der Abb. 12A (Anhang)[1] zu entnehmen, Abb. 13 gibt einen groben Überblick. An der Basis tritt ein gut sortierter Sand (Tab. 5) auf. Erst die Gefügeanalyse enthüllt die Sedimentation unter Stillwasserbedingungen, weil mehrere gut abgrenzbare, millimeterstarke, kalzitische Lutitlagen den Sand durchziehen. An sie gebunden treten autigene Characeen auf. Der Calcit reicht in die Interstitialräume (Abb. 14) des Seesandes hinein. Es ist anzunehmen, daß er ein durch biologisch gesteuerte Entkalkung entstandenes Präzipitat darstellt und somit nicht detritisch ist.

In der Frühphase der Seebeckengenese fand, offenbar ohne Störung der fragilen Sedimenttextur, ein beträchtlicher, vermutlich episo-

---

[1] Alle Verweise auf Abbildungen und Tabellen im Text, die zusätzlich mit Großbuchstaben versehen sind, befinden sich im Anhang.

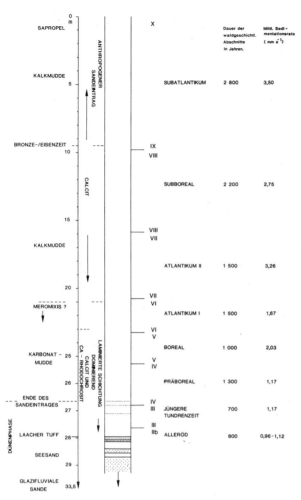

Abb. 13: Übersichtsskizze der im Seebeckentiefsten - 14-16 m Wassertiefe - des Tegeler Sees angetroffenen Limnite.

Die Sedimentzuwachsraten sind nach der Kompaktion errechnet. Dauer der waldgeschichtlichen Abschnitte im Berliner Raum nach BRANDE (1978/79).

discher Eintrag von Sand statt, dessen Quelle in den ein charakteristisches Formenelement der jüngsten Terrasse des Urstromtals bildenden Dünen zu suchen ist. Die chronologische Position dieser Seesande ist nur annähernd mit Hilfe der Datierung der im Hangenden auftretenden geschichteten Mudde - Rhythmit - möglich. Sowohl tephrachronologisch - Bims der weißen Serie, 11 300 b.p. - wie palynologisch ist eine Zuordnung zum Alleröd als gesichert anzusehen. Auch die in die Seesande eingeschaltete Muddelage - 28,56-28,7 m, Abb. 12A - gehört in das Alleröd. Allerdings setzt die Muddesedimentation in der Jürgenlanke und im Pohlesee schon in Abschnitt I (Präalleröd) ein. Da der Abschnitt I zum älteren chrono-

Tab. 5: Korngrößenverteilung von der Basis der Limnite (Tegeler See). Sortierung: So = $\sqrt{Q3/Q1}$ nach TRASK (1932). So < 1,23: sehr gut sortiert; So = 1,24 - 1,41: gut sortiert (FÜCHTBAUER 1959).

Probe Nr.	Sediment-Tiefe (m)	>2 mm (%)	2-1 mm (%)	1000-630 μ (%)	630-315 μ (%)	315-200 μ (%)	200-125 μ (%)	125-63 μ (%)	63-20 μ (%)	20-6,3 μ (%)	6,3-2,0 μ (%)	<2,0 μ (%)	Median (mm)	So
T 27-3	28,90 - 29,00	–	0,02	0,04	1,25	6,00	37,94	51,25	2,58	0,09	0,12	0,72	0,12	1,20
T 27-6b	29,56 - 29,60	–	–	0,002	0,22	6,13	48,40	40,61	3,74	0,08	0,10	0,72	0,13	1,21
T 28-1	30,25 - 30,40	–	0,07	0,21	2,80	12,44	37,44	41,56	4,53	0,06	0,09	0,82	0,13	1,31
T 28-2	30,40 - 30,55	–	0,01	0,05	1,23	15,31	52,91	28,66	1,19	0,10	0,14	0,39	0,15	1,23
T 29-1	31,225 - 31,305	0,08	0,37	0,36	3,24	13,45	43,96	35,65	1,95	0,13	0,18	0,62	0,14	1,28
T 29-2	31,305 - 31,33	1,46	0,56	0,38	5,81	21,29	43,29	25,14	1,25	0,15	0,21	0,46	0,16	1,33
T 29-3	31,33 - 31,405	–	–	0,03	1,85	16,73	45,50	33,04	1,76	0,10	0,16	0,83	0,14	1,28
T 29-4	31,405 - 31,445	–	0,02	0,13	1,99	11,77	36,18	44,38	4,17	0,09	0,20	1,07	0,125	1,33
T 29-5	31,445 - 31,56	–	–	0,04	0,77	6,26	30,68	54,11	6,82	0,09	0,16	1,08	0,11	1,29

Abb. 14a: Die Seesande an der Basis der Mudde im Tegeler See - 28 m unterhalb des heutigen Seebodens - werden von wenige Millimeter messenden Lagen Kalklutit durchzogen, welcher in den Interstititalraum hineinreicht. Ferner ist das Auftreten von Characeen an diese Horizonte gebunden, so daß es sich um fossile Seeböden handelt.

logisch nicht definiert ist, kann ein höheres Alter als 13 000 b.p. vorliegen; nach MANGERUD et al. (1974) liegt die Basis des waldgeschichtlichen Abschnitts I bei 13 000 b.p.

Der Tegeler See ist Vorfluter für die Talung Tegeler Fließ, in deren beckenartiger Erweiterung nördlich des Hermsdorfer Sees die limnisch-telmatische Sequenz eine Mächtigkeit von annähernd 14 m aufweist (BISCHOFF 1986) und damit die 19 m Kote über NN - im Tegeler See liegt sie bei 13 m NN - erreicht. Die Basis der Limnite wurde in der waldgeschichtlichen Zone I (BRANDE in BÖCKER 1978) angetroffen. Zu diesem Zeitpunkt war die Fließgeschwindigkeit schon stark reduziert und die Schmelzwässer aus der nördlich gelegenen Frankfurter Phase offenbar längst abgeflossen. Wenn bereits im Einzugsgebiet des Sees die limnische Akkumulation im waldgeschichtlichen Abschnitt I einsetzte, muß man annehmen, daß der Abschnitt I in den palynologisch nicht untersuchten Seesanden auch im Tegeler See archiviert ist.

In der seenartigen Erweiterung der Havel nördlich der Zitadelle Spandau, dem Krienicke, wurde 19 cm unterhalb der Tephralage (Abb. 10), eine Radiokarbondatierung durchgeführt. Sie beruht auf einer massenspektrometrischen Bestimmung des Anteils der schwereren ^{14}C-Atome, so daß man mit dieser Methode im Gegensatz zu der mit Zählrohren arbeitenden ^{14}C-Datierung mit nur wenigen Milligramm Kohlenstoff auskommt. Dadurch ist die besonders in dem Berliner Raum bestehende Kontaminationsgefahr mit tertiärer Braunkohle eher vermeidbar, weil nunmehr Makroreste aus den Mudden datiert werden können.

Das so ermittelte Alter von 13 000 ± 125 Jahre b.p. ist vermutlich 1000 Jahre zu hoch, wenn die Muddelage unterhalb des Laacher Tuffs keine Emissionen aufweist. In der datierten Mudde treten im Gegensatz zum Teufelssee jedoch keine tertiären Pollenkörner auf.

Unterhalb der Mudde folgen auch hier noch Seesande. Möglicherweise bestanden in der Havel noch länger höhere Fließgeschwindigkeiten als z.B. im Tegeler See, so daß eine Sedimentation von Mudde noch nicht einsetzen konnte.

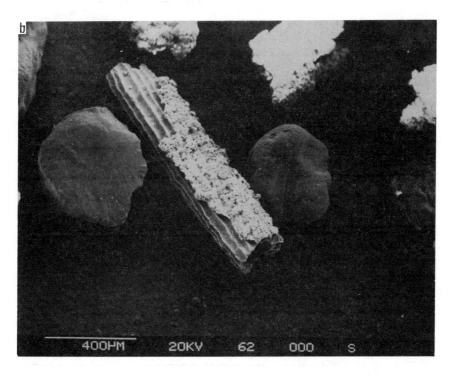

Abb. 14b: Characee mit Calciumumhüllung aus dem Seesand des Teufelssees.

4.1.2 Die Talungen außerhalb der Havel

4.1.2.1 Die Bäke

In West-Ost-Richtung wird die Teltower Platte in Höhe des Fichteberges von Steglitz beginnend von einer schmalen, hügeligen, durch Seen und Moore erfüllte Senken gekennzeichneten Eisrandlage, dem Steglitzer Halt (PACHUR & SCHULZ 1983) gequert. Aufgrund der Position und des frischen Formenschatzes nehmen wir ein Alter jünger als das Brandenburger Stadium an. Vermutlich handelt es sich um eine Stillstandsphase im Abtaugeschehen des Brandenburger Eisvorstoßes. Sie wäre somit jünger als 20 000 b.p. und älter als 17 000 b.p. dem nördlich Berlins gelegenen Frankfurter Stadium. Aus diesen beiden Daten ergeben sich auch die Maximalalter der Seen in der Haveltalung.

Das Tal der Bäke setzt in Form eines Trockentales östlich des Fichteberges in Steglitz an und strebt nach einem kurzen südgerichteten Abschnitt in westlicher Richtung entlang des sich in einzelnen Phasen auflösenden Teltow dem Griebnitzsee zu. Die Bäketalung bildet eine eisrandparallele Entwässerungsbahn, die in einer schwach konvexen Krümmung von Steglitz bis zum Griebnitzsee reicht. Heute folgt dieser Talung der Teltowkanal. Die Auswertung der freundlicherweise zur Verfügung gestellten Bohrprofile (MEYER, Deutsche Gesellschaft für Bodenmechanik Berlin) und eigener Bohrungen erweist, daß folgende Gliederung der limnischen Sedimente typisch ist.

Eine faulschlammhaltige Basis über Seesand geht in einen kalzitischen Rhythmit über, der wiederum von gefügeloser Kalkmudde abgelöst wird. Die oberste Lage bildet häufig wiederum eine sapropelische Mudde. Der tephrachronologische Leithorizont ist in den Bohrungen wiederzufinden, die Mächtigkeit der Limnite erreicht 15 m, und auch die Basis ist palynologisch (determ. BRANDE, Berlin) in den waldgeschichtlichen Abschnitt I einzuordnen.

Die Bäketalung ist an mehreren Stellen seeartig erweitert. Im Teltower See (Abb. 6) überschreitet die Limnitmächtigkeit sogar 15 m und im Schönower See 12 m, wobei in den Seesanden noch eine 6 cm mächtige Muddelage

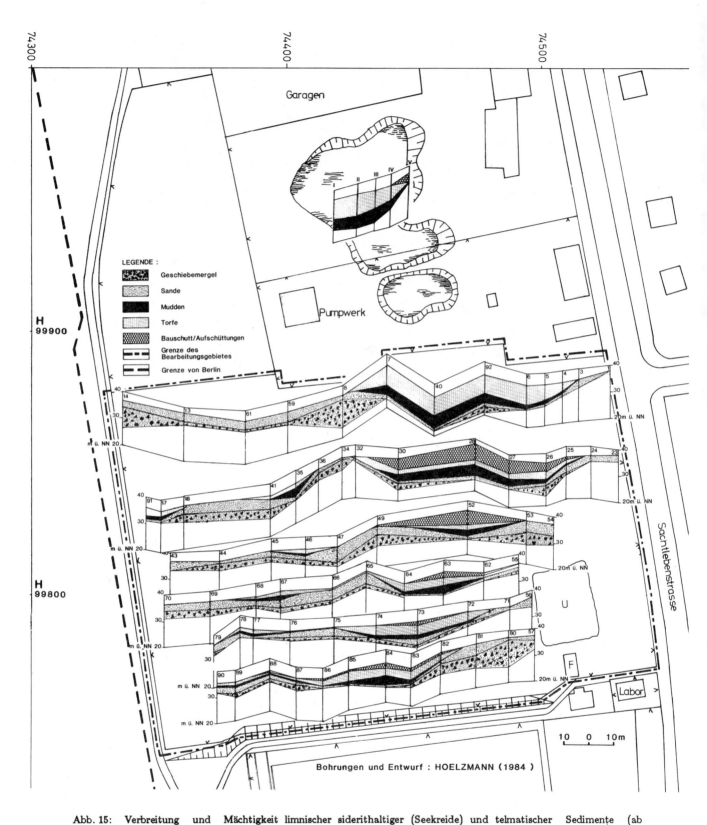

Abb. 15: Verbreitung und Mächtigkeit limnischer siderithaltiger (Seekreide) und telmatischer Sedimente (ab Atlantikum, 7.500 b.p.) in der Buschgrabentalung, die in die Bäketalung - Teltowkanal - mündet.

Zu beachten ist der engräumige Wechsel von Senken und Rücken innerhalb der Talung. Eine Muddelage in den Seesanden der Basis - 1,34 m unterhalb des Laacher Tuffs - bei Profil 92 wurde in der waldgeschichtlichen Zone Ib (Bölling) - ca. 12.500 b.p. - angetroffen (Pollenanalyse: BRANDE).

auftritt, die mindestens böllingzeitliches Alter hat, weil unterhalb des wohl ausgebildeten Tephrahorizontes noch 1,5 m Mudde folgen.

Die Talung bildet den Vorfluter für Trockentäler (Tatarengrund) und intakte Täler (Buschgraben), die Anschluß an ein über den Teltow weit verzweigtes Netz von Trockentälern (PACHUR & SCHULZ 1983, Abb. 27) haben. Wie die Bäketalung wurzelt auch der Buschgraben an der Steglitzer Eisrandlage. Die morphologisch-sedimentologische Spezialaufnahme (HOELZMANN 1986) gab eindeutig den Talungscharakter des Buschgrabens wieder (Abb. 15). Im Spätpleistozän nahm ein vermutlich über 10 m tiefer See die beckenartige Erweiterung des Buschgrabens ein, der Anschluß an die Seenrinne in der Bäketalung mit Teltower und Schönower See hatte. Die Basis der limnisch-telmatischen Sedimente liegt im Buschgraben 25 m NN, während in der Bäketalung der spätpleistozäne Seegrund annähernd 15 m NN erreicht. Aufgrund der topographischen Situation ist eine Anbindung an das Nuthetal über den Machnower See Richtung Haveltalung, deren spätpleistozäne Basissedimente 0 m NN im Templiner See erreichen, wahrscheinlich. Die Bäketalung wurde in Höhe von Kleinmachnow in einem Niveau oberhalb des spätpleistozänen Talbodens angezapft, das Schmelzwasser der Steglitzer Eisrandlage floß über den Buschgraben direkt in die Nuthe-Niederung als die Haveltalung noch eisverplombt war.

4.1.2.2 Der Tatarengrund

Ein ebenfalls hochglaziales Abflußsystem sehen wir im Tatarengrund, welcher am Kleinen Wannsee beginnt (Abb. 16) und sich bis zur Bäketalung erstreckt.

Er verbindet über eine Reihe von parallelen Tiefenlinien, die durch bis zu 10 m Tiefe erreichende, abflußlose Hohlformen untergliedert werden, den Kleinen Wannsee mit der Bäketalung und damit der Nuthe-Niederung. Die parallel zur Längsachse der Talung ausgerichteten, langgestreckten, schmalen Sandkörper bestehen aus Fein- bis Mittelsand unterhalb einer ca. 0,6 m starken kies- und steinhaltigen hangenden Lage. Stellenweise handelt es sich um Feinsande mit einem hohen Schluffanteil, die von Mittelsanden in gradierter Schichtung unterlagert werden. Unterhalb 2 m wurden im Top eines Rückens geschichtete Kiese in ca. 0,50 m Mächtigkeit aufgeschlossen. Das Gefüge läßt die Deutung als glazifluviale Akkumulation zu. Das Rinnen-Rückensystem des Tatarengrundes ist in einem mittleren Höhenbereich um 40 m NN verbreitet und liegt damit 10 m über dem heutigen Havelspiegel und 35 m über dem spätpleistozänen Talboden des Großen Wannsee und seiner südwestlichen Fortsetzung, dem Pohlesee. Die Konzentration des Formenschatzes auf ein schmales, max. 350 m breites Band sowie das Sedimentgefüge lassen eine Entwässerungsbahn annehmen, deren Einzugsgebiet nördlich lag. Aufgrund der topographischen Situation muß es höher gelegen haben als der heutige Havelspiegel. Als Liefergebiet kommen Schmelzwässer eines Gletschers in Frage, der die Moränen im Forst Wannsee gebildet hat, die in einer Höhe von 103 m NN kulminieren, ferner ein Eislobus im Großen Wannsee. Unter dieser Annahme ist der Tatarengrund als glazifluviale Schmelzwasserrinne, zunächst subglazialer, dann subaerischer Genese mit Abfluß zur Nuthe-Niederung anzusehen. Die abflußlosen, langgestreckten Hohlformen innerhalb der Talung sind subglazialer Schmelzwasserausräumung zuzuschreiben, ihre Erhaltung nachfolgender Plombierung durch Toteis. Der Tatarengrund gehört damit zu einer Gruppe von Talungen, die als glazifluviale Täler, wie das Bäketal und das Buschgrabental, den Abfluß der Schmelzwässer von der Teltower Platte zur Nutheniederung besorgten. Gegenüber den letztgenannten hat der Formenschatz im Tatarengrund den Vorteil subaerischer Beobachtung zugänglich zu sein.

Durch die zeitliche Eingrenzung der limnischen Rhythmite im Pohlesee in den waldgeschichtlichen Abschnitt I (Bölling und ältere Tundrenzeit) darf man annehmen, daß einige Jahrhunderte vorher die Tiefenlinie (Kleiner Wannsee, Pohle-, Stölpchensee) kein Eis mehr barg, die Folge war die Umkehrung der Abflußrichtung (zentripetal) zum Kleinen Wannsee und die Anlage der Talwasserscheide im Tatarengrund vor über 12 500 Jahren b.p. Dies bestätigt die palynologische Eingrenzung der Basis der Mudde in Bohrung 14 (Abb. 16) in den waldgeschichtlichen Abschnitt I (determ.

A. BRANDE, Berlin). Die Muddebildung geht hier sehr schnell in einen über 4 m mächtigen Braunmoostorf mit Sphagnum über.

Für das Talungsalter ergibt sich somit als Datum ante quem die Grenze ältere Tundrenzeit/Bölling.

4.1.2.3 Die Grunewaldseenrinne

Im Gegensatz zu den Talungen im westlichen Grunewald ist die sogenannte Grunewaldseenrinne schon saalezeitlich angelegt worden. Die saalezeitliche Grundmoräne scheint nämlich nach BEHR (in ASSMANN 1957) im Verlauf der Rinne völlig ausgeräumt und seitlich in Richtung zum Rinnentiefsten auszudünnen. Nach der Saalemoräne wurden Kies und Sand in einer Mächtigkeit von über 12 m in der Rinne sedimentiert. Dann folgt eine dünnbankige weichselzeitliche Grundmoräne, die im Talungstiefsten aussetzen soll. Der heutige Taleinschnitt liegt in den Sanden der Weichseleiszeit. Im Spätpleistozän und Holozän erfolgte die Sedimentation limnischer und telmatischer Ablagerungen. Bohrungen mit dem Livingstone-Gerät und Sondierungen ergaben übereinstimmend im Liegenden Seesand mit diffus verteiltem organischen Material, dann folgt eine nahezu quarzsandfreie - im Röntgendiagramm nur Spuren von Quarz und Feldspat zeigende - eisensulfidhaltige und daher tiefschwarze Kalkmudde ($CaCO_3 > 30\%$) im Riemeisterfenn mit diffus verteiltem Vivianit ($Fe_3(PO_4)_2 \cdot 8 H_2O$). Die Mächtigkeit liegt zwischen 0,3 bis 1,0 m. Die ca. 3 cm starke Tuffitlage ist ca. 25 cm oberhalb des Seesandes eingelagert. Die eisensulfidhaltige Kalkmudde geht in eine sulfidarme, graue, ca. 5 m mächtige diatomeenreiche Kalkmudde über. Sie wird abgelöst durch telmatische Bildungen, die als Niedermoortorf über Seggen- und Bruchwaldtorf reichen und schließlich stellenweise vererdeten Torf bis Hortisol bilden. Die Gesamtmächtigkeit der spätpleistozänen bis holozänen Rinnenfüllungen können einschließlich 1,5 m mächtiger Seesande 18 m erreichen. Die mittlere Mächtigkeit liegt in der Größenordnung von ca. 7 m (WOLKEWITZ, TU Berlin, unveröffentlichte Moormächtigkeitskartierung des Riemeisterfenns).

Die durch Seen eingenommenen Übertiefungen weisen limnische Sedimentmächtigkeiten zwischen 5 und 8 m im Schlachtensee und in der Krummen Lanke auf. Für den Grunewaldsee, der in den dreißiger Jahren ausgebaggert wurde, werden von KISSE (1911) 14,8 m angegeben. Es handelt sich um Kalkmudden, die von einer Sapropellage überdeckt werden.

Aufgrund der räumlichen Position gehört die Grunewaldseenrinne einer überregionalen Talung, d.h. einer Folge von Schwellen und Becken innerhalb einer Tiefenlinie, an, die im Nordosten des Griebnitzsees beginnt und über den Stölpchensee, Pohlesee, Kleinen Wannsee, Großen Wannsee, Nikolassee, Rehwiese bis zum Lietzensee und den nördlich anschließenden, mit limnisch-telmatischen Sedimenten verfüllten Depressionen (z.B. Nasses Dreieck im Stadtteil Charlottenburg) bis in das Warschau-Berliner Urstromtal reicht.

4.1.2.4 Die Teufelssee-Pechsee-Barssee-Talung

Die Talung weist keine Anzeichen einer Vorzeichnung im Untergrund auf und dürfte im Gegensatz zu der Grunewaldseenrinne ausschließlich weichselzeitlich entstanden sein. Über 50 abflußlose Hohlformen mit unterschiedlichen Eintiefungsbeträgen liegen im Rinnenverlauf. Daneben wird der Talboden durch über 35 isoliert aufragende, vielfach längliche Erhebungen gegliedert.

Material und Formenschatz führen zur Ansprache als subglaziale Schmelzwasserbahn mit nachfolgender Überformung durch austauendes

---

Abb. 16: Höhenlinienplan der pleistozänen glazifluviatilen Abflußbahn des Tatarengrundes (vgl. Abb. 1) mit spätpleistozäner Talwasserscheide.

Die Talung besteht aus parallel laufenden Rücken aus Mittel- bis Feinsand mit Kiesstraten, die eine geschiebereiche Decklage tragen.
Bei Punkt 14 und 15 existierten Seen im Spätpleistozän, die im Holozän bereits vermoort waren. Bei Punkt 14 stehen über 4 m mächtige Braunmoostorfe an. Die Basis der Limnite liegt in der waldgeschichtlichen Zone I, also älter 12.500 b.p. Die limnitfreien Senken sind zum Teil durch Sandentnahme für den Wegebau übertieft. Skizze nach PACHUR & SCHULZ (1983), verändert.

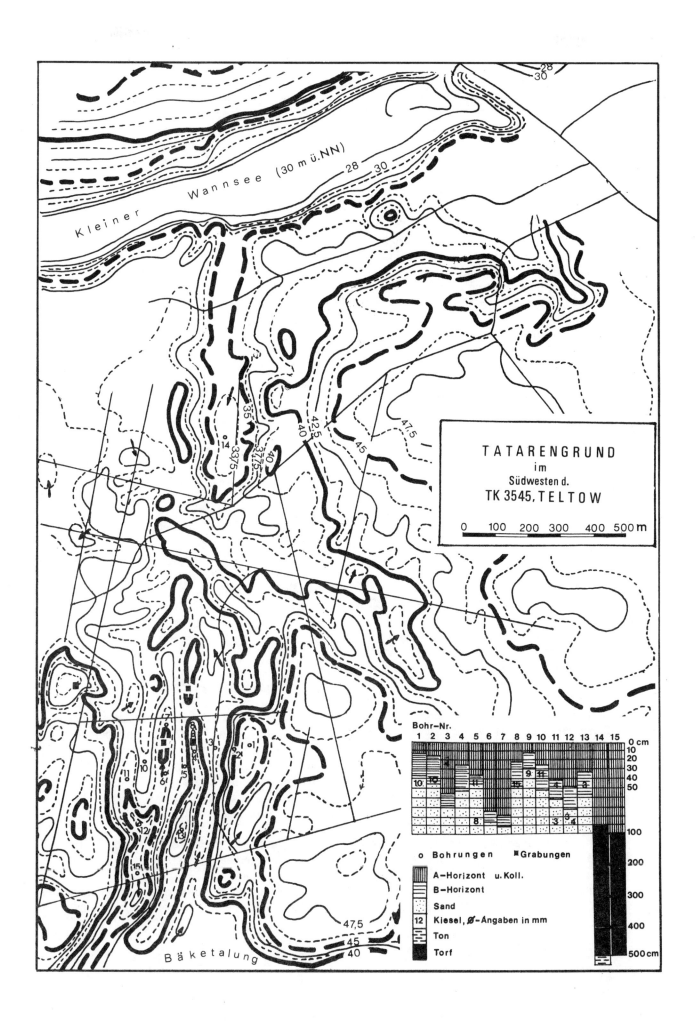

Toteis. Periglaziale Umgestaltung in Form der Abflachung der Hänge unter geringer Verfüllung der Depressionen im Talboden hat sicherlich eine Rolle gespielt. Sie war jedoch zum Zeitpunkt der Muddesedimentation weitgehend unterbunden. So führen die Algenmudden an der Basis der limnischen Sedimente im Pechsee höchstens 10 % Sand. Die Gesamtmächtigkeit der Limnite ist dort größer als 11 m.

Im Teufelssee wurden wie im Tegeler See unterhalb der Mudde und der allerödzeitlichen Tephralage in den liegenden Seesanden distinkte Muddelagen angetroffen, die palynologisch im waldgeschichtlichen Abschnitt I (Abb. 17) liegen.

An drei Muddeproben wurden ^{14}C-Datierungen unter Verwendung der Beschleunigermethode durchgeführt. Die Daten der beiden oberen Straten sind als zeitgleich anzusehen, sedimentologisch angesichts einer fast unbestimmbaren Sedimentationsdauer von Sanden nicht unverständlich. Der geringe Abstand der zuverlässig um 11 300 b.p. datierten Tephralage zeigt eine Kontamination an. Stratigraphisch könnte das dritte Datum passend liegen. Eine Kontamination mit tertiärem Detritus erweist der Anteil tertiärer Pollen von 9 bis 16 % am Gesamtpollengehalt (determ. BRANDE).

Um den Schwierigkeiten einer Kontamination mit tertiärem Detritus zu entgehen, wurde der organischen Detritus führende Seesand (Abb. 17) nach pflanzlichen Makroresten systematisch durchsucht. Die Datierung eines blattspreitenartigen Gewebeteils ergab ein Alter von 25 500 ± 700 (UZ 2169). Die Befunde erscheinen mitteilenswert, weil der waldgeschichtliche Abschnitt I a chronologisch zum älteren in Berlin nicht definiert ist und feingeschichtete Muddezonen aus I a bisher nur im Pohlesee angetroffen wurden, in der übrigen Haveltalung aber zu fehlen scheinen. Der Geweberest stellt einen Eintrag zur Zeit der Seesandsedimentation dar. Offen bleibt, ob er aus einer um 25.000 b.p. gebildeten Ablagerung stammt. Das Datum ist nicht ohne Sinn, wenn man das Alter des Brandenburger Stadiums mit 20.000 b.p. berücksichtigt und die Auffassung von einem monolithischen Eisschild verläßt, welcher noch um diese Zeit den Teltow bedeckt haben soll und statt dessen ein bereits im Zerfall begriffenes Eis annimmt. In einer solchen Landschaft bliebe Raum für subaerisch exponierte Abflußbahnen und die Existenz von Seen, in denen limnische Sedimente - Seesand - gebildet wurden. Das bisher älteste allerdings noch tentative Datum für die Seen des Berliner Raums ist somit nicht in den Hauptabflußbahnen zu suchen, sondern in Bereichen des frühesten Eiszerfalls, wo die glazifluviale Aktivität am ehesten erlosch.

4.2 Seebeckengenese und Toteistheorie

Angesichts der beträchtlichen Seebeckentiefen - 42 m im Tegeler See - stellt sich die Frage, ob sie einem ständigen Tiefertauen während der limnischen Sedimentation ihre Tiefe verdanken, oder bereits im Spätpleistozän vorhanden waren. Die fehlenden Störungen der fragilen Sedimentstruktur der Rhythmite, die regelmäßige Abfolge der waldgeschichtlichen Abschnitte und das Fehlen von Sandlagen seit dem Alleröd sprechen für eine von kleinräumigen Senkungen unabhängige Sedimentation. Man könnte einwenden, daß Störungen mit einem weiten Bohrungsraster nicht erfaßt werden. Da aber auch Rutschungen, die sich in Sandfahnen bemerkbar machen müßten, nur im Einzugsbereich des Spreedeltas auftreten, sprechen auch die Feldbefunde gegen die Annahme von Toteisaustauvorgängen noch während der limnischen Sedimentation. Wie BENNETT (1986) zeigen konnte, sind Lagerungsstörungen laminierter Kalkmudden z.B. durch "kohärentes slumping" auch in Bohrkernen gut diagnostizierbar.

Toteisaustauvorgänge unter Seen werden dagegen u.a. von GRIPP & SCHÜTTRUMPF (1953); WOLDSTEDT & DUPHORN (1974); CHROBOK et al. (1982) angenommen und von letzteren im Biesenthaler Becken 35 km nördlich von Berlin bis in das Präboreal hinein als wirksam angesehen. Im Mikolajkisee (Ostpreußen) wird um 12 500 b.p. sukzessives Tauen von Toteis unter Wasserbedeckung und Moorbildung angenommen (WIECKOWSKI 1969) und über mehrere Jahrhunderte als existierend angesehen.

Abgesehen von geomorphologisch-sedimentologischen Befunden, führen auch allgemeine

Überlegungen zu Zweifeln an einem lang anhaltenden Tieftauen unter den Seen (PACHUR & SCHULZ 1983, PACHUR 1987).

Wie oben ausgeführt, beginnt die limnische Sedimentation um ca. 13 000 b.p. Spätestens zu diesem Zeitpunkt war das Becken wassererfüllt. Das im Untergrund möglicherweise liegende von einer mehr oder minder mächtigen Sanddecke bedeckte Eis wurde somit von der winterlichen Kälte isoliert und stand im Sommer und zeitweise auch im Winter mit mindestens 4° C warmem Wasser in Kontakt. Im Haveltal war dieses Wasser - auch natürlich das Interstitialwasser in der Sedimentschicht über dem Eis - in Bewegung. Beschleunigtes Austauen, z.B. gegenüber geschiebemergelbedecktem, stagnierendem Eis, ist daraus zu

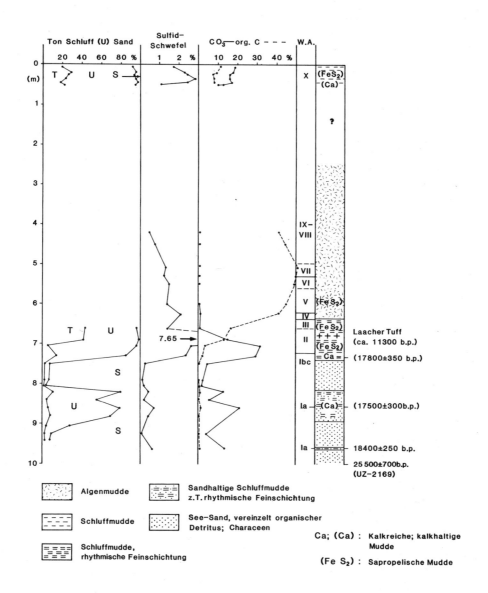

Abb. 17: Ausgewählte Sedimentparameter des Teufelssees.

Ton-, Schluff- und Sandgehalte sind auf die org. C-freie Probe bezogen. Die Radiokarbondaten mit Hilfe der Beschleunigermethode ergaben für die beiden oberen Proben ein identisches Alter, während das Datum um 18.400 b.p. stratigraphisch plausibel sein kann. Allerdings enthalten die datierten Muddeproben tertiäre Pollen, so daß zu hohe Alter vorliegen. Das Datum 25.500 ± 700 b.p. wurde dagegen an einem pflanzlichen Geweberest gemessen (palynologische Datierung nach BRANDE, Berlin).

folgern, d.h. in den Tiefenlinien müßte das sogenannte Toteis am schnellsten abgebaut werden. Dies entspricht auch den Erfahrungen aus der Permafrostregion, wo unter Flüssen und Seen die Gefriergrenze herabgedrückt ist (HOPKINS & KARLSTROM 1965). BOULTON (1972: 369) schreibt: "... in modern Spitzbergen where the active layer of permafrost really exceeds 3 m, melting beneath lakes and streams often produces collapse". Letzteres meint das Durchschmelzen des liegenden Eiskörpers. Ferner führt er aus: "The high thermal capacities of surface streams have the ability to induce melting beneath at least 20 m of gravels".

CARSLAW & JAEGER (1959) und CRANK (1979) haben sich mit dem Problem des fortschreitenden Schmelzens von Eis unter Wasser auseinandergesetzt. In den Graphen (Abb. 18) sind folgende Randbedingungen angenommen worden. Es handelt sich um einen semifiniten Wasserkörper, der über einen Eisblock, der an der Oberfläche eine Quarzsandschicht trägt, liegt. Die übrigen Seiten des Eisblocks werden als vollständig isoliert angenommen. Wegen der besseren Wärmeleitfähigkeit des Quarzsandes, die größer als die vom Wasser ist, wird das Schmelzen des Eises schneller vorangehen, als wenn das Wasser direkt das Eis überlagerte. Wegen der maximalen Dichte des Wassers bei 4° C ist zu erwarten, daß mindestens im Sommer am Boden des Sees 4° C erreicht werden. Daraus ergibt sich ein Abschmelzen des Eises um 0,6 m in 100 Tagen, wenn das Wasser eine Temperatur von 4° C und das Eis -15° C aufweist. Ein Wiedergefrieren des Wassers im Winter soll nicht erfolgen, weil das über dem Eis befindliche Seewasser eine genügende Wärmekapazität aufweist, wobei mit zunehmender Wassertiefe der Vorgang des Durchfrierens bis auf den Seegrund immer unwahrscheinlicher wird. Mit 0,6 m in 100 Tagen ist eine Größenordnungsabschätzung vorgenommen. Angesichts der zu erwartenden Toteismächtigkeiten von maximal 30 m hieße dies, daß innerhalb eines Jahrhunderts vollständiges Abschmelzen wahrscheinlich ist. FLORIN & WRIGHT (1969) gelangen aufgrund der Interpretation von Algengyttja an der Basis von in Toteisdepressionen gelegenen Seen in Minnesota (Cedarbog Lake) zu folgendem Schluß: "Perhaps the entire lake formation after a very slow initial period took only a few decades".

Die in Abb. 18 ermittelte Schmelzkurve, die wir G. BRAUN, Berlin verdanken, ergibt sich aufgrund folgender Ableitung:

Das Problem ist in der Literatur als *STEFAN-Problem* (1890), zitiert nach GRIGULL & SANDER (1986), bzw. als *moving boundary*-Problem bekannt.

Die numerische Behandlung dieses Problems ist deshalb nicht einfach, weil sich die Grenzfläche zwischen Eis und Wasser bzw. wassergesättigtem Sand und Eis bewegt und gleichzeitig für den Phasenwechsel Schmelzwärme verbraucht bzw. freigesetzt wird.

Es existiert jedoch eine analytische Lösung, die - wie folgt - hergeleitet und für bestimmte Fälle angewendet wird.

Diese Herleitung der Lösung geht auf CARSLAW & JAEGER (1959) bzw. CRANK (1979) zurück.

Fortschreitendes Gefrieren von Wasser

Gegeben sei ein semifiniter Wasserkörper mit der Anfangstemperatur T_a und der Schmelztemperatur T_s, der in der Zeit t > 0 an seiner Oberfläche der Temperatur T_b ausgesetzt wird, wobei gilt:

$$T_b \leq T_s < T_a \qquad (1)$$

Bekannt sind weiterhin die physikalischen Eigenschaften des Wassers in beiden Aggregatzuständen (Index $_i$ für Eis, Index $_w$ für Wasser):

Abb. 18: Fortschreitendes Schmelzen eines Eisblockes unter einem wassergesättigten Quarzsand, der den Boden eines Sees bildet. Die Wassertemperatur soll 4° C betragen, die des Eisblockes (Toteis) -15° C.

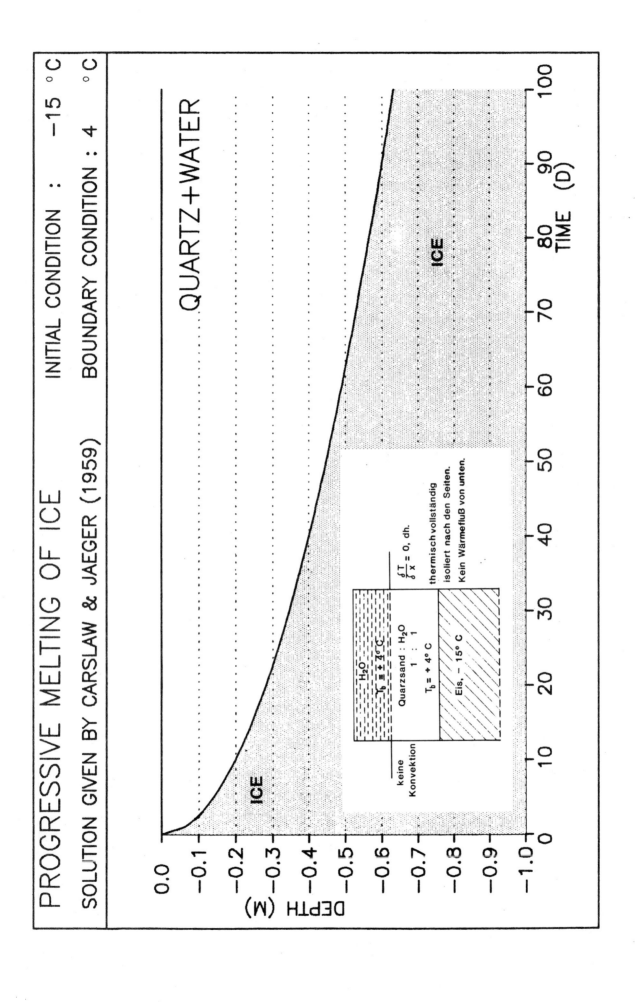

$k_i, k_w :=$ Wärmeleitfähigkeit
$\sigma_i, \sigma_w :=$ spezifische Wärme
$\rho_i, \rho_w :=$ Dichte
$L :=$ Schmelzwärme

Hieraus berechnet sich die thermische Diffusivität mit

$$D = \frac{k}{\rho \sigma} \quad (2)$$

Die Änderung der Temperatur als Funktion der Zeit und des Raumes wird durch die Differentialgleichung

$$\frac{\partial T}{\partial t} = D \frac{\partial^2 T}{\partial z^2} \quad (3)$$

beschrieben (vgl. *Fick*sches Gesetz). Die Lage der Grenzfläche zwischen den Medien Eis und Wasser ist ebenfalls eine Funktion der Zeit

$$z = Z(t)$$

An der Grenze gilt zudem

$$T_i = T_w = T_s$$

Wenn die Grenze sich um das Stück dZ bewegt, muß die Wärmemenge $L \rho \, dZ$ freigesetzt und durch Konduktion abgeführt werden:

$$k_i \frac{\partial T_i}{\partial z} - k_w \frac{\partial T_w}{\partial z} = L \rho \frac{\partial Z}{\partial t} \quad (4)$$

Eine Lösung der Gleichung (3) ist:

$$T = A \, \text{erf}\left(\frac{z}{2\sqrt{Dt}}\right) \quad (5)$$

Am Rand $z = 0$ gilt demnach:

$$T_i = A \, \text{erf}\left(\frac{z}{2\sqrt{D_i t}}\right) \quad (6)$$

und für $z \to \infty$ entsprechend

$$T_w = T_s - B \, \text{erfc}\left(\frac{z}{2\sqrt{D_w t}}\right) \quad (7)$$

wobei gilt: $\text{erfc} = 1 - \text{erf}$.

Gleichung (6) und (7) in die Randbedingung

$$T_i = T_w = T_s$$

eingesetzt, ergibt:

$$A \, \text{erf}\left(\frac{z}{2\sqrt{D_i t}}\right) = T_w - B \, \text{erfc}\left(\frac{z}{2\sqrt{D_w t}}\right) = T_s \quad (8)$$

Die Lage bzw. Tiefe der Grenzfläche Z muß offensichtlich proportional zu $\sqrt{t}$ sein, damit Gleichung (8) gilt. Setzt man

$$Z = 2 \beta \sqrt{D_i t} \quad (9)$$

in (8) ein, ergibt sich:

$$\frac{\exp(-\beta^2)}{\text{erf}(\beta)} + \frac{k_w \sqrt{D_i} (T_w - T_s)}{k_i \sqrt{D_w} (T_b - T_s)} \cdot \frac{\exp(-\beta^2 D_i / D_w)}{\text{erfc}(\beta \sqrt{D_i / D_w})} + \ldots$$
$$\ldots + \frac{\beta L \sqrt{\pi}}{\sigma_i (T_b - T_s)} = 0 \quad (10)$$

Es muß also ein β gefunden werden, für das Gleichung (10) gilt. Für dieses Problem stehen auf Großrechenanlagen fertige Routinen zur Verfügung (z.B. die *IMSL*-Routine "ZBRENT").

Ist β gefunden, dann läßt sich die Tiefe Z der Grenzfläche als Funktion der Zeit aus Gleichung (9) einfach ermitteln.

Gleichung (10) ist unter Berücksichtigung der Dichte und des Volumens des sich bildenden Eises zu erweitern:

$$\frac{\exp(-\beta^2)}{\text{erf}(\beta)} + \frac{k_w \sqrt{D_i} (T_w - T_s)}{k_i \sqrt{D_w} (T_b - T_s)} \cdot \frac{\exp(-\beta^2 (\sigma_i^2 D_i)/(\sigma_w^2 D_w))}{\text{erfc}(\beta \sigma_i / \sigma_w \sqrt{D_i / D_w})} + \ldots$$
$$\ldots + \frac{\beta L \sqrt{\pi}}{\sigma_i (T_b - T_s)} = 0 \quad (11)$$

Die Gleichung (11) kann in die von CRANK (1979: 307) verwendete Schreibweise überführt werden, indem die exp-Ausdrücke sowie β und $\sqrt{\pi}$ in den Nenner übertragen werden.

Fortschreitendes Schmelzen von Eis

Die eingangs gestellte Aufgabe, das Schmelzen eines Toteiskörpers zu berechnen, läßt sich einfach lösen, indem man die Indizes der Gleichung (11) entsprechend vertauscht:

$$\frac{\exp(-\beta^2)}{\text{erf}(\beta)} + \frac{k_i \sqrt{D_w} (T_b - T_s)}{k_w \sqrt{D_i} (T_w - T_s)} \cdot \frac{\exp(-\beta^2 (\sigma_w^2 D_w)/(\sigma_i^2 D_i))}{\text{erfc}(\beta \sigma_w / \sigma_i \sqrt{D_w / D_i})} + \ldots$$
$$\ldots + \frac{\beta L \sqrt{\pi}}{\sigma_w (T_w - T_s)} = 0 \quad (12)$$

Die hier vorgestellte analytische Lösung des *moving boundary*-Problems berücksichtigt *nicht*, daß die Dichte des Wassers eine Funktion der Temperatur ist. Da bekanntlich Wasser bei 4°C seine größte Dichte besitzt, wird das an der Grenzfläche entstehende Schmelzwasser aufsteigen (Konvektion) und das wärmere Wasser absinken. Das bedeutet, daß an der Grenzfläche tatsächlich ein größerer Temperaturgradient vorliegt als in dem hier vorgestellten Modell berechnet. Für die mit diesem Modell belegten Aussagen bedeutet dies, daß sie eine *konservative* Abschätzung darstellen.

Man hat somit Gründe, von einer Seebeckentiefe im Berliner Raum auszugehen, die vor ca. 13 000 Jahren der heutigen Wassertiefe abzüglich anthropogenem Aufstau plus Sedimentmächtigkeit entsprach. Dies wären 42 m im Tegeler See, mehr als 34 m im Krienicke, 30 m in der Unterhavel bei Weinmeisterhorn, über 18 m im Pohlesee und mehr als 15 m in der Bäketalung (vgl. 4.1).

4.3 Das Gefüge der Sedimente und Sauerstoffisotope

4.3.1 Das Liegende der Kalkmudden, die sandige Basis

Im Liegenden der Mudde wurden in der Havel nur Sand, im Bäketal und in der Buschgraben-Talung auch Geschiebemergel und Kies angetroffen. Die sandige Basis der Kalkmudden besteht aus einer Abfolge von gröberem und feinerem Korn, bei letzterem handelt es sich um die lagenweise Einschichtung von Kalklutit ($< 20 \mu$m) in einer mittleren Mächtigkeit von 0,8 mm. Die Lage ist stellenweise kompakt, die Regel ist jedoch eine dichte Ausfüllung des Porenraumes mit Calcitkristallen. Die Abstände zwischen den Calcitlagen wechseln zwischen 2 bis 3 mm und über 20 mm. Korngröße und Form der Calcitkristalle schließen einen detritischen Eintrag, etwa aus dem Geschiebemergel, aus. Da außerdem calcitumhüllte Characeensprosse und Oogonien das Sediment durchsetzen, ist eine biogene Kalkfällung sessiler Pflanzen an dem Kalkgehalt beteiligt. Ein zusätzlicher Eintrag des Kalklutits aus dem Uferbereich in die betreffende Position ist jedoch nicht völlig auszuschließen, aber auch hierbei handelt es sich um Präzipitate aus dem limnischen Metabolismus. Den Hauptanteil der Basissedimente bilden jedoch Quarzsande. Die Korngrößenklasse 125 bis 200 μm nimmt z.B. im Tegeler See im Mittel über 40 % des Gewichtes ein (Tab. 5) und erreicht im Tiefenmeter 30,4 sogar über 52 %, die Fraktion 63 bis 125 μm weist noch einen Mittelwert von 39,4 % des Gewichtsanteils auf, d.h., es ist wahrscheinlich mit einem bedeutenden Anteil an Flugsanden zu rechnen. Nur in Tiefen unter 31,5 m ist die Feinkiesfraktion mit 0,08 % und 1,5 % vertreten, es wird daher noch ein zeitweiser fluvialer Transport nicht ausgeschlossen. Die erste Einlagerung von Kalklutit liegt jedoch 2,8 m oberhalb dieser feinkiesführenden Sandlage. Wir sprechen deshalb die Sande mit Kalklutitbändern als Seesande an, die liegenden gröberen als fluviale wahrscheinlich glazifluviale Sedimente, die in der Schlußphase der Beckengenese gebildet wurden.

Die granulometrische Charakteristik der Basissande wiederholt sich in der Krummen Lanke und im Teufelssee (Tab. 6). Im letzteren konnten ebenfalls Characeen nachgewiesen werden.

Im Kap. 4.1.1 ist auf das Alter der Seesande eingegangen worden. Sedimentologisch und morphologisch ist eine Stellung älter 13 000 b.p. als gesichert anzusehen. Palynologisch liegen Daten ähnlicher Zeitstellung, nämlich Ia, Ib und Ic (determ. A. BRANDE, Berlin), vor. Im Süden von Berlin, im Langen Fenn, wurde von MÜLLER (1970) ebenfalls die älteste Tundrenzeit Ia nachgewiesen.

4.3.2 Die Rhythmite

Das Auftreten einer warvenartigen Schichtung ist an die unteren Meter der Sedimentsäule im Seebeckentiefsten verschiedener Berliner Seen gebunden.

Um die Struktur paläolimnologisch bewerten zu können, sollen rezente Rhythmite betrachtet werden.

Eine rythmische Abfolge dunkler und heller Lagen in den oberen Metern von Seesedimenten wird aus Seen unterschiedlicher geographischer Breite berichtet, vom Zürichsee (MINDER 1926), schwedischen Seen, u.a. Järlasjön bei Stockholm (DIGERFELDT et al. 1975), im Norden Finnlands unter 61° 05' N im See Lovojärvi (SIMOLA 1977, SAARNISTO et al. 1977), aus Minnesota unter 47° 08' N in den Clouds Seen (ANTHONY 1977), in Ontario (TIPPETT 1964) und weiteren Seen im Nordosten der USA (LUDLAM 1978).

Auch im marinen Milieu, Golf von Kalifornien (CALVERT 1966), Adriatisches Meer (SEIBOLT 1955) sind Rhythmite bekannt, die aus einer Wechsellagerung von Calcit und organischem Material mit Eisensulfit etc. bestehen.

Übereinstimmend werden die Schichten jahreszeitlichen Sedimentationszyklen zugeordnet.

Die hellen Lagen (Abb. 19) der Rhythmite werden im allgemeinen der späten Frühlings-Sommerausfällung von Karbonaten zugeschrieben. Die Beweisführung gründet auf der auch in den fossilen Rhythmiten zu beobachtenden Untergliederung der Schichtglieder in diatomeenreiche Frühjahrs- und calcitreiche Sommerlagen, die dunklen Winterlagen enthalten überwiegend organisches Material, Eisenhydroxide und sonstigen Detritus. Weitere Gliederungen (Frühjahr, früher Sommer, Sommer, Herbst, Winter) meinen SARNISTO et al. (1977) festzustellen. ANTHONY (1977) nimmt jedoch für die dunkle, an organischem Detritus reiche Lage eine Entstehung im Sommer an. Zur Begründung wird der sehr geringe Kalzium- (0,4 mäq. l^{-1}) und Bikarbonatgehalt (0,2 mäq l^{-1}) des Seewassers ("Lake of the clouds") angeführt, so daß eine Karbonatpräzipitation nicht anzunehmen sei.

Die Beschreibung der Rhythmite und ihre Ausdeutung entspricht derjenigen fossiler, z.B. aus den eemzeitlichen Kieselgurlagerstätten in der Lüneburger Heide (BENDA 1974, MÜLLER 1974), dem Spätglazial und frühen Holozän im Schleinsee (GEYH et al. 1971) und dem Tegeler See (PACHUR & HABERLAND 1977; vgl. auch BRANDE 1980).

Abb. 19: Rhythmit aus 26 m Tiefe unterhalb des rezenten Seebodens (Tegeler See).

Die spätpleistozänen Mudden des Berliner Raumes weisen ein rhythmitisches Gefüge auf. Die hellen Lagen (Sommer) bestehen weitgehend aus Seekreide, die dunklen (Winter) enthalten an der Basis diffus verteilte organische Substanz mit Fe-Verbindungen (Fe-Sulfide u.a., vgl. Tab. 20). Darüber liegt eine diatomeenreiche Schicht (Frühjahr), die in die stets mächtigere Seekreidelage übergeht. Alle Schichten enthalten Karbonat; im Tegeler See ist in dem Sedimentabschnitt 26,3 - 28,3 m Ca-Rhodochrosit die dominierende Karbonatkomponente (vgl. Tab. 23 und Abb. 34).

Folgende Randbedingungen scheinen für die Genese der Rhythmite zu gelten:

a) Die fragile Struktur schließt eine Entstehung im Flachwasser aus.

b) Es muß eine möglicherweise jahreszeitlich differenzierte Sedimentationsrhythmik vorliegen, die vom biologischen Geschehen im Wasserkörper gesteuert wird. Hierzu gehört die Dynamik des Diatomeenwachstums und der Entzug von CO_2 durch Assimilation und dadurch bedingte Kalkfällung. Die biologische Kalkfällung ist nicht unwidersprochen geblieben, so betont BRUNSKILL (1969) den Vorrang des CO_2-Entzugs infolge Temperaturerhöhung vor dem biologischen Verbrauch aufgrund von Studien in den Green Lakes, Fayetville/New York.

c) Die Strukturen können sich nicht erhalten, wenn wühlende Tiere (z.B. *Tubifex*) (FÖRSTNER et al. 1968) in größerer Zahl auftreten. Die Abwesenheit bzw. geringe Besatzdichte bodenwühlender Tiere spricht für anoxische Verhältnisse am Gewässergrund; im Tegeler See beträgt die Kopfkapselzahl von Chironomiden pro cm^3 Rhythmit im Mittel 13 Chironomiden, wobei wahrscheinlich noch 45 % detritischer Herkunft sind; determ. SCHAKAU (1983). CALVERT (1966) führt aus, sobald höhere O_2-Gehalte im Wasser auftreten, verschwinden die rhythmischen Sedimentstrukturen vermutlich infolge von Bioturbation. Der Nachweis von Eisensulfid in den dunklen Lagen weist auf das O_2-Defizit im Sediment hin; wie in Abb. 20 belegt, ist es bakterieller Genese.

Gasblasen zerstören die Struktur, sie können aber klein gegenüber der Schichtdicke sein, so daß sie nur charakteristische punkthafte Störungen des Gefüges hinterlassen.

Die Reduktoren liefernde organische Substanz (4 bis 5 % org. C im Tegeler See) führte wahrscheinlich zu dem O_2-Defizit, welches außerdem morphologisch (Beckenstruktur des Seebodens) und gewässerklimatisch (Dauer der Eisbedeckung) gestützt wurde.

Tab. 6: Korngrößenverteilung von der Basis der Limnite, Teufelssee und Krumme Lanke (Kern KL 1). Analysen: J. SCHMIDT. Sortierung: So = $\sqrt{Q3/Q1}$ nach TRASK (1932). So< 1,23: sehr gut sortiert; So = 1,24 - 1,41: gut sortiert (FÜCHTBAUER 1959).

Probe Nr.	Sedimenttiefe (m)	>630 μ (%)	630-315 μ (%)	315-200 μ (%)	200-125 μ (%)	125-63 μ (%)	63-20 μ (%)	20-6,3 μ (%)	6,3-2,0 μ (%)	<2,0 μ (%)	Median (mm)	So
Teu 4.4	7,50	1,0	2,0	18,6	43,8	27,0	4,1	1,0	0,7	1,8	0,15	1,33
Teu 5.1	7,90	0,6	2,5	33,5	46,9	9,2	3,2	1,2	0,9	2,0	0,18	1,22
Teu 5.2	8,05	–	1,9	33,7	51,3	9,8	1,4	0,5	0,3	1,1	0,18	1,22
Teu 6.2a	9,05	–	0,1	3,9	23,5	44,9	17,6	4,1	2,4	3,5	0,10	1,49
Teu 6.2b	9,25	–	0,4	8,0	37,4	44,9	6,3	0,7	0,5	1,8	0,12	1,33
Teu 6.2c	9,40	–	1,6	17,1	46,0	27,0	4,8	0,9	0,8	1,8	0,15	1,31
KL 1.23	6,70	0,2	1,9	6,6	50,0	38,7		<63 μ = 2,6 %			0,13	1,18
KL 1.24	6,90	0,2	1,6	8,1	58,6	29,8		<63 μ = 1,7 %			0,14	1,17
KL 1.25	7,20	0,1	1,7	22,7	58,8	15,1		<63 μ = 1,6 %			0,17	1,19
KL 1.26	7,50	0,1	15,3	45,9	35,0	3,5		<63 μ = 0,2 %			0,22	1,27

In den Berliner Seen treten die Rhythmite prägnant nur im Basisbereich der Sedimente auf. In der Kleinen Malche, einer Bucht des Tegeler Sees, setzen sie an der Grenze (Präboreal/Boreal) aus (PACHUR & HABERLAND 1977), in der Seemitte zwischen dem Boreal und Atlantikum, wie in der Jürgen-Lanke, einer Bucht der Unterhavel. Auch in anderen Seen, z.B. dem Schleinsee (GEYH et al. 1971) enden die Rhythmite im mittleren Boreal bis zum Ende des Atlantikums.

Vereinzelt treten im Tegeler See (Seemitte) Rhythmite noch im Subboreal in geringmächtigen Zonen (< 5 cm) auf. Das Atlantikum scheint jedoch generell die Grenze einer intensiven Rhythmithbildung in Berliner Seen zu bilden.

Im Tegeler See (Seemitte) ist eine sprunghafte Veränderung der Sedimentparameter an der Grenze zum Atlantikum nicht zu bemerken.

Besonders auffällig ist jedoch das Ausklingen des Ca-Rhodochrosits bei 22,5 m und die Erhöhung des Eisenmanganquotienten, dem eine stärkere, absolute Abnahme des Mangans gegenüber dem Eisen entspricht (vgl. 4.4.6 und 4.4.7). Die Mangangehalte vermindern sich von 17,2 % (Alleröd) bzw. 15,7 % (Präboreal) auf unter 0,5 % im Atlantikum I.

Das Mangan ist aus dem lokalen Einzugsgebiet des Sees herzuleiten und gelangte sowohl über den Grundwasserzustrom als auch über das Tegeler Fließ in den See. Zusätzlich können infolge der Akkumulation von organischer Substanz Manganoxide, die in anderen Seebereichen sedimentiert wurden, mobilisiert werden (TESSENOW 1973) und dieses Mangan dem Seetiefsten zugeführt werden. Ob für die Anreicherung und karbonatische Bindung des Mangans zusätzlich die Annahme einer Meromixis (KJENSMO 1964) bzw. nur ausgeprägte euxinische Phasen notwendig sind, infolge einer länger anhaltenden Eisbedeckung, ist nicht eindeutig zu entscheiden. Nach Untersuchungen von VERDOUW & DEKKERS (1980) am eutrophen Vechtensee (Niederlande) ist während der Stagnationsphasen das Wasser im anaeroben Hypolimnion an $Mn-CO_3$ übersättigt infolge Mn-Freisetzung aus dem Sediment; eine Bildung von Mangankarbonat im Hypolimnion ließ sich jedoch nicht nachweisen. Beim Tegeler See hat vermutlich während ausgeprägter euxinischer Phasen im Hypolimnion eine direkte Mangankarbonat-Bildung stattgefunden. Wahrscheinlich ist jedoch die Hauptmenge des Rhodochrosits erst in der obersten Sedimentzone gebildet worden, wo Reduktoren in ausreichender Menge vorhanden waren, um sedimentierte Manganoxide reduzieren zu können. Eine beträchtliche intrasedimentäre Bildung von Mangankarbonat wird ferner dadurch belegt, daß der Rhodochrosit auch in der Grobsilt- und Feinsandfraktion der Sedimente zum Teil wohl auch als Umkrustung silikatischer Körner vorhanden ist.

Unter Voraussetzung eines niedrigen Redoxpotentials am Seegrund sowie in der obersten Sedimentzone kann das zweiwertige Mangan als Karbonat gebunden werden, wobei Karbonate und Oxidhydrate von Eisen und Mangan koexistent sind (KRAUSSKOPF 1967).

Über einen Zeitraum von 3.000 Jahren waren in der Frühphase der Muddesedimentation die Bedingungen für eine Ca-Mn-Karbonatgenese gegeben. In den Sedimenten des Niederneuendorfer Sees vermutet AHRENS (1985), daß die hellen Rhythmitlagen des Präboreals bis Mitte des Boreals überwiegend aus einem Eisenkarbonat bestehen, zumal Calcit in dieser Zone im Röntgendiffraktogramm nicht nachweisbar ist. Da der Siderit jedoch auch in den dunklen Lagen vorhanden ist, wird die Färbung der feinen Lagen der Rhythmite im wesentlichen durch unterschiedliche Gehalte an organischer Substanz verursacht.

Der Nachweis von Siderit, der im übrigen auch in den jüngeren Mudden der Unterhavel auftritt, ist ein Hinweis auf reduzierende Verhältnisse am Seegrund.

Wir nehmen deshalb an, daß im Gewässer entweder eine ausgeprägte Sauerstoff-Temperatur- und Lichtrhythmik entwickelt war, die am Boden nur einen zeitweiligen Sauerstofftransport (Vollzirkulation) bei Phasen andauernder Anoxie (Winter) verursachte, wenn nicht sogar meromiktische Bedingungen herrschten.

Insgesamt ist aus dem Sedimentaufbau abzulesen, daß die biologische Produktion und der Anfall organischen Detritus im Laufe des Mittelholozäns anwuchs, die Menge der Reduk-

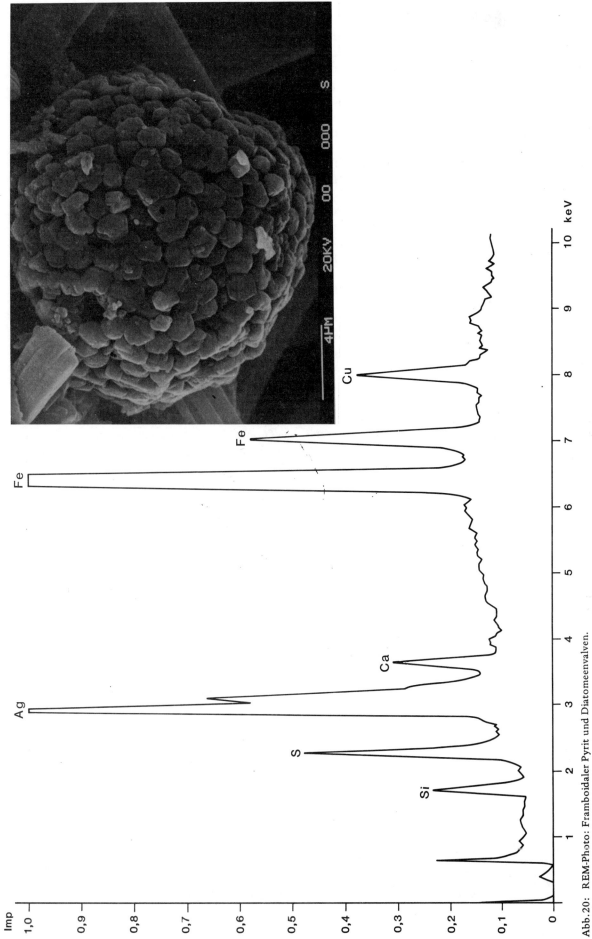

Abb. 20: REM-Photo: Framboidaler Pyrit und Diatomeenvalven.
Die energiedisperse Röntgenmikroanalyse wurde am markierten Punkt vorgenommen. Der Cu-, Ca- und Si-Peak ist auf Streustrahlung zurückzuführen (Probe ist Ag-beschichtet). Probe aus 24 m Sedimenttiefe, Kern T, Tegeler See.

toren stieg, der Mangangehalt sank demzufolge. Indirekt kann dies ferner aus dem differentialen Profilzuwachs abgeleitet werden, welcher im Atlantikum in der Größenordnung von 2,5 mm/a liegt. Es ist zu diesem Zeitpunkt mit einem stärker wirksam werdenden Rückstaueffekt von der Elbe zu rechnen, dem die akkumulative Verringerung der Seetiefe im Tegeler See parallel läuft. Insofern änderte sich auch die Morphologie des Seebeckens im Laufe des Holozäns, so daß die möglicherweise existierende Meromixis als Randbedingung der Rhythmitgenese aufgehoben wurde und zwar früher (Präboreal-Boreal) in den flacheren ufernahen Bereichen als im Seetiefsten (Boreal-Atlantikum).

Im Atlantikum treten noch vereinzelt laminierte Abschnitte auf, anscheinend waren die Randbedingungen für die Rhythmitgenese kurzzeitig gegeben. Der Mn-Gehalt bleibt jedoch niedrig, es besteht keine Korrelation zwischen Rhythmitgenese und Mangangehalt. Im Seetiefsten sind sogar im Subboreal noch einmal laminierte Sedimentsequenzen, verteilt über einen Zeitraum von 260 a, vorausgesetzt, es handelt sich um einfache Jahresschichtung, anzutreffen. Die Kurve der $\delta^{18}O$-Werte weist in dieser Teufe (Abb. 21) einen Unterschied von bis zu 1,1 Einheiten auf; offenbar waren die Temperaturamplituden (nach SIEGENTHALER & EICHER 1979 macht der Anreicherungseffekt, bezogen auf 1° C des Mittels der jährlichen Temperatur 0,15 bis 0,45 ‰ aus) in diesem Zeitabschnitt relativ hoch. Möglicherweise deutet sich hier ein kausaler Zusammenhang zu der Rhythmitgenese an, offen bleibt, ob sie einer biologischen Entkalkung, oder der physikalisch-chemischen Präzipitation nach BRUNSKILL (1969) gehorchte.

Insoweit kann man den Rhythmit möglicherweise als Indikator für den Metabolismus eines Sees mit ausgeprägter klimatisch und morphologisch (Beckenbildung) bedingter Meromixis ansehen.

---

[2] Die dunklen und hellen Lagen der Rhythmite aus dem Tegeler See (Kernabschnitt T 26 des Alleröd) wurden herauspräpariert. An der Substanz haben EICHER und SIEGENTHALER in Bern die $\delta^{18}O$ und $\delta^{13}C$-Verteilung gemessen. Es haben sich keine systematischen Variationen innerhalb der hellen und dunklen Lagen gezeigt. Auch sind die $\delta^{18}O$ und $\delta^{13}C$-Werte nicht korreliert.

Der Umkehrschluß aus dem Fehlen der Rhythmite ist aber nicht zu ziehen, es müssen offenbar mehrere Faktoren sein, die in einem noch nicht geklärten quantitativen Verhältnis wirksam werden und die die Rhythmitgenese auslösen.

4.3.3 Zur Abschätzung der Paläotemperatur

Die zeitliche Einordnung der liegenden sandigen Sedimente des Tegeler Sees wird im Hangenden durch den schon genannten Laacher Bimsstuff und die pollenanalytische Abgrenzung (nach BRANDE) vervollständigt. Sie ist in der Randspalte zu Abb. 13 angegeben und entspricht der Zonierung, die in der Bucht bei Reiherwerder angetroffen wurde (PACHUR & HABERLAND 1977).

Eine Abschätzung des Temperaturverlaufs ist durch das Isotopenverhältnis des Sauerstoffs ($^{16}O/^{18}O$) in den Kalkmudden möglich (Messungen verdanken wir U. EICHER, Bern). Die $\delta^{18}O$-Werte der Niederschläge verändern sich mit der Lufttemperatur, so daß Klimaänderungen zu Variationen im $\delta^{18}O$-Wert führen. Sie werden in einem nicht ganz verstandenen Mechanismus im Seekreidekarbonat fixiert, daher ist ein quantitatives Temperatur/$\delta^{18}O$-Verhältnis noch unsicher[2]. SIEGENTHALER & EICHER (1979) geben für Δ 1° C, 0,15 - 0,45 ‰ $\delta^{18}O$ an.

Relative Aussagen erscheinen jedoch lohnend. Im Tegeler See beginnt um 12.000 b.p. ein kontinuierlicher Temperaturanstieg, der im Spät-Alleröd kulminiert und in der jüngeren Tundrenzeit zwei Ausschläge zu niedrigeren Temperaturen aufweist. Im Präboreal steigt die Temperatur wieder an und geht zum Ende unter starken Schwankungen etwas zurück. Im Boreal und Atlantikum treten Unterschiede bis zu 0.8 Einheiten auf. Im Subboreal erreicht die Kurve (Abb. 21) nochmals annähernd den Wert des Präboreals, um dann langsam wieder zu negativeren Werten zurückzugehen, wobei noch bis zur Eisenzeit feinere Wertedifferenzen auftreten.

Insgesamt zeigt der Verlauf eine grundsätzliche Übereinstimmung mit der Temperaturabschätzung, wie sie für das Spätpleistozän und Holozän z.B. von OVERBECK (1975) zusammengefaßt wurde. Die Feingliederung ist jedoch weit differenzierter, so scheint die Temperatur, abgesehen von dem Kurvenanstieg in der jüngeren Tundrenzeit (III) im Atlantikum (VI; VII) gegenüber dem Boreal (V) etwas abzunehmen und im Subboreal (VIII) eine über mehrere Jahrzehnte andauernde wärmere Phase einzuleiten. Im Gegensatz zu dem kontinuierlichen Anstieg zu höheren $\delta^{18}O$-Werten im Alleröd (II), weist das Holozän auffallende Kurvensprünge auf; im Falle des Subboreals sedimentmorphologisch durch prägnante Rhythmitbildung ausgezeichnet. Die Änderung von der jüngeren Tundrenzeit (III) zum Präboreal geht über max. zwei 2 Einheiten innerhalb von 50 cm Sedimentdicke, entsprechend etwa 330 Jahren, im Alleröd dagegen kommt eine Differenz von 2,5 Einheiten auf 25 cm Sedimentsäule entsprechend ca. 160 Jahren. Wir haben es hier mit relativ kurzfristigen, einschneidenden Temperaturänderungen zu tun. Sedimentologisch ist der Abschnitt der jüngeren Tundrenzeit (III) bis zum Beginn des Präboreal durch den Eintrag von Quarzkörnern in die Mudden gekennzeichnet, es ist der Zeitraum, in dem die Dünen im Umkreis des Sees noch aktiv sind, später geht dagegen der Sandeintrag gegen Null zurück. Neben der ausgeprägten Rhythmik im Sediment ist das Vorkommen von Ca-Rhodochrosit (Tegeler See) für diesen Zeitabschnitt charakteristisch.

Die Kurvenschwankungen in der jüngeren Tundrenzeit bezeichnen den Zeitabschnitt als sehr labile thermische Klimaphase. Im Gegensatz hierzu erweist sich eine Entwicklung zu einer stärker geschlossenen Waldbedeckung; so gibt BRANDE (1980) ein ausgeprägtes Juniperus-Maximum mit 16,5 % (Tegeler Seekern) in der Mitte der Jüngeren Tundrenzeit an, welches zum Ende auf 2 % absinkt, ohne erkennbare retardierende Momente, wie aus der $\delta^{18}O$-Kurve ablesbar. Im Wendland datiert LESEMANN (1969) den Juniperus-Anstieg mit 10.700 ± 145 b.p. und stellt auch zu Beginn der jüngeren Tundrenzeit in Niedersachsen einen Pinus-Rückgang fest. Für Südost-Mecklenburg nimmt MÜLLER (1970) ebenfalls eine Klimaverschlechterung zum gleichen Zeitpunkt an.

Wie die Untersuchungen an Schweizer Seen durch SIEGENTHALER & EICHER (1979) gezeigt haben, treten auch dort im Spätpleistozän und im frühen Holozän kurzfristige Temperaturänderungen auf. SIEGENTHALER et al. (1983) weisen auf ein Fehlen dieser Temperaturausschläge in Nordamerika hin. RUDDIMAN & McINTYRE (1983) diskutie-

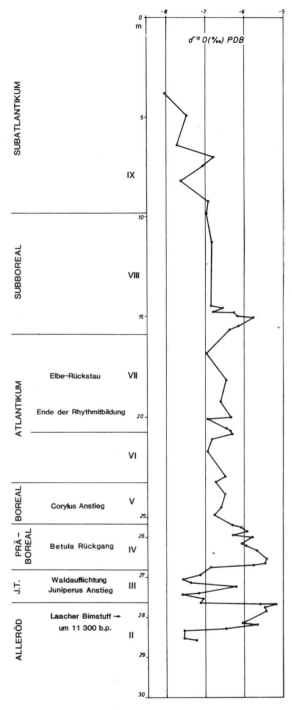

Abb. 21: Kurve der stabilen Sauerstoffisotope ($\delta^{18}O$-Werte) karbonatischer Mudden aus dem Tegeler See (Messung EICHER & SIEGENTHALER, Bern).

ren auf der Grundlage von Faunengehalten in Tiefseekernen des Nordatlantiks eine kurzfristige Südwärtsschwankung des Golfstroms infolge veränderter Eisführung im Nordatlantik. Die Abkühlung des nördlichen Atlantik müßte auch einen negativen Effekt auf die Niederschlagshöhen des europäischen Festlandes ausgeübt haben. Es stellt sich hiernach die Frage, ob die Indizien auf geringere Wassertiefe ihre Ursache in Klimaschwankungen haben.

4.3.4 Granulometrie der Mudde

Im vorangeganenen Abschnitt wurde als unterscheidendes Kriterium die Sedimenttextur benutzt. Die Sedimente oberhalb der Rhythmite sind jedoch makroskopisch weitgehend homogen mit schichtigem Gefüge, so daß nur die Granulometrie und mineralogisch-geochemische Kriterien zur Kennzeichnung herangezogen werden können. Die Mudden der obersten Meter - 3 bis 6,5 m - sind völlig ohne erkennbare Textur.

Die Kenntnis der Korngrößenverteilung ermöglicht Schlüsse auf die Fließgeschwindigkeit zur Zeit der Sedimentation, ferner beeinflußt sie den Wassergehalt, das Porenvolumen, die Größe der adsorptiven Oberfläche und die Permeabilität.

Die folgenden Ausführungen beziehen sich auf den Tegeler See und die Unterhavel.

In Tab. 7 und 8 sind die Korngrößenfraktionen in Prozent des Trockengewichts, nach Oxidation der organischen Substanz durch H_2O_2, aufgeführt. Durch einen Feinsandanteil von über 3 % sind im Tegeler See die oberen vier Dezimeter unterhalb der Sapropellage ausgezeichnet, auch die Grobschluffgehalte sind erhöht. Die detritische Mineralfracht besteht überwiegend aus Quarz, vereinzelt findet man Schlacke und Ziegelsplit, alle Komponenten werden einem anthropogenen Eintrag zugeschrieben. Vereinzelt treten auch Metallspäne und Eisengußpartikel auf, die aus der bis vor wenigen Jahren üblichen Reinigung der Frachtschiffe auf den Seen stammen.

Über 54 % der Substanz werden jedoch auch in diesem Sedimentabschnitt von der Fraktion < 2 μ eingenommen und über 95 % sind es zusammen mit der Siltfraktion. Zur Teufe nimmt die < 2 μ-Fraktion im gesamten Kern noch zu. Über eine Kernlänge von 22 m erreicht die Fraktion > 63 μ sogar nur einen Anteil von 0,35 %, die Siltfraktion dagegen 37,14 % und die sogenannte Tonfraktion sogar 62,47 %; ca. 99,6 % der Trockensubstanz liegen im Silt- und Tonbereich.

Rasterelektronenmikroskopische Aufnahmen, röntgenographische und chemische Untersuchungen belegen, daß die Silt- und Tonfraktion unterhalb der anthropogen beeinflußten Zone zu weniger als 15 % aus Silikaten besteht. Den Hauptanteil stellen neben den Karbonaten Diatomeenvalven und untergeordnet Fe-Hydroxide sowie Phosphatverbindungen. Der Anteil der organischen Substanz liegt in der Größenordnung von 17 bis 8 %, und die Wassergehalte betragen etwa 80 bis 56 %.

Erst vom Tiefenmeter 27 ab steigt der Anteil der Fraktion > 63 μ infolge der diffusen und teils an Straten gebundenen Einlagerungen von Sanden.

Das Korngrößenspektrum der sandigen Basis der Mudden (Tab. 5) zeigt eine Vormacht in der Feinsandfraktion. Die Proben T 27-3 bis T 28-2 weisen <u>mit einem Sortierungskoeffizienten</u> ($S_o = \sqrt{Q_3/Q_1}$) von 1,20 bis 1,31 und einem Medianwert von 0,12 bis 0,15 mm auf eine äolische Herkunft hin.

Die Einschichtung der Sande geht auch aus dem Gefüge hervor, so treten in den Basissanden der Mudden an millimeterstarke Horizonte gebundene characeenführende Kalklutiteinlagerungen (Abb. 14) auf, die nicht intrasedimentär entstanden sein können. Vielmehr hat in der Frühphase der Seeentwicklung eine mehrmalige fluviale Einschichtung von Sanden wie aus dem erhöhten Feinkies- und Grobsandanteil im Tiefenmeter 31,3 (Probe T 29-1 und T 29-2) folgt, stattgefunden, die zum Hangenden in feinkörnigere, äolisch-fluviale Einschichtungen übergeht. Parallel läuft auch die Abnahme der tertiären Braunkohleschmitzen in den Sanden als Ausdruck abnehmenden fluvialen Transports im Talgefäß.

Die Abfolge fluvial (glazifluvial) sedimentierte grobe Sande, äolisch antransportierte, fluvial-limnisch umgelagerte feinkörnige San-

Tab. 7: Korngrößenanalysen, Kern B, Havel. Daten bezogen auf org. C-freie Proben.
W.A. = Waldgeschichtliche Abschnitte nach FIRBAS (det. BRANDE).

Probe Nr.	Sedimenttiefe (m)	W.A.	> 2 mm (%)	1-2 mm (%)	630-1000 µ (%)	315-630 µ (%)	200-315 µ (%)	125-200 µ (%)	63-125 µ (%)	20-63 µ (%)	6,3-20 µ (%)	2-6,3 µ (%)	< 2 µ (%)	Kies (%)	Grob- + Mittelsand (%)	Feinsand (%)	Silt (%)	Ton (%)
B 2-1	0,59 - 0,65		0,79	0,86	0,48	1,6	1,3	8,5	50,8	10,7	4,5	4,2	16,3	0,79	4,2	59,3	19,4	16,3
B 2-2	0,64 - 0,69		13,6	2,5	1,6	2,1	1,7	10,6	43,4	7,3	3,5	2,8	10,9	13,6	7,9	54,0	13,6	10,9
B 2-3	0,69 - 0,75		38,7	2,0	1,3	3,6	2,3	4,9	30,1	5,9	2,2	1,7	7,3	38,7	9,2	35,0	9,8	7,3
B 2-4	0,75 - 0,81		0,64	0,11	0,11	0,75	0,63	9,1	64,9	8,2	2,6	2,2	10,8	0,64	1,6	74,0	13,0	10,8
B 2-5	0,81 - 0,875		0,32	0,07	0,09	0,72	0,67	8,3	56,3	11,5	5,4	4,8	11,8	0,32	1,55	64,6	21,7	11,8
B 2-6	0,875 - 0,94			0,01	0,04	0,32	0,47	4,3	41,5	19,8	10,7	8,3	14,6		0,84	45,8	38,8	14,6
B 2-7	0,94 - 1,00			0,03	0,02	0,26	0,24	0,80	12,5	24,6	18,9	14,7	27,9		0,55	13,3	58,2	27,9
B 2-8	1,00 - 1,07				0,004	0,02	0,06	0,30	14,4	25,7	19,3	10,8	29,4		0,08	14,7	55,8	29,4
B 1-1	1,07 - 1,27				0,01	0,03	0,05	0,09	14,1	28,5	17,3	10,0	29,9		0,09	14,2	55,8	29,9
B 1-2	1,27 - 1,47			0,02	0,01	0,04	0,05	0,14	16,0	29,2	18,0	10,1	26,5		0,12	16,1	57,3	26,5
B 1-3	1,47 - 1,67				0,01	0,06	0,09	0,11	19,5	29,4	15,9	9,5	25,3		0,16	19,7	54,8	25,3
B 1-4	1,67 - 1,87			0,01	0,01	0,07	0,07	0,11	16,6	27,3	18,3	13,6	23,9		0,18	16,7	59,2	23,9
B 1-5	1,87 - 2,00	IX-X		0,01	0,01	0,04	0,11	0,13	13,3	27,2	18,6	11,7	29,0		0,16	13,4	57,5	29,0
B 4-3	2,42 - 2,63				0,003	0,08	0,08	0,09	10,7	26,7	16,4	13,2	32,7		0,16	10,8	56,3	32,7
B 4-5	2,84 - 3,05					0,03	0,05	0,06	6,7	22,2	15,8	12,4	42,8		0,08	6,8	50,4	42,8
B 3-1	3,05 - 3,245				0,01	0,03	0,10	0,12	1,9	22,6	16,0	13,2	46,1		0,14	2,0	51,8	46,1
B 3-2	3,245 - 3,44				0,02	0,17	0,10	0,17	6,6	23,9	20,9	17,9	30,3		0,29	6,8	62,7	30,3
B 3-3	3,44 - 3,635				0,02	0,14	0,24	0,33	5,2	30,1	20,2	14,9	28,9		0,40	5,5	65,2	28,9
B 3-4	3,635 - 3,83				0,02	0,12	0,13	0,20	4,1	25,5	21,8	17,2	31,0		0,26	4,3	64,5	31,0
B 3-5	3,83 - 4,03				0,02	0,13	0,16	0,20	3,5	21,9	15,2	15,2	42,0		0,31	3,7	54,0	42,0
B 6-2	4,23 - 4,43					0,10	0,02	0,16	3,6	22,0	18,8	15,5	39,8		0,14	3,8	56,3	39,8
B 6-3	4,43 - 4,63				0,02	0,02	0,08	0,18	1,7	23,8	19,8	14,7	39,7		0,10	1,9	58,3	39,7
B 6-5	4,83 - 5,03					0,03	0,06	0,09	1,6	21,4	24,6	14,7	37,9		0,10	1,6	60,7	37,9
B 5-1	5,03 - 5,22				0,03	0,03	0,07	0,08	1,5	20,2	21,5	14,4	42,2		0,10	1,6	56,1	42,2
B 5-3	5,41 - 5,60					0,04	0,08	0,08	0,85	22,6	34,4	14,3	27,6		0,13	0,93	71,3	27,6
B 5-5	5,79 - 5,98	VIII			0,01	0,07	0,06	0,10	1,1	13,5	23,2	15,5	46,5		0,13	1,2	52,2	46,5
B 8-2	6,17 - 6,36					0,05	0,07	0,08	1,1	17,3	21,2	16,2	44,0		0,12	1,2	54,7	44,0
B 8-3	6,36 - 6,55				0,01	0,06	0,08	0,22	1,4	17,3	21,8	15,2	44,0		0,15	1,6	45,8	52,4
B 8-4	6,55 - 6,74	VII			0,02	0,03	0,04	0,09	1,2	18,1	22,2	12,2	38,2		0,07	1,3	60,4	38,2
B 7-1	6,93 - 7,13			0,08	0,02	0,04	0,07	0,11	0,90	20,0	19,2	20,1		< 63 µ = 98,78 %	0,21	1,0		98,8 %
B 7-2	7,13 - 7,33				0,01	0,03	0,04	0,07	1,05		13,7	98,78	45,9		0,08	1,1	52,9	45,9
B 7-3	7,33 - 7,53				0,02	0,05	0,06	0,10	1,4			< 63 µ = 98,37%			0,13	1,5		98,4 %
B 7-5	7,73 - 7,93					0,04	0,04	0,06	1,11			< 63 µ = 98,73%			0,10	1,2		98,7 %
B 10-1	7,93 - 8,13				0,004	0,02	0,03	0,07	1,7	19,1	16,4	14,4	48,3		0,05	1,8	49,9	48,3
B 10-3	8,33 - 8,53				0,005	0,02	0,03	0,04	1,6	18,5	16,8	15,5	47,5		0,06	1,6	50,8	47,5
B 10-5	8,73 - 8,91				0,006	0,03	0,03	0,03	0,43	10,2	12,7	30,2	46,4		0,06	0,46	53,1	46,4
B 9-1	8,91 - 9,11					0,01	0,02	0,02	0,36	8,1	18,1	35,2	38,2		0,02	0,38	61,4	38,2
B 9-2	9,11 - 9,31					0,02	0,02	0,01	0,47	8,2	17,6	37,3	36,4		0,02	0,48	63,1	36,4
B 9-3	9,31 - 9,51				0,004	0,02	0,02	0,03	0,63	11,0	15,6	33,3	39,4		0,04	0,66	59,9	39,4
B 9-4	9,51 - 9,71				0,003	0,02	0,02	0,03	0,61	10,9	13,7	29,8	44,9		0,04	0,64	54,4	44,9
B 9-5	9,71 - 9,91					0,01	0,01	0,02	0,34			< 63 µ = 99,62%			0,02	0,36		99,6%
B 17-3	17,06 - 17,26				0,004	0,02	0,01	0,02	0,16	5,7	14,9	22,5	56,7		0,02	0,18	43,1	56,7
B 17-5	17,46 - 17,61	VI				0,02	0,01	0,02	0,34	6,9	13,6	21,9	57,2		0,03	0,36	42,4	57,2

Tab. 8: Korngrößenanalysen, Mudden des Tegeler Sees.
W.A. = Waldgeschichtliche Abschnitte nach FIRBAS (det. BRANDE); Daten bezogen auf org. C-freie Proben.

Probe Nr.	Sediment-Tiefe (m)	W.A.	>1 mm (%)	630-1000 μ (%)	315-630 μ (%)	200-315 μ (%)	125-200 μ (%)	63-125 μ (%)	20-63 μ (%)	6,3-20 μ (%)	2-6,3 μ (%)	<2 μ (%)	>63 μ (%)	Silt (%)	Ton (%)
T 1-1	1,60 - 1,90			0,03	0,06	0,09	0,28	3,82	6	10	25	54,7	4,3	41	54,7
T 1-3	2,10 - 2,30		0,01	0,02	0,18	0,38	0,59	3,04		<63 μ = 95,8%			4,2		95,8%
T 2-1/2	2,92 - 3,20				>63 μ = 1,0%				6	7	17	69	1,0	30	69
T 3-1	3,34 - 3,50				>63 μ = 0,27%				0,4	7,3	43	49	0,3	50,7	49
T 3-5	4,11 - 4,30			0,002	0,01	0,03		0,18	0,2	5,8	29,7	64	0,3	35,7	64
T 4-1	4,50 - 4,67				>63 μ = 0,28%				0,3	9,8	31,7	57,9	0,3	41,7	58
T 4-3	4,86 - 5,03				>63 μ = 0,32%				0,3	7,6	28,6	63,2	0,3	36,7	63
T 5-2	5,80 - 5,90	IX-X		0,003	0,03	0,04	0,06	0,28	0,2	5,8	30,0	63,6	0,4	35,6	64
T 5-3	5,90 - 6,10				>63 μ = 0,39%				0,3	6,3	30,2	62,8	0,4	36,6	63
T 5-5	6,30 - 6,50			0,006	0,03	0,04	0,04	0,19	0,2	6,7	36,3	56,5	0,3	43,2	56,5
T 6-2	6,70 - 6,88				>63 μ = 0,50%				0,3	14,4	20,7	64,1	0,5	35,5	64
T 7-4	8,25 - 8,45		0,01	0,03	0,11	0,07	0,08	0,27	0,2	15,4	28,4	54,4	0,6	44	54,4
T 8-2	8,90 - 9,08			0,02	0,07	0,06	0,07	0,69	0,3	6,3	25,2	67,3	0,9	31,8	67,3
T 8-4	9,30 - 9,48				>63 μ = 1,00%				0,2	7,2	29,2	62,4	1,0	36,6	62,4
T 9-2	9,90 - 10,08				>63 μ = 0,30%				0,3	8,3	30,3	60,3	0,3	39,4	60,3
T 10-2	11,02 - 11,22				>63 μ = 0,64%				0,3	8,6	26,3	64,2	0,6	35,2	64,2
T 11-3	12,33 - 12,54	VIII		0,007	0,03	0,03	0,03	0,14	0,2	<63 μ = 99,76%			0,2		99,76%
T 12-3	13,435 - 13,635				>63 μ = 0,23%				0,2	6,6	25,0	68	0,2	31,8	68
T 13-4a	14,76 - 14,79			0,005	0,03	0,04	0,04	0,10	0,2	6,1	29,8	63,7	0,2	36,1	63,7
T 14-4	15,86 - 16,08				>63 μ = 0,31%				0,2	5,4	31,4	62,7	0,3	37	62,7
T 15-3	16,70 - 16,88				>63 μ = 0,26%				0,3	7,1	32,4	59,9	0,3	39,7	60
T 17-3	18,32 - 18,49	VII		0,004	0,05	0,04	0,03	0,08	0,2	6,8	30,1	62,7	0,2	37,1	62,7
T 18-3	19,34 - 19,54				>63 μ = 0,08%				0,2	6,6	22,8	70,3	0,1	29,6	70,3
T 19-3	20,44 - 20,64			0,02	0,07	0,05	0,04	0,05	0,3	8,2	23,8	67,5	0,2	32,3	67,5
T 20-3	21,50 - 21,68	VI			>63 μ = 0,29%				0,3	7,1	21,9	70,5	0,3	29,2	70,5
T 21-3	22,54 - 22,74			0,005	0,02	0,03	0,04	0,05	0,2	6,4	25,6	67,6	0,2	32,2	67,6
T 22-3	23,64 - 23,84	V			>63 μ = 0,14%				0,2	6,7	32,5	60,4	0,1	39,5	60,4
T 24-3	25,70 - 25,88	IV		0,003	0,009	0,02	0,02	0,19	0,3	7,0	25,8	66,7	0,2	33,1	66,7
T 25-1	26,33 - 26,50			0,01	0,09	0,07	0,07	0,22	1	9,2	35,2	54,1	0,5	45,4	54,1
T 25-4	26,90 - 27,10		0,06	0,04	0,17	0,23	0,45	3,56	10,8	16,9	26,1	41,8	4,4	53,8	41,8
T 26-1	27,30 - 27,525	III	0,02	0,01	0,32	0,20	0,60	8,73	16,1	18,5	16,6	38,9	9,9	51,2	38,9
T 26-2	27,545 - 27,75			0,03	0,095	0,07	0,15	2,72	13,1	18,4	23,4	42,0	3,1	54,9	42,0

de und schließlich die Akkumulation feinstkörniger Mudden, in die nur einige Flugsandlagen eingeschichtet wurden, charakterisieren den Beginn der limnischen Sedimentationsphase im Tegeler See.

Die neben einigen Braunkohleschmitzen ausschließlich aus feldspatarmen Quarzsanden bestehenden Basissedimente besitzen gegenüber den Mudden eine um vier Zehnerpotenzen höhere Durchlässigkeit (Mudden im Tiefenmeter 17,5 etwa $3 \cdot 10^{-9}$ m s^{-1}, gegenüber einem nach HAZEN (1892) errechneten Wert der Basissande von $7 \cdot 10^{-5}$ m s^{-1}.

Lösungen aus den limnischen Sedimenten werden deshalb bei Entstehen eines Potentialgefälles, z.B. Unterfahrung der Mudden durch Grundwasserabsenkungstrichter, in den liegenden Sanden eine höhere Migrationsgeschwindigkeit erreichen.

Die Tegeler Seesedimente erweisen sich als extrem feinkörnige, silikatarme Stillwassersedimente. Die innere Oberfläche ist aufgrund der vielgestaltigen Sedimentpartikel und der geringen Größe auch nicht annähernd mit einer Kugelpackung vergleichbar. Die Durchlässigkeit bewegt sich daher an der Grenze zwischen schwach durchlässig und undurchlässig (Wasserstauer). Es gibt jedoch Hinweise für eine Permeabilität, die sich in der Tatsache ausdrückt, daß noch in 24 m Sedimenttiefe eine Tritiumaktivität von 6,7 ± 2,0 (TU) Einheiten auftritt. Die Messungen führte C. SONNTAG, Institut für Umweltphysik, Heidelberg, durch.

Im Gegensatz zu den Tegeler Seesedimenten ist in der Unterhavel der Sandgehalt (Tab. 7) und der Anteil der organischen Substanz wesentlich höher (vgl. 4.4.3).

Die in Abb. 22 dargestellte Korngrößenverteilung charakterisiert das Hangende der Havelsedimente als Senke für mannigfaltige Abfälle (Abb. 23). Die hohen Schwermetallgehalte dieses Bereichs (vgl. 4.6.1) ergänzen diesen Befund, insbesondere finden die Zinkgehalte eine Begründung in der eingebrachten Kohle (Abb. 23).

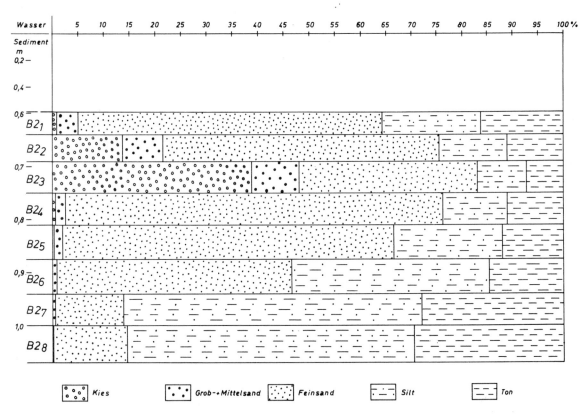

Abb. 22: Korngrößenverteilung im oberen Bereich von Kern B, Havel.

Anteile an organischer Substanz, Holzkohle und Steinkohle sind nicht berücksichtigt.

Daß die Störung des Sedimentgefüges durch die Munitionssuche nur die oberen Dezimeter erreicht hat, belegt die Abnahme des anthropogenen Eintrages (Abb. 23). Die Sande unterhalb 1 m Sedimenttiefe stammen vermutlich aus dem Eintrag mineralischen Materials infolge der agrarischen Nutzung und Entwaldung in der Uferregion und im näheren Einzugsgebiet.

Der in vorgeschichtlicher Zeit, etwa ab 8,8 m Sedimentmächtigkeit (ca. 5600 b.p.) festgestellte Sandgehalt von über 1 % weist indes auf höhere Fließgeschwindigkeiten und eine gegenüber dem Tegeler See deutlich geringere Verweildauer des Wassers hin. Wie der Aufbau des Spreedeltas längs einer Folge von Bohrungen südlich von Spandau zeigt (PACHUR & RÖPER 1984: Abb. 3 und 9), wurden von der Spree seit dem Beginn des Holozän bis zu 12 m mächtige sandige Sedimente abgelagert, deren feinkörnige Anteile talab in den Seesedimenten auftreten. Der Feinsandgehalt nimmt im Tiefenmeter 8,80 von 1,6 % auf ca. 0,46 % ab. Wir nehmen an, daß zu diesem Zeitpunkt der überwiegend durch stagnierendes Wasser geprägte See durch eine Entwicklungsphase mit höheren Fließgeschwindigkeiten und kürzerer Verweilzeit des Wassers abgelöst wurde.

Die rasterelektronenmikroskopische Durchsicht aller Kornfraktionen enthüllt, daß die Sedimentpartikel überwiegend aus Diatomeenvalven, Karbonat-, Phosphat- und Eisenhydroxidinkrustationen (vgl. 4.4.6) von Diatomeenbruchstücken (Abb. 24 und 25) neben Quarz-, Feldspat- und Calcitkörnern bestehen. Die Korngrößenfraktionierung ist besonders hinsichtlich der Menge an Diatomeen problematisch (vgl. 3.3.2.6), insofern stellen die Korngrößen der Mudden eine konventionelle Größe dar.

Stratenweise bilden - z.B. im Krienicke - die Limnite eine Diatomeenmudde (Abb. 26).

Die Gurtbänder der Diatomeen spleißen zu faserartigen Gebilden auf, die in Form und Größe den Mineralfasern des Asbests ähneln und aufgrund ihrer Größe lungengängig sein können. Da der Diatomeendetritus sowohl hinsichtlich seines Chemismus wie der Textur asbestfaserähnlich ist, bleibt zu prüfen, ob eine offene Deponierung ein mögliches Gefährdungspotential darstellt. Die geringen Schwermetallgehalte dieser Sedimentabschnitte würden dem nicht entgegenstehen. Andererseits muß betont werden, daß der Mensch wahrscheinlich im Laufe der Evolution eine gewisse Adaption an den Kieselalgenstaub entwickelt hat. So weisen GEISSLER & GERLOFF (1966) und FOGED (1982) u.a. an im Jahre 1460 verstorbenen Grönländern in den Organen des großen Kreislaufes Diatomeenvalven nach. Sogar ein diaplazentaler Übergang in den menschlichen Fötus ist anzunehmen. Ungeklärt bleibt dagegen, wie sich eine stärkere Deponierung von Valven in den Organen infolge besonderer Exponierung, wie sie bei einer Aufhaldung der Schlämme unter subaerischen Bedingungen zu befürchten wäre, physiologisch auswirkt.

Obwohl die untersuchten Kerne der Havel und des Tegeler Sees aus seenartigen Erweiterungen der Havel stammen, ist ihre Sedimentcharakteristik verschieden und nähert sich hinsichtlich des Calcitgehaltes erst in der über 8000 Jahre zurückliegenden Seengeschichte. In der Gegenwart ist durch die anthropogen verursachte Überdüngung der Gewässer eine Sapropelbildung kennzeichnend.

Das Beispiel beweist, daß die Variationsbreite der limnischen Sedimentationssysteme erheblich ist und der mittlere Zustand nur durch ein enges Probenraster beschrieben werden kann.

4.4 Chemische und mineralogische Charakterisierung der Sedimente

Die Ausführungen in den Kap. 4.4.1 bis 4.4.9 beziehen sich in erster Linie auf den Kern B aus der Havel und den Tegeler See, da hier sowohl das Spektrum der ermittelten Sedimentparameter als auch die Datendichte am größten sind, und außerdem im Tegeler See eine kontinuierliche Abfolge der gesamten nacheiszeitlichen limnischen Sedimente vorhanden ist. Ergänzend werden Befunde aus anderen Seen, die zum Teil in Zusammenarbeit mit J. SCHMIDT gewonnen wurden, aufgeführt.

4.4.1 Der Wassergehalt

Der Wassergehalt der Sedimente des Kern B (Abb. 27) liegt im Teufenbereich von 1 bis

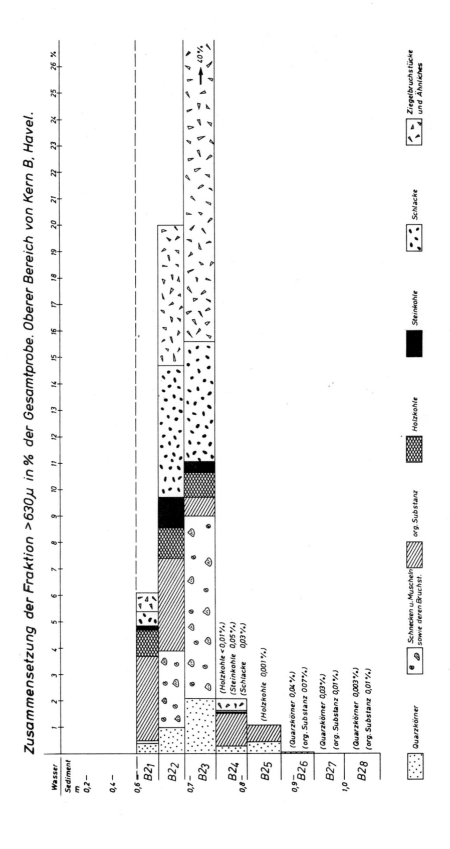

Abb. 23: Die oberen Dezimeter der Havelsedimente enthalten im Kern B anthopogen eingebrachtes Material. Dargestellt ist die Zusammensetzung der Fraktion > 630 μ in % der Gesamtprobe.

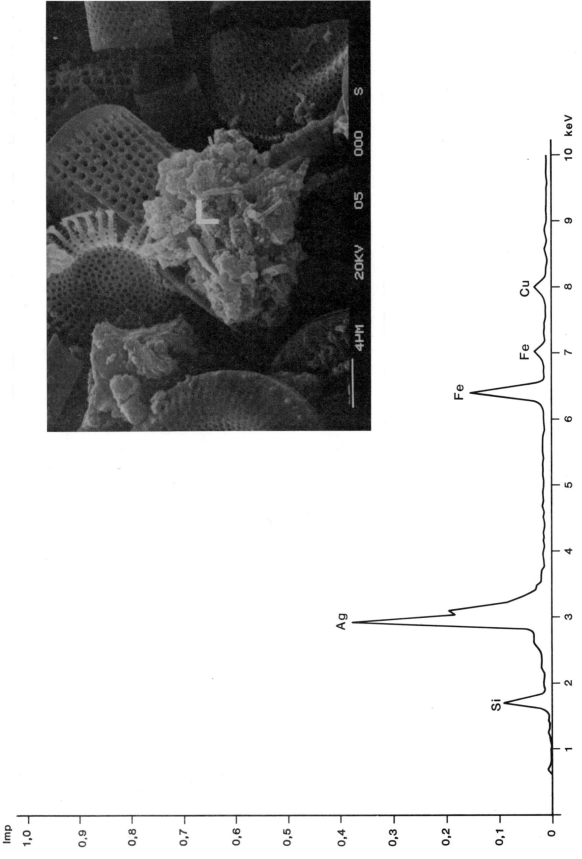

Abb. 24: REM-Foto von Diatomeenvalven (Melosira granulata; Stephanodiscus astraca) und Aggregatkörner, die im wesentlichen aus Fe-Verbindungen (Siderit und Fe-Oxide/Hydroxide, vgl. 4.4.6) und Diatomeenbruchstücken bestehen. Diagramm der energiedispersen Röntgenmikroanalyse zeigt die Elementverteilung an der markierten Stelle des Aggregats (Probe ist Ag-beschichtet). Fraktion 6,3 - 20 µ der H_2O_2-behandelten Probe B 9-2. Diatomeenmudde der Havel aus 9,2 m.

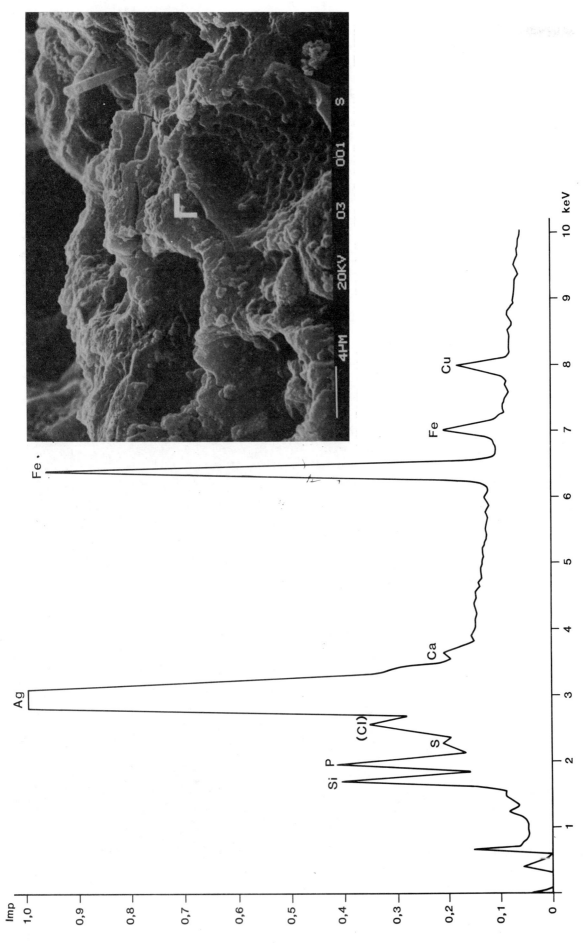

Abb. 25: REM-Foto eines Aggregats; es besteht aus Diatomeenvalven, die im wesentlichen durch Fe-Verbindungen (Phosphate, Sulfide sowie Oxide/Hydroxide, vgl. 4.4.6) miteinander verkittet und überkrustet sind. Siderit ist in dieser Probe röntgenographisch nicht nachweisbar. Diagramm der energiedispersen Röntgenmikroanalyse zeigt die Elmentverteilung an der markierten Stelle (Probe ist Ag-beschichtet). Fraktion 20- 63 μ der H_2O_2-behandelten Probe B 3-1, Kern B, Havel.

10 m im Mittel bei 80,0 % (76,8 bis 84,6 %), geht im Bereich von 12,40 bis 13,60 m auf einen Mittelwert von 77,6 % (75,4 bis 79,8 %) zurück, und liegt bei einer Teufe von 17,0 bis 17,5 m bei 75,6 % (75,4 bis 75,8 %). Die Abnahme der Mittelwerte von 80,0 auf 75,6 % ist auf die Kompaktion des Sedimentmaterials zurückzuführen. Sie ist jedoch geringer als beim Tegeler See (vgl. Abb. 27 und Abb. 28). Dies ist durch die höheren Gehalte an organischer Substanz und Diatomeen im Havelsediment zu erklären.

Die starke Abnahme des Wassergehaltes im Bereich der Proben B 2-8 bis B 2-4 von 77,1 % auf 43,4 % beruht auf der Zunahme des Sandgehaltes von < 15 % auf über 75 % (Abb. 22), verbunden mit einer starken Abnahme der organischen Substanz und Diatomeen (vgl. Abb. 27).

Beim Tegeler See beträgt der Wassergehalt des Faulschlamms unterhalb der Grenzzone Wasser/Sediment 86 % (BLUME et al. 1979). Die von der Bohrung erfaßten Sedimente setzen unterhalb des Faulschlamms in einer Tiefe von etwa 2 m mit Wassergehalten von annähernd 80 % (T1-3: 78,3 %) ein. Mit zunehmender Teufe sinken die Wassergehalte nahezu kontinuierlich und ohne ersichtliche Abhängigkeit vom Sandgehalt auf 56 % in 20,5 m Tiefe ab (vgl. Abb. 28). Die organische Substanz nimmt mit zunehmender Teufe ebenfalls ab (org. C-Gehalte von 7 bis 8 % auf 4,2 %). Obwohl die Abnahme der organischen Substanz zur Erniedrigung der Wassergehalte im Sediment beiträgt, ist dieser Effekt in erster Linie auf die Kompaktion des Sedimentmaterials zurückzuführen.

Unterhalb 20,5 m liegen die Wassergehalte im Mittel bei 58,9 % (56,0 bis 61,0 %), wahrscheinlich ist in diesem Bereich ein vorläufiger Endzustand in der Kompaktion des Sedimentmaterials erreicht.

Abb. 26: REM-Fotos einer Diatomeenmudde (u.a. Synedra; Cyclotella; Melosira) aus dem Krienicke See bei Spandau. Probe aus 22 m Sedimenttiefe.

Sowohl bei den weiteren Proben aus der Havel als auch bei den Seen des Grunewaldes liegen die Wassergehalte der limnischen Sedimente in der gleichen Größenordnung. Sie können in Nähe des aktuellen Sediment-Tops (bei Kern B und Tegeler See ist dieser Bereich nicht erfaßt) mehr als 90 % erreichen. Die höchsten Wassergehalte wurden in der Detritusmudde des Pechsees mit max. 97,7 % ermittelt. In allen untersuchten Kernen ist die Kompaktion des Sedimentes durch abnehmende Wassergehalte zur Teufe hin abzulesen. Starke Schwankungen, wie sie z.B. bei der Bohrung KL1 (Krumme Lanke 1) im Teufenbereich 5 bis 6,5 m auftreten, sind auf unterschiedliche Sandgehalte der Mudden zurückzuführen (Tab. 9).

Tab. 9: Wassergehalt, Glühverlust sowie organischer und anorganischer Kohlenstoff im Kern KL 1 (Krumme Lanke).
Kernentnahme: J. SCHMIDT,
Messungen: LADWIG, SCHMIDT.

Probe	Teufe Sed.Top (m)	Wassergehalt (%)	Glühverlust (%)	$C_{org.}$ (%)	$C_{anorg.}$ (%)
KL 1 G1	0,05	76,1	34,3	10,17	0,78
KL 1 G2	0,15	77,0	33,1	18,55	2,20
KL 1 G3	0,25	76,3	32,1	18,37	2,46
KL 1 G4	0,30	74,0	34,2	17,14	2,17
KL 1 G5	0,40	81,1	43,1	24,79	0,42
KL 1.1	4,00	93,4	-	26,22	5,01
KL 1.2	4,20	92,7	-	24,65	5,44
KL 1.3	4,35	91,2	-	19,76	6,86
KL 1,4	4,60	91,8	-	25,19	5,52
KL 1.5	4,80	90,8	-	31,38	3,78
KL 1.6	5,10	83,2	-	31,60	1,12
KL 1.7	5,40	72,8	-	13,83	-
KL 1.8	4,85	86,6	-	29,18	3,31
KL 1.9	5,05	87,2	-	34,24	2,55
KL 1.10	5,30	83,7	-	30,48	1,17
KL 1.11	5.45	66,2	-	8,92	-
KL 1.12	5,50	68,2	-	7,95	5,76
KL 1.13	5,55	65,3	-	6,78	6,39
KL 1.14	5,65	75,6	-	5,71	1,92
KL 1.15	5,70	Laacher Bimstuff			
KL 1.16	5,75	54,1	-	5,48	8,71
KL 1.17	5,85	54,8	-	6,32	7,15
KL 1.18	6,05	38,8	-	2,26	2,96
KL 1.19	6,25	24,9	-	0,54	0,85
KL 1.20	6,35	56,4	-	4,27	5,01
KL 1.21	6,45	-	-	-	-
KL 1.22	6,55	51,6	-	3,63	5,78
KL 1.23	6,70	-	-	-	-
KL 1.24	6,90	-	-	-	-
KL 1.25	7,20	-	-	-	-
KL 1.26	7,50	-	-	-	-

4.4.2 Der Chlorid-Gehalt des Interstitialwassers

Die Bestimmung der Chlorid-Konzentration am Interstitialwasser der Mudden des Tegeler Sees ergab die höchsten Werte im Kernbereich T1- und T2- (T1-1 bis T1-3 65,9 bis 31,2 $mgCL^-/l$; T2 1/2 64,5 $mgCl^-/l$). Wie schon die Kernentnahme zeigte, sind beide Kernstücke durch die technischen Gegebenheiten der Kernentnahme in unterschiedlich starkem Maße mit Wasser des Hypolimnions in Berührung gekommen. Nach den Gewässerkundlichen Jahresberichten des Landes Berlin (1979) weist das Seewasser während der Sommerhalbjahre im Mittel eine Chlorid-Konzentration von 66 mg/l (1966 bis 1975) bzw. 69 mg/l (1975 bis 1979) auf; Werte, die bei den Proben T1-1 und T2-1/2 nahezu erreicht sind. Untersuchungen über die Chlorid-Konzentrationen sowohl im Epilimnion als auch im Hypolimnion des Tegeler Sees im Zeitraum Dez. 1971 bis Februar 1973 (RÖPER 1985) zeigten jedoch, daß die Chlorid-Konzentration im Hypolimnion im Mittel um etwa 19 % höher (Mittelwert 84,2 mg/l) als im Epilimnion (Mittelwert 70,5 mg/l) liegt; die mittlere Chlorid-Konzentration im Interstitialwasser des Faulschlamms beträgt 78,0 mg/l. Diese relativ hohen Chlorid-Konzentrationen sowohl im Seewasser als auch im Faulschlamm sind auf die Zuflüsse aus dem Tegeler Fließ und dem Nordgraben mit Rieselfeldabflüssen aus dem Norden Berlins, Straßenabläufen und Verklappung von Schneematsch im Tegeler Hafen zurückzuführen. Die Zunahme der Chlorid-Konzentration von 13,7 mg/l in 4,75 m (T4-2) Tiefe auf 21,8 mg/l (T3-2) (Abb. 28) in der ungestörten Sedimentsäule markiert wahrscheinlich den beginnenden Anstieg zur gegenwärtigen Chlorid-Konzentration am Seegrund.

In 4,75 m bis 16,80 m Tiefe liegen die Chlorid-Konzentrationen im Mittel bei 12,8 mg/l (11,8 bis 14,4 mg/l). Dieser Wert repräsentiert möglicherweise die natürliche Chlorid-Konzentration des Interstitialwassers. In größerer Tiefe steigen die Chlorid-Gehalte auf 18,7 mg/l (T24-3 in 25,8 m Tiefe). Die Werte sind so klein und gleichmäßig verteilt, daß eine Migration aus dem Oberflächenwasser in diese Teufe unwahrscheinlich erscheint.

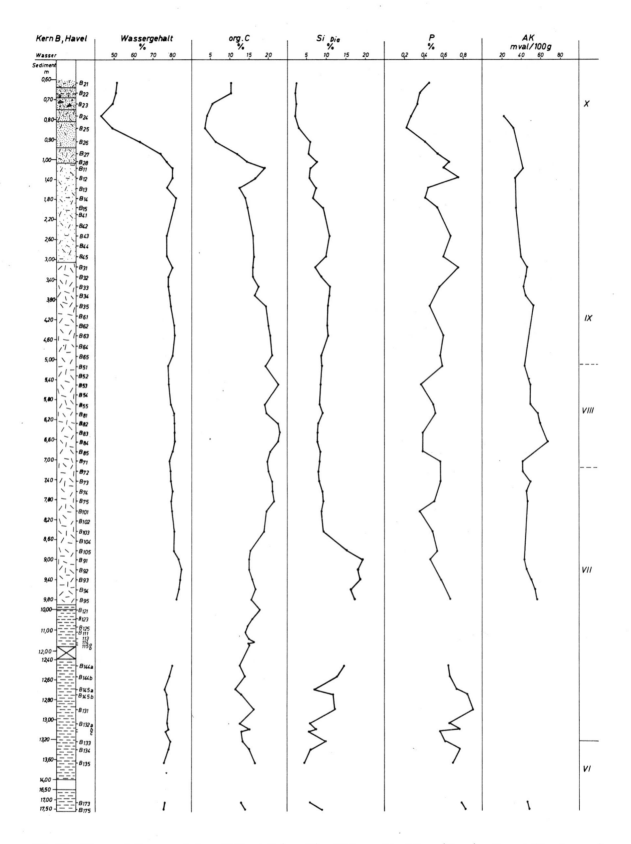

Abb. 27: Wassergehalt, organischer Kohlenstoff (org. C), Diatomeenkieselsäure (Si_{Dia}), Gesamt-Phosphor und Austauschkapazität im Kern B, Havel.

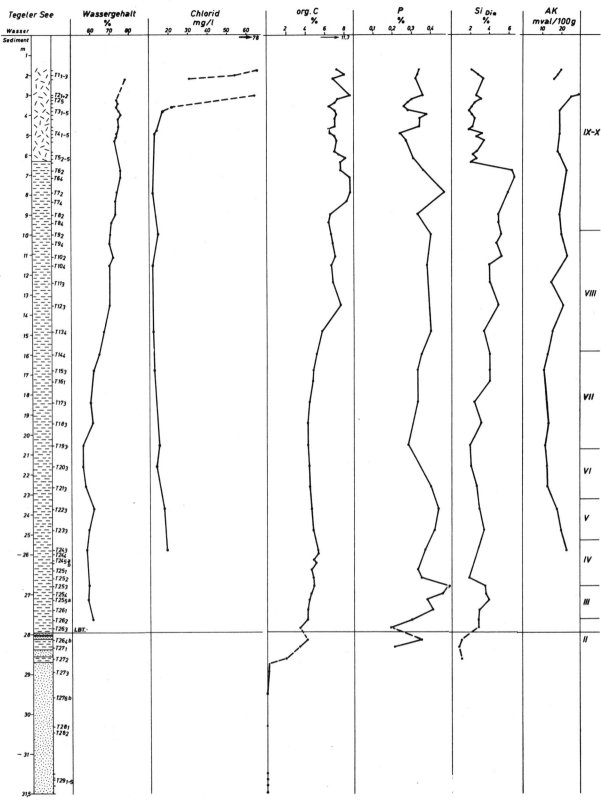

Abb. 28: Wassergehalt, Chlorid-Konzentration des Interstitialwassers, organischer Kohlenstoff (org. C) der Trockensubstanz und Gesamt-Phosphor, Diatomeenkieselsäure (Si_{Dia}), sowie Austauschkapazität im Kern T, Tegeler See.

LBT = Laacher Bimstuff

Das Interstitialwasser des Kern B weist im Bereich von 9,2 bis 3,4 m einen mittleren Chlorid-Gehalt von 16 mg/l (8 bis 21 mg/l) auf. Oberhalb von 3,4 m Sedimenttiefe sind die Chlorid-Gehalte mit 26 mg/l im Mittel (22 bis 42 mg/l) merklich erhöht und erreichen in 0,88 m Tiefe 71 mg/l (Interstitialwasserprobe B2-5/B2-6). Auch hier wird durch die Zunahme der Chlorid-Gehalte der anthropogene Einfluß auf das Interstitialwasser des oberen Sedimentbereiches angezeigt.

4.4.3 Der organische Kohlenstoff

Niedrige org. C-Gehalte wurden im Kern B (Havel) mit weniger als 5 % im obersten Kernbereich angetroffen (Abb. 27), die im wesentlichen auf der verdünnenden Wirkung der hohen Sandgehalte in diesem Sedimentabschnitt (Abb. 22) beruhen. Die Zunahme der org. C-Gehalte von Probe B2-4 an ist trotz hoher Sand- und Kiesanteile durch den anthropogenen Eintrag von Steinkohle, Holzkohle und kohlenstoffhaltigen Schlacken (Abb. 23) zu erklären.

Mit zunehmender Teufe steigen die org. C-Gehalte von 3,64 % (B2-5 0,84 m Tiefe) auf einen vorläufigen Höchstwert von 18,93 % (38 % organische Substanz) in 1,2 m Tiefe (B1-1) an, während parallel die Sandgehalte auf weniger als 15 % zurückgehen.

Im Teufenbereich von 1,2 bis 1,6 m nehmen die org. C-Gehalte auf 12,36 % ab (Sandgehalte noch ungefähr gleichbleibend), um dann kontinuierlich mit zunehmender Teufe auf den Maximalwert von 22,83 % (46 % organische Substanz, Probe B8-3) anzusteigen (Abb. 27). Unterhalb von 6,45 m (B8-3) sind die org. C-Gehalte zunächst etwas niedriger und im Bereich von 8,43 m bis 8,82 m ist eine deutliche Abnahme von 19,14 % auf 15,34 % festzustellen.

Der Bereich erhöhter Karbonatgehalte (12,73 bis 13,74 m Tiefe) (Abb. 29) weist org. C-Gehalte im Mittel von 13,90 % (12,44 bis 16,55 %) auf und die org. C-Gehalte der Proben B17-3 und B17-5 liegen in ähnlicher Höhe (12,86 % und 14,0 %).

Im Vergleich zum Havelsediment weisen die Mudden des Tegeler Sees erheblich niedrigere org. C-Gehalte (3,36 % bis 8,56 %, T26-3 bzw. T6-4) auf. Dies ist in erster Linie auf die im Alleröd verstärkt einsetzende Karbonatausfällung zurückzuführen. Über den gesamten Teufenbereich bis 26 m Tiefe zeigt der org. C-Gehalt annähernd einen gegensätzlichen Verlauf zum Karbonat (CO_3)-Gehalt (Abb. 28 und 30).

Der org. C-Gehalt steigt im Teufenbereich von 3,4 m bis 7,2 m auf 8,56 % an, geht anschließend mit zunehmender Teufe bis auf 6,39 % (T8-4) zurück, nimmt dann nochmals ziemlich kontinuierlich bis auf 7,66 % in 13,5 m Tiefe (T22-3) zu, um danach schließlich bis auf 4,18 % (T18-3 in 19,5 m Tiefe) abzufallen (Abb. 28). In größerer Tiefe ist nochmals ein leichter Anstieg der Werte bis auf 5,3 % im Bereich der Proben T24-3 und T24-4 festzustellen. Von 26 bis 28 m nehmen die org. C-Gehalte von 5,3 % auf 3,4 % (T26-3) ab, eine Beziehung zu anderen Sedimentkomponenten ist nicht zu erkennen. Der niedrige org. C-Gehalt der Probe T27-2 beruht auf der erhöhten Sandkomponente in diesem Kernabschnitt (sandhaltige Mudde).

Die bei weitem höchsten org. C-Gehalte mit z.T. über 49 % wurden erwartungsgemäß an den Detritusmudden des Pechsees und Teufelssees ermittelt. Generell zeigt sich bei allen untersuchten Kernen, daß große Änderungen im org. C-Gehalt der Mudden durch starke Unterschiede im Karbonatgehalt und/oder im Gehalt an detritischem, silikatischem Material begründet sind.

Die Kalkmudden aus der Krummen Lanke mit Kalkgehalten von > 70 % (Kern KL2; anorg. C-Gehalte > 8,4 %) (Tab. 10) weisen z.B. org. C-Gehalte auf, die in der gleichen Größenordnung wie beim Tegeler See liegen. Andererseits sind die Mudden im Kern KL1 (Krumme Lanke 1) im entsprechenden Zeitabschnitt IV bis VI durch erheblich höhere Gehalte an org. C (bis zu 34,24 %, Tab. 9) ausgezeichnet (Abb. 31 und 32). Dieser Unterschied ist durch die Lage der beiden Kerne zu erklären.

Kern KL1 stammt aus dem nordöstlichen Seebecken in der Nähe des Zuflusses aus dem Riemeisterfenn. Daher ist hier mit einem zusätzlichen detritischen Eintrag an organischer Substanz zu rechnen. Obwohl zu diesem

Tab. 10: Geochemische Daten Krumme Lanke (Kern KL 2).
W.A. = Waldgeschichtliche Abschnitte nach FIRBAS/IVERSEN (det. BRANDE). Kernentnahme: J. SCHMIDT; Analysen: LADWIG, J. SCHMIDT.

Probe Nr.	Teufe Sed. Top (m)	W.A.	Wasser-gehalt (%)	org. C (%)	Ges. P (mg/kg)	anorg. C (%)	Ca (g/kg)	Mg (g/kg)	Fe (g/kg)	Mn (mg/kg)	Fe/Mn	Zn (mg/kg)	Cd (mg/kg)	Cu (mg/kg)	Pb (mg/kg)	S (%)
KL 2G1/18A	0,12		95,4	19,66	1472	3,01	155,5	2,27	13,02	335	38,9	575	2,09	85,3	273	—
KL 2G2/18B	0,46	X	95,7	19,32	1409	3,02	115,0	2,12	12,61	353	35,7	552	2,04	81,9	245	1,07
KL 2G3/18C	0,71		88,0	19,85	1229	3,53	130,0	2,15	13,94	332	42,0	913	2,78	99,8	325	—
KL 2G4/18D	0,93		86,5	14,56	683	2,95	108,5	1,21	6,52	201	32,4	179	0,66	16,9	47,7	0,61
KL 2.1a	3,75		72,6	9,90	247	9,40	340,0	1,37	0,85	209	4,1	11,6				
KL 2.1b	3,80		71,6	8,60	260	9,20	355,0	1,54	0,51	296	1,7	8,8	0 = Bl	< 2,0	< Bl	0,07
KL 2.1c	3,85	VI	73,6	10,30	193	8,80	340,0	1,39	0,54	303	1,8	8,8				
KL 2.2a	3,95		72,5	7,70	172	8,40	359,0	1,38	0,48	293	1,7	8,7				
KL 2.2b	4,00		66,4	5,70	125	10,20	384,0	1,61	0,94	359	2,6	8,3	0 = Bl	< 2,0	< Bl	0,10
KL 2.2c	4,05		68,5	6,20	154	10,50	373,0	1,76	2,42	482	5,0	9,4				
KL 2.3a	4,15		64,9	5,60	137	10,10	372,0	1,62	1,30	375	3,5	10,4				
KL 2.3b	4,20	V	64,8	5,20	263	10,60	370,0	1,65	1,41	408	3,5	11,4	0 = Bl	< 2,0	< Bl	0,09
KL 2.3c	4,25		61,1	4,70	164	10,40	382,0	1,96	1,53	443	3,4	11,6				
KL 2.4a	4,30		62,2	5,50	158	9,70	360,0	2,10	3,00	488	6,2	13,2				
KL 2.4b	4,35	IV	60,3	4,40	277	10,80	360,0	1,91	3,81	513	7,4	12,9	0 = Bl	< 2,0	< Bl	0,52
KL 2.4c	4,40		63,7	6,50	517	9,80	341,0	1,71	5,04	484	10,4	19,6				
KL 2.5a	4,45		68,1	11,00	509	6,20	227,0	3,03	11,19	420	20,6	46,5	0 = Bl	7,3	—	1,05
KL 2.5b	4,50	III	56,7	7,00	295	6,50	304,0	2,81	7,75	541	14,3	27,6		5,0	—	0,65
KL 2.5c	4,55		59,1	4,80	631	9,90	344,0	2,40	4,44	484	9,2	19,8	—	< 2,0		0,45
KL 2.6a	4,85		71,5	12,20	274	6,90	260,0	2,37	11,45	293	39,1	34,7		3,7	2,2	1,37
KL 2.6b	4,90	II	50,0	5,60	334	8,40	268,0	3,02	11,51	454	25,4	32,7	0 < Bl	3,3	3,2	1,09
KL 2.6c	4,95		56,7	6,40	316	7,20	310,0	2,47	8,53	470	18,1	25,5		< 2,0	1,8	0,86
KL 2.7a	5,05		45,2	3,00	682	7,20	247,0	2,13	15,72	655	24,0	24,5		< 2,0	2,0	1,69
KL 2.7b	5,10		38,6	2,70	502	8,80	306,0	2,08	21,48	856	25,1	14,3	0 < Bl	= Bl	1,5	2,40
KL 2.7c	5,15		30,2	2,20	316	5,60	187,0	1,63	25,09	528	47,5	13,2	0 < Bl	= Bl	1,5	2,95
KL 2.8	5,25	I	22,1	1,00	153	0,40	9,40	1,34	26,84	266	101	17,2	0 < Bl	4,7	3,4	2,60
KL 2.9	5,30		20,1	1,10	154	0,50	14,70	1,11	45,25	561	80,7	17,5	0 < Bl	< 2,0	2,4	3,81
KL 2.10	5,35		21,6	0,30	137	0,40	11,40	0,72	11,33	173	65,5	17,3	0 < Bl	2,8	2,1	0,84
KL 2.11	5,45		14,3	0,10	67	0,20	6,27	0,47	5,40	64,3	84,0	10,5	0,12	< 2,0	2,1	0,35
KL 2.12a	5,55		17,2	0,10	131	0,20	8,17	0,72	4,97	84,4	58,9	11,7	0,10	< 2,0	2,8	0,24
KL 2.12b	5,60		21,5	0,60	125	0,20	6,80	0,78	14,61	105	139	25,0	0,10	< 2,0	2,4	1,04

Anm.: Bl = Blindwert

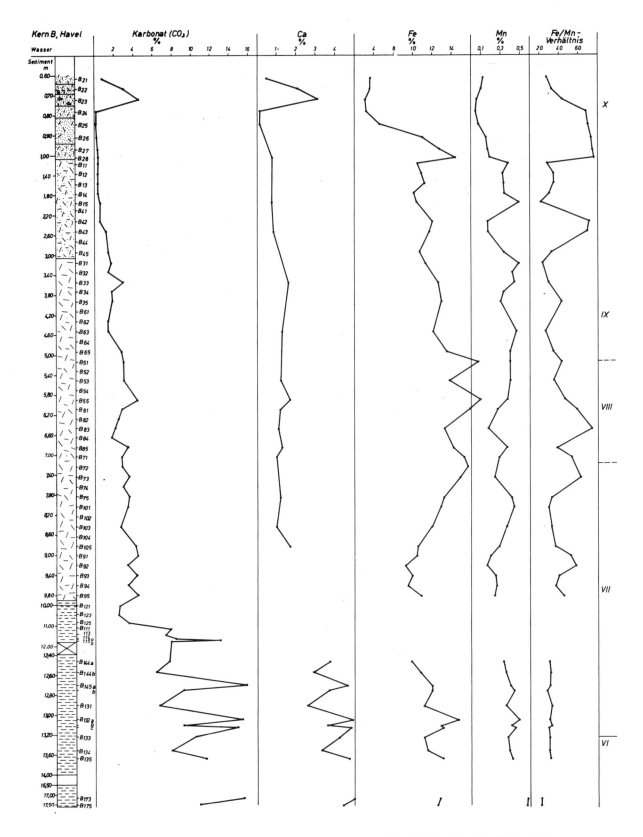

Abb. 29: Karbonat (CO$_3$)-Gehalt, Ca-, Fe-, Mn-Konzentrationen und Fe/Mn-Verhältnis im Kern B, Havel.

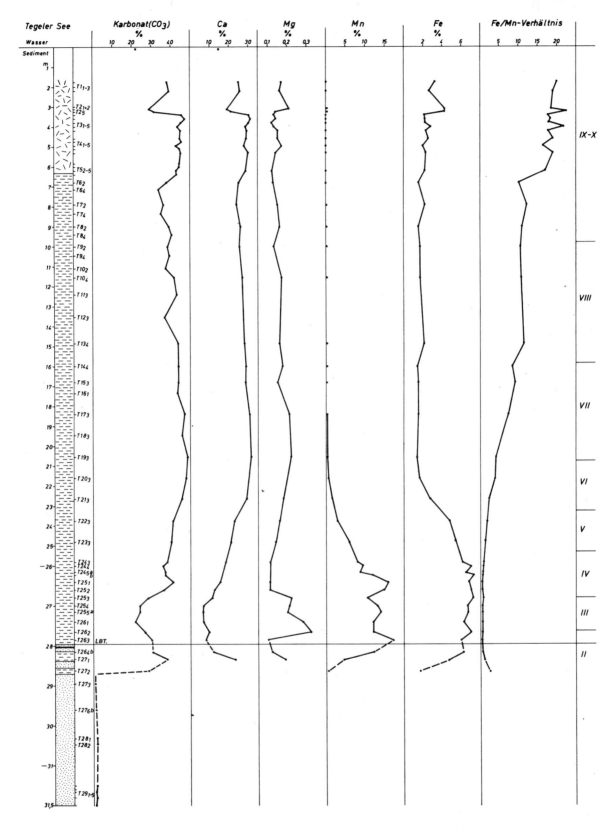

Abb. 30: Karbonat (CO$_3$)-Gehalt, Ca-, Mg, Mn-, Fe-Konzentrationen und Fe/Mn-Verhältnise im Kern T, Tegeler See.
LBT = Laacher Bimstuff

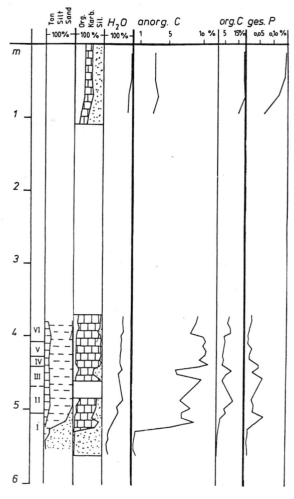

Abb. 31: Sedimentzusammensetzung, sowie anorg. C-, org. C und P-Gehalte im Kern Kl 2, Krumme Lanke.

Ton-, Silt- und Sand-Gehalte sind auf das org. C-freie Sedimentmaterial bezogen (aus: PACHUR & SCHMIDT 1985).

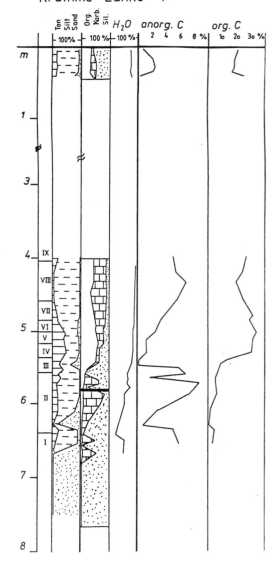

Abb. 32: Sedimentzusammensetzung, sowie anorg. C- und org. C-Gehalte im Kern Kl 1, Krumme Lanke.

Ton-, Silt- und Sand-Gehalte sind auf das org. C-freie Sedimentmaterial bezogen (aus: PACHUR & SCHMIDT 1985).

Zeitpunkt noch keine Vermoorung des Langen Luchs und des Riemeisterfenns vorlag, dürfte die Produktion an organischer Substanz jedoch wirksam gewesen sein und abgestorbenes detritisches Material zusätzlich dem nordöstlichen Seebecken der Krummen Lanke zugeführt worden sein. Kern KL2 wurde aus der Übergangszone zum südlichen Seebecken in Schwellenposition gezogen.

Die oberen 45 cm der Gefrierkerne von KL1 und KL2 zeigen zwar nahezu gleiche org. C-Gehalte (KL1 Mittelwert 19,8 %, KL2 Mittelwert 19,5 %), jedoch ist bei KL1 der anthropogen bedingte Eintrag an silikatischem Material deutlich höher. Er wirkt verdünnend auf den Gehalt an organischer Substanz.

4.4.4 Die Diatomeenkieselsäure (Si_{Dia}-Gehalte)

Rückstands- und Si_{Dia}-Bestimmungen (vgl. 3.2.2.3) an der Kieselgur von Oberohe ergaben, daß der Faktor zur Umrechnung der ermittelten Si_{Dia}-Werte auf Diatomeengehalt 2,43 beträgt und die amorphe Kieselsäure der Diatomeen einen Wassergehalt von etwa 12 % besitzt. Um für die untersuchten Sedimente der Havel und des Tegeler Sees den Gehalt an Diatomeen näherungsweise bestimmen zu können, wurde der Faktor 2,43 verwendet, ohne daß unterschiedliche Wassergehalte der amorphen Kieselsäure infolge Alterung und die Erhöhung der Si-Werte durch Anlösung von Quarz und Silikaten berücksichtigt wurden (vgl. 3.2.2.3).

Im Havelsediment geht der Si_{Dia}-Gehalt im Bereich erhöhter Sandgehalte (< 14 %) von 9,8 % (24 % Diatomeen) in 2 m Tiefe bis auf 3,0 % (7 % Diatomeen, Probe B2-5) in 0,85 m Tiefe zurück (Abb. 27), obwohl in der Sedimentzone der Proben B2-6 und B2-5 die Sandgehalte bis auf über 60 % ansteigen. Die relativ konstanten und verhältnismäßig hohen Si_{Dia}-Werte von 2,0 bis 2,4 % im obersten Kernabschnitt (Proben B2-4 bis B2-1) beruhen im wesentlichen auf der Anlösung der im > 63 μ -Material vorhandenen Schlacken und der Silikate, zumal die mikroskopische Durchsicht im Vergleich zu den übrigen Proben geringe Diatomeengehalte ergab.

Der Teufenbereich von 2,21 m bis 8,53 m weist relativ konstante Si_{Dia}-Werte auf, die im Mittel bei 9,6 % ((7,8) 8,3 bis 11,6 %) entsprechend 23 % ((19) 20 bis 28 %) Diatomeen liegen. Unterhalb von 8,53 m ist ein Anstieg der Si_{Dia}-Gehalte innerhalb weniger dm auf nahezu das Doppelte zu verzeichnen (Abb. 27). Die anschließende Sedimentzone von 8,73 bis 9,91 m enthält im Mittel 43 % (37 bis 48 %) Diatomeen. Nach Oxidation der organischen Substanz mit H_2O_2 gleicht das Sediment reiner Diatomeenerde (Abb. 33).

Die Si_{Dia}-Gehalte der Mudden des Tegeler Sees mit 1,8 bis 6,6 % sind gegenüber den Havelsedimenten niedriger, bedingt durch die verdünnende Wirkung der biogenen Kalkausfällung.

Oberhalb der sprunghaften Konzentrationsabnahme in 6,6 m Tiefe liegen die Si_{Dia}-Gehalte des Tegeler See Sediments im Mittel bei 2,5 % (1,8 bis 3,4 %) und weisen keinen Bezug zu anderen Sedimentkomponenten auf (Abb. 28). Nach Erreichen der Höchstkonzentration von 6,6 % (16 % Diatomeen) gehen die Si_{Dia}-Gehalte mit zunehmender Teufe auf 1,9 % (T19-3, 22,5 m Tiefe) zurück und steigen anschließend bis T23-3 (24,8 m Tiefe) auf

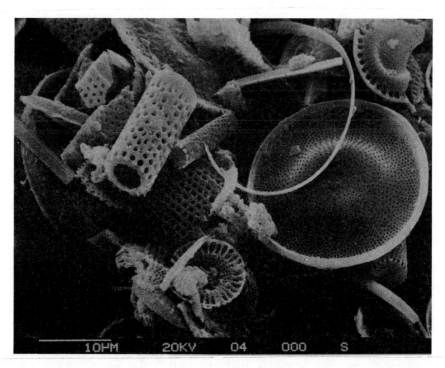

Abb. 33: REM-Foto: Diatomeenvalven und einzelne Aggregatkörner (vgl. Abb. 24 und 25). Fraktion 6,3 - 20 μ der H_2O_2-behandelten Probe B 9-1. Diatomeenmudde der Havel aus 9 m Tiefe, Kern B.

3,4 % an. In Nähe der Kernbasis zeigt die Si_{Dia}-Kurve einen unregelmäßigen Verlauf, möglicherweise in Abhängigkeit von der Einschichtung von Silikaten, die diffus und an Straten gebunden vorkommen (vgl. Tab. 8 und das Bohrprofil Abb. 12A im Anhang). Ferner überstreicht der Kernabschnitt eine Phase stark wechselnden Klimas und differierender Sedimentationsbedingungen, die die Bioproduktion beeinflußten.

4.4.5 Der Phosphorgehalt der Sedimente

Die im Kern B aus der Unterhavel aufgeschlossenen Sedimente besitzen (von der Sedimentzone oberhalb 1,1 m abgesehen) bis zur Teufe von 9,8 m einen mittleren P-Gehalt von 0,54 % (0,37 bis 0,75 %) und von 0,73 % (0,57 bis 0,91 %) im Abschnitt von 12,5 m bis 17,5 m. Dagegen liegt der mittlere P-Gehalt der Mudden des Tegeler Sees bei 0,34 % (0,19 bis 0,49 %).

Beide Tiefenfunktionen des P-Gehaltes weisen keine strenge Parallelität zu den org. C-Gehalten auf (Abb. 27 und 28). Hierin kommt zum Ausdruck (vgl. Abb. 25), daß für den Phosphoreintrag in das Sediment nicht die organische Substanz allein verantwortlich ist, sondern auch Metalloxide, Hydroxide (insbesondere des Eisens, welches in der Unterhavel bis zu 17 % erreicht) durch Adsorption Phosphat dem Wasser entziehen (OHLE 1953) und außerdem durch die Kalkausfällung Phosphat mitpräzipitiert wird (OTSUKI & WETZEL 1972, ROSSKNECHT 1980). Sowohl während als auch nach der Sedimentation der Sinkstoffe erfolgte eine Phosphatfreisetzung durch den Abbau der organischen Substanz. Unter anaeroben Bedingungen an der Sedimentoberfläche und im Sediment wird Phosphat auch durch die Reduktion phosphathaltiger Eisen(III)verbindungen an das Interstitialwasser und freie Seewasser abgegeben (TESSENOW 1974), wo es insbesondere im Interstitialraum für die Bildung schwerlöslicher Eisen(II)- und Kalziumphosphate zur Verfügung steht. Nach Untersuchungen von BLUME et al. (1979) über die Bindungsformen des Phosphors in den jüngsten Sedimenten des Tegeler Sees (Sapropel aus der Seemitte) sind weniger als 10 % des Gesamtphosphors (0,65 % Phosphor in der Trockenmasse des Sediments,

org. C-Gehalt 11,3 %) an die organische Substanz, jedoch 40 % an Eisen und Aluminium, sowie 50 % an Kalzium gebunden.

Da die Mudden nur geringe Tonmineral-Gehalte besitzen, ist der PO_4-Eintrag in das Sediment durch Sorption an den Tonmineralen zu vernachlässigen.

Im allgemeinen wurden bei jedem See die höchsten Phosphorkonzentrationen in der obersten Sedimentzone ermittelt. Hierin kommt die anthropogen bedingte Gewässereutrophierung zum Ausdruck:

	P-Gehalte in der oberen Sediment-Zone	Gemittelte P-Gehalte tiefer liegender Mudden
Tegeler See	0,64 %*	0,34 %
Teufelssee	0,11 - 0,51 %	0,29 %
Schlachtensee	0,06 - 0,23 %	0,05 %
Krumme Lanke		
KL1	0,11 - 0,20 %	0,17 %
KL2	0,07 - 0,15 %	0,03 %
Pechsee	0,09 - 0,13 %	0,07 %

* nach BLUME et al. 1979

Die Mudden aus dem Krienicke See weisen ähnlich hohe Phosphorgehalte (Mittelwert 0,51 %, Extremwerte 0,25 und 0,75 %) wie der Kern aus der Unterhavel auf. Dagegen ist die Phosphorkonzentration in den Mudden des Schlachtensees, Pechsees und des Kern KL2 aus der Krummen Lanke - von der rezent anthropogen beeinflußten Sedimentzone abgesehen - niedriger (Kern KL2 0,031 % Phosphor, Mittelwert von 21 Proben; Schlachtensee 0,052 %, Mittelwert von 13 Proben; Pechsee 0,072 %, Mittelwert von 5 Proben). An den Mudden des Teufelssees wurden im Mittel 0,29 % Phosphor (11 Proben) und beim Kern KL1 aus dem nördlichen Seebecken der Krummen Lanke 0,17 % Phosphor (8 Proben) bestimmt.

Die Mudden vom Schlachtensee, Pechsee und dem Kern KL2 weisen außerdem im Mittel die niedrigsten Eisenkonzentrationen auf (Mittelwerte: Schlachtensee 1,00 % Fe, Pechsee 1,73 % Fe und KL2 0,66 % Fe). Unter Berücksichtigung der Schwefelgehalte ist anzunehmen, daß das Eisen in fast allen Fällen vollständig in sulfidischer Form gebunden vorliegt (vgl. 4.4.6). Im Vergleich zur Havel ist somit die Phosphorzufuhr zum Sediment durch PO_4-Sorption an Eisen(III)hydroxiden deutlich geringer. Außerdem ist anzunehmen, daß an der Sedimentoberfläche und im Sediment Eh- und pH-Bedingungen herrschten, bei denen das Eisen vollständig in Sulfide überführt und kein Fe(II)-Phosphat gebildet wurde. Nach NRIAGU (1972) ist im anoxischen environment die Bildung von Fe-Phosphat unwahrscheinlich bei relativ geringer HPO_4^{2-}-Aktivität und relativ hoher Sulfid-Aktivität im Porenwasser. - Allgemein ist festzustellen, daß der P-Gehalt des Sediments relativ hoch ist (z.B. Havel, Teufelssee), wenn die Sulfidschwefel-Eisenbilanz nicht sulfidisch gebundenes Eisen (> 1 %) aufweist (vgl. 4.4.6).

Der Phosphor liegt zu einem Teil in organischer Bindung, sowie als adsorptiv gebundener Phosphor (Phosphat) vor. Definierte Phosphate konnten bisher nur im Tegeler See (T14-3) und im Riemeister Fenn in Form des Vivianits aufgrund seiner blauen Farbe, die durch Oxidation des Eisens bei Zutritt von Luftsauerstoff entsteht, phänomenologisch nachgewiesen werden. Im Riemeister Fenn ist in der Nähe des Übergangs Seekreide/Torfmudde eine mehrere Zentimeter starke, vivianitreiche Zone ausgebildet, während in den tieferen Kernabschnitten Blaufärbung in Form stecknadelkopfgroßer Konkretionen beobachtet werden. Sowohl in der 1 cm mächtigen, vivianithaltigen Zone des Tegeler Sees (T14-3) wie im Riemeister Fenn konnte das Mineral auch röntgenographisch nachgewiesen werden.

Weitere Phosphatminerale konnten bisher in den älteren Mudden nicht nachgewiesen werden. Es ist jedoch zu vermuten, daß in den kalkreichen Mudden außerdem noch Kalziumphosphate (vgl. Abb. 33) auftreten. Einen entsprechenden Hinweis ergaben auch die an der Sapropelzone des Tegeler Sees vorgenommenen Untersuchungen von BLUME et al. (1979).

4.4.6 Eisen und Mangan

Die höchsten Fe-Konzentrationen weisen die Mudden der Havel auf. Im Kern B in der Unterhavel werden 17,0 % Fe und im Krienicke-Kern 18,7 % Fe erreicht (Tab. 11A und 12A im Anhang). Übertroffen werden diese Konzentrationen im Niederneuendorfer See. Nach AHRENS (1985) enthalten dort die Mudden des Präboreals bis zu 24,8 % Fe.

Während die Mudden normalerweise Mn-Gehalte unter 1 % besitzen, erreicht in den Basissedimenten des Tegeler Sees die Mangan-Konzentration bis zu 17,2 % Mn (Tab. 13A im Anhang).

Im oberen Abschnitt der Havelsedimente nimmt die Fe-Konzentration von 14,4 % auf unter 4 % ab (Abb. 29); hier macht sich der verdünnend wirkende Sandeintrag bemerkbar. Unterhalb der Probe B2-8 ist der Verlauf der Fe-Kurve sehr unregelmäßig. Sehr hohe Fe-Gehalte werden im Abschnitt von 5 bis 8 m erreicht (B5-1: 16,7 % Fe, B5-5: 17,0 % Fe und B7-2: 15,7 % Fe). Unterhalb von 8 m nimmt die Fe-Konzentration des Sediments ab, weist im Bereich erhöhten Diatomeengehalts (vgl. 4.4.4) Werte zwischen 9,2 und 10,5 % Fe auf und liegt im Bereich erhöhter Karbonat-(CO_3)-Gehalte (Abb. 29) zwischen 9,9 bis 14,7 %. Die Mn-Kurve bewegt sich in einem Konzentrationsbereich von 0,04 % (Probe B2-4) und 0,83 % (Probe B17-5) und zeigt ebenfalls einen sehr unregelmäßigen Verlauf, der nur abschnittsweise paralleles Verhalten zur Fe-Kurve aufweist (Abb. 29). Entsprechend unregelmäßig ist auch die Tiefenfunktion des Fe/Mn-Verhältnisses bis zu 9,80 m Tiefe, während von 12,73 m bis 13,74 m das Fe/Mn-Verhältnis bemerkenswert konstant ist (Abb. 29). - Im Tegeler See zeigt die Kurve des Fe/Mn-Verhältnisses, von kleinen Schwankungen in den oberen Metern abgesehen, eine kontinuierliche Abnahme mit der Teufe (Abb. 30) in Richtung zunehmender Fe- und überproportional steigernder Mn-Konzentration. Der ausgeprägte kontinuierliche Verlauf der Fe/Mn-Kurve ist darauf zurückzuführen, daß der Tegeler See nur durch seinen lokalen Zufluß (Tegeler Fließ) und sein unmittelbares Einzugsgebiet bestimmt war. Es ist anzunehmen, daß vor dem Spandauer Aufstau der Havel im 13. Jahrhundert der Einfluß der Havel im Zentralbereich des Tegeler Sees zu vernachlässigen ist.

Dagegen könnten im Seebecken der Unterhavel vor allem die Zuflüsse (Spree und Havel) kurzfristige Änderungen der Redox- und pH-Verhältnisse bewirkt haben. Am Ende des Atlantikum I und zu Beginn des Atlantikum II (ca. 6500 b.p.), d.h. von 12,73 m bis 13,74 m scheinen dagegen konstante Redox-Potentiale und pH-Werte das Fe/Mn-Verhältnis geprägt zu haben.

Im Havelsediment liegt nur ein Teil des Eisens in karbonatischer Bindung, nämlich als Siderit (vgl. 4.4.7), vor. Außerdem sind Eisensulfide vorhanden. In einzelnen Proben konnte Pyrit in Spuren röntgenographisch nachgewiesen werden. Eine Bilanzierung zeigt jedoch, daß außerdem noch beträchtliche Eisenmengen weder in karbonatischer noch sulfidischer Bindung vorhanden sind. Geht man davon aus, daß das analysierte Ca und Mg vollständig aus Karbonaten stammt und die geringen Manganmengen (kleiner 1 %) vermutlich ebenfalls in karbonatischer Bindung - im Tegeler See als Ca-Rhodochrosit nachgewiesen - vorliegen, so ist der noch verbleibende CO_3-Gehalt auf $FeCO_3$ umzurechnen. Die analysierten Sulfidschwefelmengen sind zum einen vollständig als Eisenmonosulfid, zum anderen als Pyrit verrechnet worden. Hiernach ergibt sich am Beispiel des Kerns aus dem Krienicke See das in Tab. 14 dargestellte Bild.

Da die Phosphorgehalte des Havelsediments (mittlerer P-Gehalt der angeführten Proben 0,59 %) im Vergleich zum restlichen Eisen gering sind, rechnerisch können nur maximal 1,6 % Eisen in Form des Vivianits ($Fe_3(PO_4)_2$ x 8 H_2O) vorhanden sein, ist das noch verbleibende Eisen an der organischen Substanz komplexiert, zum Teil von der amorphen Kieselsäure der Diatomeen sorbiert und liegt wahrscheinlich zu einem wesentlichen Teil in Form von Eisenoxiden/-hydroxiden vor.

In den Grunewaldseen sind die Fe- und Mn-Gehalte der Mudden generell erheblich niedriger (Tab. 10 und Tabellen des Anhangs 15A bis 18A) Die Mudden dieser Seen weisen folgende Mittelwerte auf:

	Fe %		Mn %	
Schlachtensee (15 Proben)	1,00	(0,32-2,65)	0,02	(0,01-0,037)
Krumme Lanke KL1 (9 Proben)	2,97	(0,52-5,87)	0,09	(0,02-0,35)
KL2 (21 Proben)	0,66	(0,05-2,51)	0,045	(0,02-0,08)
Pechsee (5 Proben)	1,73	(0,64-2,97)	0,073	(0,03-0,19)
Teufelssee (11 Proben)	4,65	(2,28-11,3)	0,10	(0,03-0,22)

Die anthropogen beeinflußten Sedimentzonen und Mudden mit org. C-Gehalten < 1,5 % - diese besitzen hohe Gehalte an detritischem Material - wurden nicht berücksichtigt.

Obwohl Mudden unterschiedlichen Gehalts an organischer Substanz und Kalk gemittelt wurden, zeigen die Werte deutliche Unterschiede zwischen den einzelnen Seen bzw. innerhalb eines Sees (KL1 und KL2). Kern KL1 stammt aus dem nördlichen Seebecken der Krummen Lanke, während KL2 südlicher auf einem flachen Rücken entnommen wurde. Die höheren Eisengehalte in KL1 sind vermutlich auf den Eintrag von Eisen aus dem Riemeister Fenn zurückzuführen.

Tab. 14: Eisenbilanzierung an Mudden aus dem Krienicke See (Havel).
„Restliches Fe" = weder karbonatisch noch sulfidisch gebundenes Fe: Berechnung über Eisenmonosulfid bzw. Pyrit.

Probe Nr.	Sediment-Tiefe (m)	Gesamt-Fe (%)	karbonatisch gebundenes Fe (%)	sulfidisch gebundenes Fe (Eisenmonosulfid) A (%)	(Pyrit) B (%)	„restliches" Fe A / B (%)
Z 7-3	12,68	14,90	2,15	2,60	1,30	10,15 / 11,45
Z 10-2	15,60	17,50	6,38	1,85	0,92	9,27 / 10,20
Z 13-4	18,99	16,90	5,81	1,58	0,79	9,51 / 10,30
Z 15-3	20,85	18,70	7,18	1,62	0,81	9,90 / 10,71
Z 18-3	23,84	17,90	7,32	1,08	0,54	9,50 / 10,04
Z 19-3	24,95	14,40	6,00	0,99	0,50	7,41 / 7,90
Z 20-1	25,53	12,00	2,92	1,36	0,68	7,70 / 8,39
Z 20-5	26,19	10,00	2,42	0,99	0,50	6,59 / 7,08

Die voneinander abweichenden Eisenkonzentrationen der beiden abflußlosen Seen Pechsee und Teufelssee sind vermutlich auf die unterschiedliche Größe der Einzugsgebiete zurückzuführen, welches beim Teufelssee mehr als doppelt so groß ist.

Ohne Ausnahme werden bei den Kernen der Grunewaldseen die höchsten Eisen- und Mangangehalte jeweils in den Mudden oberhalb der Basissande entsprechend des waldgeschichtlichen Abschnitts II bis I angetroffen. Im Gegensatz zur Havel wurde in den Mudden der Grunewaldseen Eisen nicht in karbonatischer Bindung in Form des Siderits röntgenographisch nachgewiesen. Die im Schlachtensee, der Krummen Lanke (KL2) und im Pechsee ermittelten Sulfidschwefelgehalte reichen für eine sulfidische Bindung des Eisens vollständig aus. In Gaschromatogrammen tritt nach BUCHERT et al. (1982, Abb. 2a) elementarer Schwefel in nicht bestimmter aber relativ geringer Menge auf. Den Eisen- und Schwefelkonzentrationen in etwa entsprechende Pyritreflexe weisen die Röntgendiagramme auf. Dagegen liegt beim Kern KL1 und beim Teufelssee das Eisen nur zum Teil in sulfidischer Bindung vor.

In Tab. 19 sind für einige Proben die Sulfidschwefel- und Eisenmengen, die maximal in sulfidischer Bindung entweder als Eisenmonosulfid oder als Pyrit vorliegen können, aufgeführt. Die negativen Werte geben an, wieviel Eisen noch benötigt wird, um den Sulfidschwefel vollständig in die jeweilige Mineralform zu überführen.

Im Sediment des Teufelssees liegt das restliche Eisen vermutlich zu einem Teil als Eisen-(II)phosphat vor und ist außerdem an die organische Substanz komplexiert und vermutlich auch von der amorphen Kieselsäure, den Diatomeenvalven, sorbiert worden. Aufgrund des Karbonatgehaltes ist auch mit geringen Eisenkarbonatmengen zu rechnen, die jedoch röntgenographisch nicht nachweisbar sind.

Für den Kern KL2 ergibt die Bilanzierung über Pyrit für das restliche Eisen Werte um 0, die innerhalb der Analysengenauigkeit liegen. Es ist daher anzunehmen, daß das Eisen hier vollständig als Pyrit vorliegt, der auch röntgenographisch in den Proben mit relativ hohen Eisen- und Schwefelgehalten nachgewiesen ist. Tritt in den Proben vom Kern KL1 ebenfalls nur Pyrit auf, so ergeben sich noch kleine Mengen an restlichem Eisen, das anderweitig gebunden ist.

Die Eisen- und Mangangehalte unterteilen den Tegeler See Kern in zwei Zonen (Abb. 30). Während im oberen Bereich (waldgeschichtlicher Abschnitt VII bis X) die Gehalte relativ

Tab. 19: Eisen-Schwefel-Bilanzierung

Probe Nr.	Gesamt-Fe	Sulfid-Schwefel	sulfidisch gebundenes Fe		restliches Fe*)	Gesamt-P.
			Eisenmonosulfid	Pyrit		
	%	%	%	%	%	%
Teufelssee:						
Teu 1.2	2,40	0,75	1,31	0,65	1,09/ 1,75	0,34
Teu 2.2	2,84	1,23	2,14	1,07	0,70/ 1,77	0,21
Teu 4.1	11,30	7,65	13,32	6,66	-2,02/ 4,64	0,17
Teu 4.2	7,27	2,62	4,56	2,28	2,71/ 4,99	0,61
Krumme Lanke:						
KL 1.5	0,83	0,68	1,18	0,59	-0,35/ 0,24	0,07
KL 1.7	2,47	1,95	3,40	1,70	-0,93/ 0,77	0,07
KL 1.22	5,87	4,88	8,50	4,25	-2,63/ 1,62	0,45
KL 2.2b	0,09	0,10	0,17	0,09	-0,08/ 0,00	0,013
KL 2.5c	0,44	0,45	0,78	0,39	-0,34/ 0,05	0,063
KL 2.6a	1,15	1,37	2,39	1,19	-1,24/-0,04	0,027
KL 2.7b	2,15	2,40	4,18	2,09	-2,03/ 0,06	0,05

*) Negative Werte geben die fehlende Fe-Menge an, um den Sulfid-Schwefel vollständig in das jeweilige Mineral umzurechnen.

Tab. 20: Geochemische Parameter im Bereich der Manganeinreicherungszone, Tegeler See (zum Vergleich die Daten einzelner Proben aus jüngeren Zeitabschnitten).

Nach Abzug des an Ca und Mg gebundenen CO_3 ist $MnCO_3$, danach $FeCO_3$ berechnet.
Fe a) = nicht karbonatisch gebundenes Fe;
Fe b) = weder karbonatisch noch sulfidisch gebundenes Fe.

	Probe Nr.	Sediment-tiefe m	org C %	P %	S %	CO_3 %	Gesamt-Ca %	Mg %	$CaCO_3$ %	Gesamt-Mn %	$MnCO_3$ %	restl. Mn %	Gesamt-Fe %	$FeCO_3$ %	Fe a) %	Fe S_2 %	Fe b) %
Subboreal	T 10-4	11,56	6,64	0,38	—	41,77	27,12	0,17	67,73	0,16	0,33	—	1,72	1,24	1,12	—	—
	T 13-4	14,87	5,71	0,40	0,83	43,67	27,96	0,16	69,82	0,18	0,38	—	2,07	2,39	0,92	1,55	0,20
		15,85															
Atlantikum II	T 14-4	15,97	5,10	0,35	—	43,72	28,72	0,18	71,72	0,17	0,36	—	1,43	0,31	1,28	—	—
	T 15-3	16,79	4,74	0,33	—	43,97	28,49	0,15	71,15	0,16	0,33	—	1,47	1,49	0,75	—	—
	T 17-3	18,41	4,34	0,33	—	47,27	30,65	0,21	76,54	0,20	0,42	—	1,52	1,49	0,80	—	—
	T 19-3	20,54	4,19	0,28	0,37	48,51	31,45	0,22	78,54	0,34	0,71	—	1,44	1,22	0,85	0,69	0,53
		20,75															
Atlantikum I	T 20-3	21,59	4,31	—	—	47,81	30,95	—	77,29	0,41	0,86	—	1,61	1,22	1,02	—	—
	T 21-3	22,64	4,40	0,40	—	45,47	29,23	0,18	73,00	1,19	2,49	—	2,74	0,06	2,71	—	—
		23,25															
Boreal	T 22-3	23,74	4,60	0,44	0,44	41,22	22,40	0,16	55,94	2,72	5,69	—	4,79	8,51	0,69	0,82	0,31
	T 23-3	24,79	4,72	0,42	0,41	40,37	21,08	0,14	52,64	5,79	12,11	—	5,20	4,30	3,10	0,77	2,70
		25,30															
Präboreal	T 24-3	25,79	5,19	0,37	0,39	38,17	17,91	0,11	44,73	7,91	16,55	—	6,14	4,81	3,82	0,73	3,48
	T 25-1	26,42	4,50	0,33	0,49	40,97	15,12	0,11	37,76	15,74	32,93	—	6,78	1,91	5,86	0,92	5,43
	T 25-2	26,61	4,73	0,35	0,46	36,12	12,31	0,11	30,74	14,77	30,90	—	6,98	2,78	5,64	0,85	5,24
	T 25-3	26,79	4,77	0,49	0,41	28,38	11,34	0,22	28,32	10,45	21,61	0,12	7,20	—	7,20	0,77	6,84
	T 25-4	27,00	4,52	0,46	0,48	24,23	6,44	0,21	16,08	13,00	27,20	—	6,70	0,66	6,38	0,90	5,96
Jüngere Tundrenzeit	T 25-5a	27,16	4,29	0,38	0,64	24,08	6,30	0,20	15,73	13,80	27,97	0,43	6,70	—	6,70	1,20	6,14
	T 26-1	27,41	4,15	0,41	0,95	21,63	6,38	0,28	15,93	12,00	23,04	0,99	6,30	—	6,30	1,78	5,47
	T 26-2	27,65	4,13	0,30	1,06	26,43	9,36	0,32	23,37	12,20	23,60	0,92	7,00	—	7,00	1,98	6,08
	T 26-3	27,85	3,36	0,19	0,44	29,78	7,82	0,10	19,53	17,20	34,52	0,70	6,00	—	6,00	0,82	5,62
Alleröd	T 26-4b	28,14	4,08	0,35	0,75	30,58	11,39	0,12	28,44	12,20	25,35	—	6,20	0,15	6,13	1,39	5,48
	T 27-1	28,34	3,32	0,21	0,33	38,17	23,01	0,19	57,46	4,50	6,55	1,37	4,70	—	4,70	0,62	4,41

niedrig und gleichförmig verlaufen (Eisengehalte 1,4 bis 2,8 %, Mangangehalte 0,12 bis 0,34 %), nehmen die Konzentrationen in den Mudden darunter stark zu. Im Alleröd als auch im Präboreal steigt die Mangankonzentration sogar auf Werte von 17,2 % bzw. 15,7 % an. Tab. 20 gibt einen Überblick der für den Eisen- und Manganhaushalt relevanten Parameter im Bereich der ältesten Seeablagerungen, sowie von einzelnen Proben aus jüngeren Zeitabschnitten. Das Eisen ist hier nur als Pyrit (FeS_2) umgerechnet, da in den Mudden der anderen Seen Pyrit das vorherrschende bzw. alleinige Eisensulfid ist und außerdem Pyrit rasterelektronenmikroskopisch in Form von framboidalem Pyrit (Abb. 20) nachgewiesen wurde. Für das weder in karbonatischer noch sulfidischer Bindung vorliegende Eisen (restliche Eisen in Tab. 20) gelten die gleichen Ausführungen wie bei der Havel. Das Mangan liegt überwiegend in karbonatischer Bindung vor, während $FeCO_3$ nur in den Mudden des Subboreals und Boreals höhere Werte erreicht. Auffällig ist, daß im unteren Sedimentabschnitt etwa unterhalb der Grenze Präboreal/jüngere Tundrenzeit die CO_3-Gehalte nach Abzug entsprechender Mengen für Kalzium und Magnesium nicht ausreichen, das Mangan vollständig in $MnCO_3$ umzurechnen. Somit ist auch kein $FeCO_3$ angegeben. Die Röntgendiagramme bestätigen die Berechnungen im wesentlichen.

Während die org. C-Gehalte über die gesamte ältere Sedimentgeschichte bis in das Atlantikum hinein ziemlich gleichförmig verlaufen (3,3 bis 5,2 %), zeigen die CO_3- und die Ca-Konzentrationen eine deutliche Abnahme im Bereich der höchsten Eisen- und Mangangehalte (Abb. 30). Die Trends der Sedimentparameter werden deutlicher, wenn die stark unterschiedliche, verdünnende Wirkung des $CaCO_3$ herausgerechnet wird, indem die Muddeproben auf einen niedrigen und einheitlichen $CaCO_3$-Gehalt (15,73 % $CaCO_3$ der Probe T25-5A) bezogen werden (vgl. Tab. 21).

Tab. 21: Tegeler See, Fe-, Mn-, P- und org. C-Gehalte bezogen auf einen Karbonatgehalt von 15,73 % (Probe T 25-5a, vgl. Tab. 20).

Probe Nr.	waldgeschichtl. Abschnitte	Fe %	Mn %	P %	org. C %
T 10-4		4,49	0,42	0,99	17,33
T 13-4	VIII	5,78	0,50	1,12	15,94
T 14-4	VII	4,26	0,51	1,04	15,20
T 15-3		4,29	0,47	0,96	13,85
T 17-3		5,46	0,72	1,19	15,59
T 19-3	VII	5,65	1,34	1,10	16,45
T 20-3	VI	5,97	1,52	n.b.	15,99
T 21-3	VI	8,55	3,71	1,25	13,73
T 22-3	V	9,16	5,20	0,84	8,80
T 23-3	V	9,30	10,3	0,75	8,40
T 24-3	IV	9,36	12,1	0,56	7,91
T 25-1		9,18	21,3	0,45	6,09
T 25-2	IV	8,49	18,0	0,43	5,75
T 25-3	III	8,46	12,3	0,58	5,61
T 25-4		6,73	13,1	0,46	4,54
T 25-5a		6,70	13,8	0,38	4,29
T 26-1	III	6,31	12,0	0,41	4,16
T 26-2	II	7,70	13,4	0,33	4,54
T 26-3		6,28	18,0	0,20	3,52
T 26-4b		7,30	14,4	0,41	4,80
T 27-1		9,30	8,90	0,42	6,58

Das Manganmaximum in den allerödzeitlichen Mudden des Tegeler Sees stimmt mit den Befunden aus den Grunewaldseen überein, wo ebenfalls in den Mudden oberhalb der Basissande (waldgeschichtlicher Abschnitt II bzw. I) die höchsten Mangangehalte, jedoch in erheblich geringerer Konzentration, angetroffen werden. Dementsprechend werden auch in den Basismudden des Krienicke Sees die höchsten Mangangehalte erreicht (vgl. Tab. 12A im Anhang). Sowohl im Krienicke (Z) wie im Tegeler See (T) werden in den Basismudden relativ hohe Gehalte an Kalziumkarbonat vorgefunden, z.B. Z22-4 40,7 %, T27-1 57,5 %, die schon während des Alleröds auf unter 20 % abnehmen. Die auf einen jeweils einheitlichen $CaCO_3$-Gehalt korrigierten Werte des organischen Kohlenstoffs und Gesamtphosphors zeigen in beiden Fällen (Tab. 21 und 22) eine Abnahme der Konzentrationen bis in die jüngere Tundrenzeit. Hierin kommt vermutlich zum Ausdruck, daß zu Beginn der limnischen Sedimentation auch ein erhöhter Eintrag von Nährstoffen in den See stattfand.

Tab. 22: Krienicke See. Mn-, Fe-, P- und org. C-Gehalte bezogen auf einen $CaCO_3$-Gehalt von 6,74 % (Probe 21 - 5, vgl. Tab. 12A). II-VII: Waldgeschichtliche Abschnitte nach FIRBAS (determ. A. BRANDE). ^{14}C-Datierung der Mudde bei Z 22-4 ergab ein Alter von 13.000 ± 125 Jahren (UZ-2160).

Probe Nr.	Sedimenttiefe [m]	Mn %	Fe %	P %	org. C %
Z 7-3 VII	12,68	0,34	16,79	0,62	14,93
Z 10-2 VI	15,60	0,69	20,21	0,76	15,98
Z 13-4 V	18,82	0,89	18,81	0,82	11,87
Z 15-3 IV	20,86	1,32	19,06	0,73	9,90
Z 18-3 IV	23,84	0,80	17,95	0,58	8,72
Z 19-3 IV	24,96	0,91	14,60	0,54	7,25
Z 20-1 IV	25,52	0,89	13,34	0,58	7,38
Z 20-3 IV	25,83	0,83	12,49	0,46	6,23
Z 20-5 III	26,20	0,71	10,19	0,44	5,14
Z 21-1 III	26,56	1,23	11,10	0,54	5,51
Z 21-5 III	27,18	0,50	8,1	0,34	4,26
Z 22-1 II	27,51	3,55	12,54	0,52	7,86
Z 22-2 II	27,58	1,76	11,37	0,62	6,36
	28,01	Laacher Bimstuff			
Z 22-4 II	28,17	6,76	21,86	0,64	9,19

Im Vergleich zu den Flußseen der Havel ist die Eisenkonzentration in den Mudden des Tegeler Sees generell niedrig. Eine wesentliche Ursache hierfür ist vermutlich die verschiedene Größe der Seebecken und die unterschiedlichen Verweilzeiten des Wassers in den entsprechenden Becken. Das über die Sedimentfracht des Tegeler Fließ dem Tegeler See zugeführte Eisen wird wahrscheinlich zu einem großen Teil in dem sich bildenden Delta zwischen Tegeler Fließmündung und der Insel Hasselwerder mit den Sinkstoffen sedimentiert und gelangt so nur in geringeren Mengen bis in das Seetiefste. Außerdem wird das gelöste Eisen im Grundwasser, das direkt in den See einströmt, schon in den Randbereichen des Sees oxidiert und im wesentlichen in Form von Eisenhydroxiden sedimentiert; somit gelangen ebenfalls nur geringe Eisenmengen in das Seetiefste. Beim Krienicke See der Havel, sind diese lateralen Differenzierungen aufgrund der Seebeckenmorphologie nicht gegeben. Inwieweit im Niederneuendorfer See und in der Unterhavel ausgeprägte Differenzierungen im Eisengehalt der Mudden in Fließrichtung vorhanden sind, wird sich erst bei einem vorgesehenen dichteren Probenraster klären lassen. Aufgrund der größeren Fließgeschwindigkeit der Havel ist jedoch in den Flußseen mit einem höheren Verteilungsgrad der Sinkstoffe als beim Tegeler See zu rechnen.

Da gelöstes, zweiwertiges Mangan im Gegensatz zu Fe^{2+} erst bei höheren Redoxpotentialen oxidiert wird, kann es mit dem Lösungsstrom weiter als Eisen wandern und wird außerdem leichter aus dem Sediment während der Stagnationsphasen freigesetzt. Somit sind die Voraussetzungen für Mangan, das zentrale Seebecken zu erreichen, erheblich günstiger. Für die beim Tegeler See bis ins Boreal andauernde Mangananreicherung ist die Annahme einer meromiktischen Zone im zentralen Bereich sehr wahrscheinlich. Das wegen der niedrigen Redoxbedingungen aus dem Sediment mobilisierte Mangan konnte die meromiktische Zone nicht verlassen, da es im Grenzbereich zum überstehenden, sauerstoffreichen Wasser unter Mitwirkung von Bakterien oxidiert und dann wieder als oxidiertes, partikuläres Mangan der Sedimentoberfläche zugeführt wurde. Innerhalb des Interstitialraumes fand die Festlegung in Form des Rhodochrosits statt. Sehr wahrscheinlich erfolgte durch Abstrom gelösten Mangans aus den randlichen Seebereichen, Strömungen und Turbulenzen eine zusätzliche Zufuhr von Mangan. Als Modell für diese Vorgänge könnte die von TESSENOW (1974) im

Ursee/Schwarzwald beschriebene Aufkonzentration von Eisen und Mangan im Seetiefsten infolge Zuwanderung eisenmanganhaltiger Lösung aus flacheren Seebereichen dienen. In diesem Falle wurde Eisen und Mangan durch Phosphat fixiert. Die Voraussetzung für die Ausbildung einer meromiktischen Zone scheint beim Tegeler See relativ günstig gewesen zu sein. Die damalige Wassertiefe betrug mehr als 40 m, wenn die heutige Seeoberfläche zugrundegelegt wird. Der zentrale Seebereich ist gegen stark wechselnde Strömungsintensitäten und damit Sauerstoffantransport infolge der zwischen Tegeler Fließmündung und dem zentralen Seebereich gelegenen Insel Hasselwerder geschützt. Gegen das Einfließen von Havelwasser ist das Seebecken abgedämmt durch die Insel Scharfenberg und die sich daran anschließenden weiteren kleineren Inseln, die vor dem mittelalterlichen Aufstau der Havel mit dem Festland verbunden waren. Wie oben angeführt, ist aufgrund der sehr hohen Mangangehalte der Basismudden zu vermuten, daß schon zu Beginn des Alleröd eine meromiktische Zone im zentralen Bereich des Tegeler Sees aufgebaut wurde. Auch während der jüngeren Tundrenzeit, die im Gegensatz zum Alleröd durch kühlere Temperaturen gekennzeichnet war (Abb. 21), hatte die meromiktische Zone Bestand. Die etwas niedrigeren Mangangehalte könnten einerseits auf eine herabgesetzte Manganzufuhr aus dem Einzugsgebiet, andererseits darauf zurückgeführt werden, daß die biologische Produktion im Epilimnion herabgesetzt war, so daß auch die anaerobe Zone im Hypolimnion geschwächt wurde. Mit dem Anstieg der Temperatur im Präboreal wurde Mangan wieder in stärkerem Maße aus den flacheren Seebereichen freigesetzt und dem Seetiefsten zugeführt. In dieser Zeit sank das Redoxpotential in der meromiktischen Zone soweit ab, daß auch Eisen in geringerem Umfang mobilisiert und im Seetiefsten angereichert wurde. Die korrigierten Eisengehalte (Tab. 21) weisen in den entsprechenden Muddeabschnitten erhöhte Werte bis 9,4 % auf, während sie in den Mudden der jüngeren Tundrenzeit nur etwas höher als im Atlantikum sind. Daraus ist zu schließen, daß während der gesamten Zeit der Mangananreicherung in der meromiktischen Zone die Eh- und pH-Bedingungen gerade so gestaltet waren, daß eine bevorzugte Mobilisierung, Verlagerung und Anreicherung des Mangans möglich war. Die Annahme einer ausgeprägten Meromixis wird durch das Gefüge der Sedimente, die in diesem Zeitabschnitt als Rhythmite vorliegen, gestützt.

Die Abnahme der Mangangehalte in den jüngeren Sedimentabschnitten, am Ende des Präboreals beginnend, zeigt das Ausklingen der Meromixis an und ist wahrscheinlich im wesentlichen auf die Abnahme der Wassertiefe infolge des Sedimentzuwachses zurückzuführen. Die korrigierten Phosphor- und org. C-Gehalte zeigen mit Abnahme der Mangangehalte eine deutliche Zunahme (Tab. 21), die auf eine steigende biologische Produktion im Epilimnion hindeutet. Die überproportionale hohe Calcitfällung bewirkte, daß die absoluten Gehalte des Sediments an org. C zunächst keine signifikante Erhöhung aufweisen (Tab. 20). Mit dem Beginn des Atlantikum II erreichen die Mudden die niedrigen Mangankonzentrationen der jüngeren Sedimente. Andererseits sind alle korrigierten Eisengehalte auch im Boreal noch gleichbleibend hoch wie im Subboreal und nehmen im Gegensatz zum Mangan erst im Atlantikum I ab. Die zeitliche Verschiebung in der Abnahme der Mangan- und Eisenkonzentration kann dahingehend interpretiert werden, daß auch im Boreal noch eine meromiktische Zone zumindest zeitweise existierte, die eine relative Eisenanreicherung im Seetiefsten fortbestehen ließ. Mangan konnte jedoch infolge seiner größeren Mobilität nicht mehr in dem Maße wie zuvor angereichert werden (Häufung der Zirkulationsphasen). Die äußerst geringen Mangangehalte der oberen Sedimentzone lassen vermuten, daß die Manganabnahme zusätzlich durch eine nachlassende Manganzufuhr aus dem Einzugsgebiet verstärkt wurde. Aus Tab. 22 und 12A (Anhang) geht hervor, daß auch im Krienicke See im Bereich des Alleröd eine merkliche Mangananreicherung gegenüber den oberen Sedimentabschnitten stattfand. Auch für die tieferen Seeabschnitte der Havelseen muß vermutlich mit einer meromiktischen Zone im Spätpleistozän gerechnet werden. Unabhängig von dieser Schlußfolgerung gelangt man auch aufgrund der Gefügemerkmale der Sedimente, die in diesen Abschnitten ausschließlich als Rhythmite vorliegen, zu der Ableitung eines anaeroben Milieus am Seeboden.

4.4.7 Die Karbonate

Calcit ist das vorherrschende Karbonatmineral in den Berliner Seesedimenten. Außerdem sind in den Mudden Aragonit, Siderit und Rhodochrosit anzutreffen. Aragonit tritt nur in einzelnen Zonen der jüngeren Sedimentabschnitte in geringer Menge auf und kann auf die Anwesenheit von Schalenresten von Mollusken zurückgeführt werden. Siderit und Rhodochrosit dagegen können in einigen Sedimentabschnitten sogar die karbonatische Hauptkomponente darstellen.

Im Tegeler See ist bis in eine Sedimenttiefe von 21,8 m (T20-3) als karbonatische Sedimentkomponente nur Calcit nachzuweisen, der aus einer autochthonen Kalkfällung (biogene Entkalkung) herzuleiten ist. Aus den chemischen Analysendaten ergibt sich für diesen Bereich ein mittlerer $CaCO_3$-Gehalt von 72,1 % (56,9 %, T6-4; 78,5 %, T19-3). Von der gestörten Kernzone T1- und T2- abgesehen, sind die Ca-Gehalte und die Mg-Gehalte (Mittelwert 0,15 % Mg; Extremwerte: 0,12 % und 0,22 %) unter Berücksichtigung des CO_3-Gehaltes vollständig auf Karbonat umrechenbar. Unter der Annahme, daß das gesamte Mg durch diadochen Ersatz von Ca im Calcit eingebaut ist, weist der Calcit im Mittel einen $MgCO_3$-Gehalt von 0,87 Mol% auf. Dieser $MgCO_3$-Gehalt des Calcits ist nicht außergewöhnlich; biogen ausgefällter Calcit enthält normalerweise bis zu 3 Mol% $MgCO_3$. Auch weist die enge Korrelation der Mg-Gehalte (vom gestörten Bereich abgesehen) zu den Ca-Gehalten, die bis in eine Tiefe von 26 m zu verfolgen ist (Abb. 30), auf einen Mg-Einbau im Calcit hin.

In diesem Sedimentabschnitt ist Siderit röntgenographisch in geringer Menge in T12-1 nachgewiesen worden. Die Verschiebung des Hauptreflexes zu niedrigeren 2 Θ-Werten zeigt einen Fremdioneneinbau im Sideritgitter an, der auf den Ersatz von Eisen durch Kalzium zurückgeht.

Von 22 m Tiefe an gehen mit zunehmender Teufe die Ca-Gehalte von etwa 30 % auf unter 10 % zurück und steigen in den Muddezonen innerhalb der Basissande nochmals bis auf über 20 % an. Die CO_3-Kurve weist jedoch nur eine geringere, dem Ca-Gehalt nicht entsprechende Abnahme auf, wodurch die Existenz weiterer Karbonate angezeigt wird. Im gleichen Teufenbereich steigen die Mn-Gehalte überaus stark von 0,4 % auf über 10 % an und erreichen mit 15,7 % (T25-1) bzw. 17,2 % (T26-3) die Höchstwerte (Abb. 30). Parallel zur Mn-Kurve ist die Zunahme der Fe-Konzentration von 1,6 % auf über 6 % zu verzeichnen. Die hohen Mn- und Fe-Konzentrationen gehen im Bereich der in die Basissande eingeschalteten Mudden wieder bis auf 0,65 % Mn bzw. 1,7 % Fe (T27-2) zurück.

Die Abnahme der Gesamtkalziumkarbonatgehalte von etwa 79 % auf 16 % (Tab. 20) ist nur zum Teil auf die Zunahme der Eisen- und Mangangehalte zurückzuführen. Wird die Menge der Mn- und Fe-Verbindungen der Probe T26-1 (37 %) auf die der Probe T15-3 (3,3 %) bezogen, so steigt rechnerisch der $CaCO_3$-Gehalt der Probe T26-1 nur von 15,9 % auf 24,7 % an.

Die Ursache der $CaCO_3$-Abnahme im Alleröd (Tab. 20) ist Ausdruck der langsamen Stabilisierung des durch relativ starke Temperaturschwankungen gekennzeichneten späten Pleistozäns, d.h. Verdichtung der Vegetationsdecke im Alleröd und abnehmender Nährstoffeintrag (Abnehmen der org. C-Gehalte, vgl. Tab. 21). Das tundrenzeitliche Minimum könnte auf die verringerte Bioproduktion bei erhöhter Kalklösung infolge niedrigerer Temperatur zurückgehen. Mit der endgültigen Erwärmung im Präboreal und einer vollständig geschlossenen Vegetationsdecke beginnt dann die anhaltend hohe Karbonatausfällung in einem mesotrophen See (Anstieg der org. C- und Phosphatgehalte s. Tab. 21).

Röntgenographische Untersuchungen ergaben, daß neben Calcit, parallel zur Zunahme der Mn-Gehalte, Mangankarbonat (Rhodochrosit) im Sediment auftritt und in der Sedimentzone von 27-28 m die dominierende Karbonatkomponente bildet (Abb. 34).

Die Ursache für die Mangananreicherung im Seetiefsten ist in Kap. 4.4.6 diskutiert worden. Die Bildung des Rhodochrosits erfolgt intrasedimentär, da Rhodochrosit in allen Siltfraktionen wie auch in geringer Menge im

Feinsandbereich (63 bis 125 μm) nachzuweisen ist.

In den röntgenographischen Übersichtsdiagrammen ist der Hauptreflex des Mangankarbonats in Richtung niedriger 2 Θ-Werte (höhere d-Werte) verschoben. Dies zeigt einen Einbau an Fremdionen an. Da Rhodochrosit ein calcitisches Gitter aufweist, kommen für den Einbau Kationen in Frage, die ebenfalls als Karbonat ein calcitisches Gitter aufbauen. Der Hauptreflex (104-Reflex) einiger reiner Karbonatphasen hat folgenden d-Wert (nach GRAF 1961):

$MgCO_3$	(Magnesit):	2,7412
$FeCO_3$	(Siderit):	2,7912
$MnCO_3$	(Rhodochrosit):	2,8440
$CaCO_3$	(Calcit):	3,0359

Eine d-Wert-Bestimmung mittels step scanning und Impulszählung mit Quarz als Eichsubstanz ergab:

Probe T26-1	2,887
Probe T25-4	2,884

Die d-Werte sind gegenüber dem reinen Rhodochrosit in Richtung Calcit verschoben. Unter Zugrundelegung eines linearen Zusammenhanges zwischen d-Wert-Verschiebung und Einbau von Kalzium anstelle von Mangan im Rhodochrosit enthält das Mineral 22,5 Mol% $CaCO_3$ (T26-1) bzw. 20,7 Mol% (T25-4). Da die Intensitätsverhältnisse der wichtigsten Röntgenreflexe des Rhodochrosits sehr gut mit denen im Röntgendiagramm übereinstimmen, kann es sich nur um kalziumhaltigen Rhodochrosit handeln. Der Ca-Gehalt des Rhodochrosits ist aus dem biogen ausgefällten $CaCO_3$ herzuleiten. Aufgrund des relativ hohen Kalziumeinbaus anstelle von Mangan wird der Rhodochrosit im folgenden Ca-Rhodochrosit genannt.

Ca-Rhodochrosit wurde desweiteren im Krienicke-See in geringer Menge angetroffen, wo er ebenfalls im Basisbereich der Mudden auftritt (vgl. Mn-Gehalte in Tab. 12A). In allen übrigen Seen ist Rhodochrosit nicht nachzuweisen; die Mn-Gehalte der Mudden sind zu gering.

In der Mangananreicherungszone des Tegeler Sees tritt ein weiteres Karbonatmineral auf, dessen Vorkommen im wesentlichen auf das Präboreal und Boreal beschränkt ist. Im Röntgendiagramm ist aufgrund der geringen Konzentration des Minerals nur der Hauptreflex mit einem d-Wert zwischen 2,822 und 2,818 ausgewiesen (Abb. 34), daher ist die Zuordnung zu einer bestimmten Mineralphase nicht gesichert. Einen ähnlichen d-Wert weist der Hauptreflex des Siderit aus der Havel auf, der durch Kalziumeinbau in das Sideritgitter anstelle von Eisen in Richtung niedriger 2 Θ-Werte verschoben ist. Wahrscheinlich handelt es sich um Siderit mit einem $CaCO_3$-Gehalt von 11,2 bis 12,7 Mol%. Andererseits könnte es sich aufgrund des d-Wertes um Oligonspat, ein eisenreiches Mangankarbonat handeln; es würde einen $FeCO_3$-Gehalt von 42 bis 50 Mol% besitzen.

Tab. 23 gibt eine prozentuale Übersicht der verschiedenen Karbonatminerale im Bereich der Mangananreicherungszone des Tegeler Sees wieder. Sie basiert auf einer Umrechnung der chemischen Analysen unter Einbeziehung der durch die Röntgendiffraktometrie ermittelten Einbauraten von Ca im Siderit und Rhodochrosit.

In den obersten Sedimentabschnitten des Kerns B aus der Havel (B2-1 bis B2-3) sind die erhöhten Karbonatgehalte (Calcit und Aragonit) im wesentlichen auf Schnecken und Muscheln sowie anthropogenen Eintrag zurückzuführen (vgl. Abb. 23 und 29).

Zur Teufe tritt im Vergleich zum Tegeler See bis in das Atlantikum I hinein ein erheblich geringerer Karbonatgehalt mit der karbonatischen Hauptkomponente Siderit auf.

Die niedrigen CO_3-Gehalte von 0,15 bis 0,25 % der Proben B2-4 bis B2-6 werden durch die verdünnende Wirkung der hohen Sandgehalte hervorgerufen. Im Teufenbereich von 0,94 m bis 1,87 m liegen die CO_3-Gehalte (B2-7-B1-4) zwischen 0,35 und 0,4 %, steigen dann mit zunehmender Teufe an (Abb. 28) und erreichen in der Zone der höchsten Kieselsäuregehalte infolge Akkumulation von Diatomeenvalven

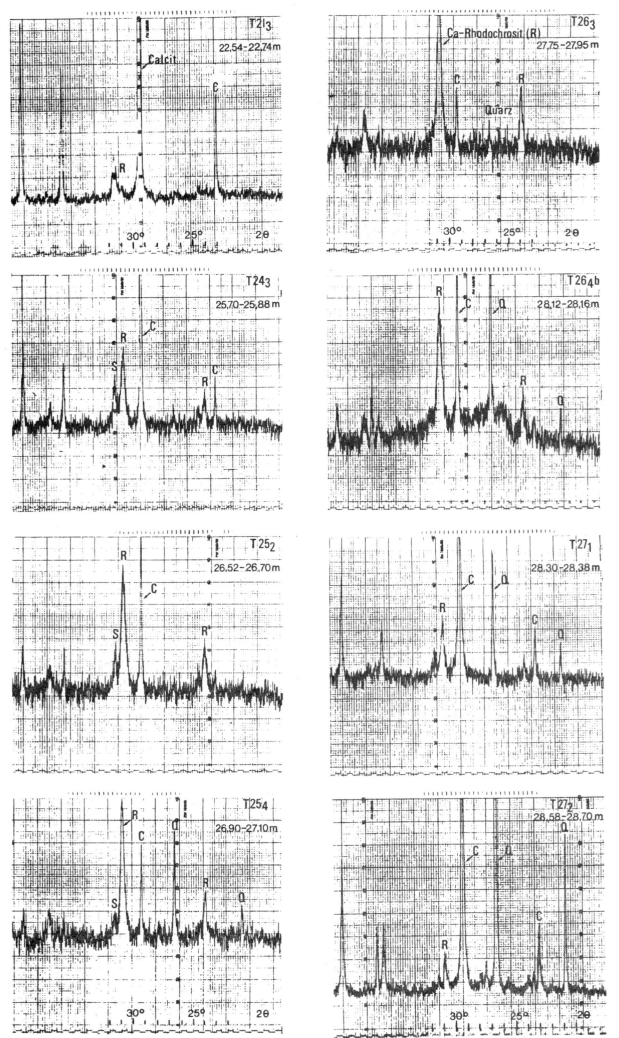

Abb. 34a: Röntgendiagramme der Mangananreicherungszone des Tegeler Sees (Kern T).

C = Calcit, Q = Quarz, R = Ca-Rhodochrosit, S = Siderit.

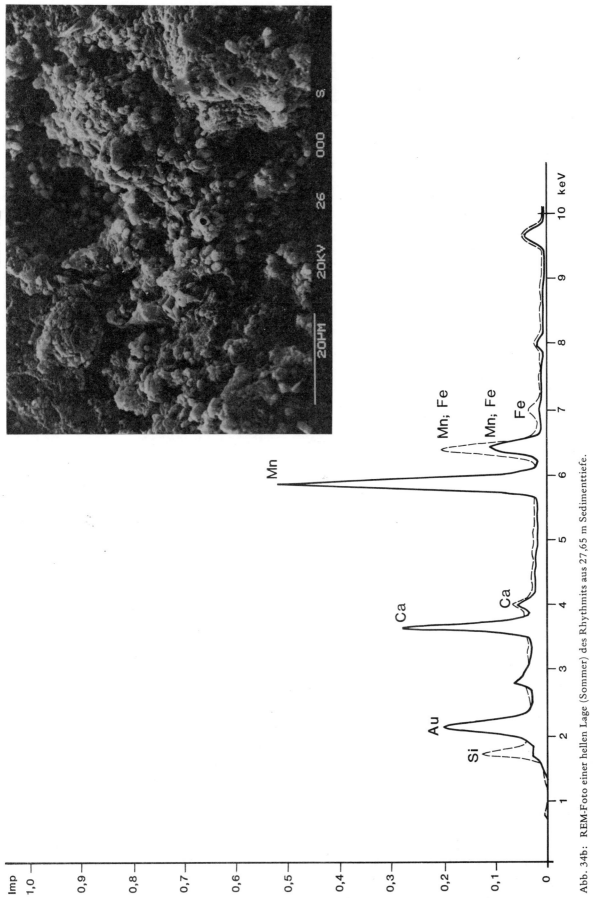

Abb. 34b: REM-Foto einer hellen Lage (Sommer) des Rhythmits aus 27,65 m Sedimenttiefe.

Vielzahl rundlicher Karbonataggregate, die aus Ca-Rhodochrosit (und/oder Calcit) aufgebaut sind. Energiedisperse Röntgenmikroanalyse (Probe ist Ag-beschichtet) an einem dieser Aggregate (Bildmitte) zeigt im wesentlichen Mn und Ca (ausgezogene Linie; die Empfindlichkeit ist für Mn gegenüber Ca und Fe geringer). Daneben Silikatpartikel, Diatomeenbruchstücke und Karbonate etc., z.T. Aggregate bildend. Rechts unten Diatomeenbruchstück (Si-Peak der gerissenen Linie), das durch Ca-Rhodochrosit und Fe-Verbindungen inkrustiert ist. Probe T 26-2, Tegeler-See-Kern (Seemitte).

Tab. 23: Karbonate im Bereich der Mangananreicherungszone des Tegeler Sees (zum Vergleich Daten einzelner Proben aus jüngeren Zeitabschnitten). Bei der Berechnung sind folgende Fremdionengehalte berücksichtigt: Calcit mit 0,87 Mol% Mg; Ca-Rhodochrosit mit 21,6 Mol% Ca und Siderit mit 12,0 Mol% Ca.

	Probe Nr.	Sedimenttiefe m	Calcit %	Ca-Rhodochrosit %	Siderit %
Subboreal	T 10-4	11,56	68,0	0,4	1,4
	T 13-4	14,87	70,0	0,5	2,7
		15,85			
	T 14-4	15,97	72,1	0,4	0,3
Atlantikum II	T 15-3	16,79	71,4	0,4	1,7
	T 17-3	18,41	76,8	0,5	1,7
	T 19-3	20,54	78,8	0,9	1,4
		20,75			
Atlantikum I	T 20-3	21,59	77,5	1,1	1,4
	T 21-3	22,64	72,9	3,1	0,1
		23,25			
Boreal	T 22-3	23,74	54,0	7,1	9,6
	T 23-3	24,79	49,6	15,0	4,8
		25,30			
	T 24-3	25,79	40,5	20,5	5,4
Präboreal	T 25-1	26,42	29,9	40,8	2,1
	T 25-2	26,61	23,2	38,3	3,1
———	T 25-3	26,79	23,3	26,8	—
	T 25-4	27,00	9,6	33,7	0,7
Jüngere Tundrenzeit	T 25-5a	27,16	9,1	34,7	—
	T 26-1	27,41	10,5	28,6	—
	T 26-2	27,65	17,9	29,3	—
———	T 26-3	27,85	11,3	42,8	—
Alleröd	T 26-4b	28,14	22,5	31,7	0,2
	T 27-1	28,34	56,3	8,1	—

(8,73 bis 9,91 m) 3,4 bis 4,5 %. Röntgenographisch ist erstmals in 1,17 m Tiefe (B11) Siderit nachzuweisen, dessen Anteil mit zunehmender Teufe ansteigt. Erst in 9,4 m Tiefe (B9-3) ist der Calcithauptreflex mit geringer Intensität zu erkennen.

Im Bereich höherer Karbonat- (CO_3)- Konzentration sind auch die Siderit- und Calcit-Gehalte höher, wobei der Calcit-Gehalt größeren Änderungen als der Siderit-Gehalt unterliegt und nach Ausweis der Peakflächen in den Röntgendiagrammen unter dem des Siderit bleibt. In Abb. 29 ist in den Tiefenfunktionen die enge Korrelation des Ca- mit dem CO_3-Gehalt zu erkennen, während die Fe-Kurve nur annähernde Parallelität zur Karbonat-(CO_3)-Kurve zeigt, weil nur ein Teil des Fe in karbonatischer Bindungsform vorliegt.

In den alerödzeitlichen Mudden sowie aus der jüngeren Tundrenzeit und dem Boreal ist Calcit neben Siderit in der Havel vertreten und kann die karbonatische Hauptkomponente bilden (Krienicke und Niederneuendorfer See).

In den Röntgendiagrammen des Kerns B weist der Hauptreflex des Siderits eine Peak-Verschiebung in Richtung höherer d-Werte auf, die auf den Einbau von Kalzium anstelle von Eisen beruht. Die Mangangehalte der Proben sind zu gering, um eine Peak-Verschiebung in dieser Intensität zu begründen. Die Auswertung der Röntgendiagramme unter Einbeziehung des Quarzhauptreflexes zur Korrektur des Siderit-Hauptpeaks ergab d-Werte zwischen 2,812 und 2,817. Unter der Annahme, daß die d-Wert-Änderung durch Kalziumeinbau linear verläuft, ergibt sich für den Siderit ein Kalziumgehalt von 8,6 bis 10,6 Mol%. Ein d-Wert des Hauptreflexes von 2,813, der einen Kalzium-Einbau von 8,9 Mol% anzeigt, wurde mittels step scanning und Impulszählung an der Probe B 14-5a ermittelt.

Die Mudden des Krienicke und des Niederneuendorfer Sees enthalten Siderit ebenfalls mit entsprechender Verschiebung des Hauptreflexes.

Im sedimentären Bereich gebildete Siderite weisen nach LIPPMANN (1973: 50) häufig eine Peak-Verschiebung durch den diadochen Einsatz von Eisen durch Kalzium auf, der d-Wert des Hauptreflexes liegt bei 2,81.

Nach BERNER (1971) soll die Konzentration von Fe^{++} größer als 5 % der Ca^{2+}-Konzentration sein, um unter Süßwasserbedingungen die Bildung von Siderit zu ermöglichen.

Die Eh-pH-Diagramme von GARRELS & CHRIST (1965) zeigen, daß das im reduzierenden Bereich (Eh < 0) liegende Stabilitätsfeld von $FeCO_3$ mit seiner Obergrenze in Richtung höherer Eh-Werte an oxidisches Fe grenzt und im pH-Bereich von 6 bis 8 das Stabilitätsfeld von FeS_2 sich in das $FeCO_3$-Feld einschiebt, ohne an oxidisches Fe zu grenzen. Es ist daher aufgrund der nachgewiesenen Mineralkomponenten anzunehmen, daß die Sideritbildung in den Havelsedimenten im Grenzbereich Siderit/oxidisches Fe erfolgte und die Eh-Werte nur zeitweise absanken, so daß auch Eisensulfide in geringen Mengen gebildet werden konnten.

In den Mudden der Grunewaldseen ist weder Ca-Rhodochrosit noch Siderit röntgenographisch nachzuweisen. Zum einen sind die Mn-Gehalte zu gering, zum anderen liegt das Eisen häufig in sulfidischer Bindung vor (vgl. 4.4.6). Hinweis auf stark reduzierende Bedingungen ist der hohe Schwefelgehalt von 8 % der allerödzeitlichen Mudde im Teufelsee. Calcit ist die alleinige Karbonatkomponente.

Im Sediment der jüngeren Tundrenzeit des Schlachtensees ist röntgenographisch kein Calcit zu erkennen (anorg. C-Gehalt 0,05 %), hier liegt ein Verdünnungseffekt durch den Eintrag an silikatischem Material vor (Abb. 35). Entsprechendes gilt auch für die Probe KL 1.11 (0,15 % anorg. C) aus dem Übergang jüngere Tundrenzeit/Präboreal der Krummen Lanke (Abb. 32).

Abschließend sei auf ein (Karbonat-)Mineral der an der Basis der Mudde auftretenden Seesande oder der sandhaltigen Limnite des Spätglazials hingewiesen. Während dieses Mineral neben Calcit in den Kernen der Grunewaldseen unterhalb der Laacher Tuffschicht anzutreffen ist, kommt es nach AHRENS (1985) im Niederneuendorfer See auch in den sandhaltigen Sedimenten der jüngeren Tundrenzeit vor. Nach AHRENS (1985) handelt es sich im Niederneuendorfer See um Dolomit. Eine eindeutige

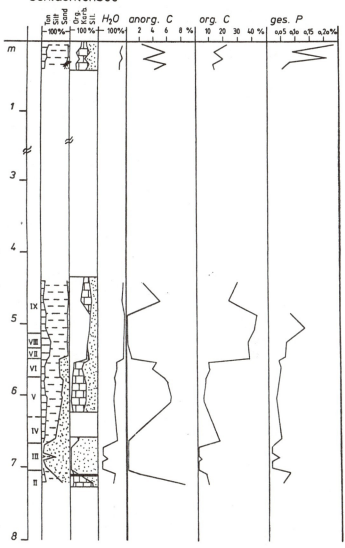

Abb. 35: Sedimentzusammensetzung, sowie anorg. C-, org. C- und P-Gehalte im Kern des Schlachtensees.

Ton-, Silt- und Sand-Gehalte sind auf das org. C-freie Sedimentmaterial bezogen (aus: PACHUR & SCHMIDT 1985).

Identifizierung steht jedoch noch aus, da aufgrund des geringen Mengenanteils in den Proben bisher nur ein Peak im Bereich des Dolomit-Hauptreflexes festzustellen ist. In den Sedimenten der Grunewaldseen sind jedoch die Magnesium-Gehalte so gering, daß ein hieraus zu berechnender Dolomit-Anteil röntgenographisch auch anhand des Hauptreflexes nicht mehr zu erkennen wäre. Da die Mangan-Gehalte ebenfalls sehr niedrig sind, und Ca-Rhodochrosit somit ausscheidet, nimmt SCHMIDT (1987) einen stark eisenhaltigen, bis 50 Mol % $FeCO_3$ enthaltenden Calcit an. Da dieses Mineral jedoch immer an hohe silikatische Schluff- und Sandgehalte gebunden ist, kann es sich möglicherweise um eine detritische Komponente handeln.

4.4.7.1 Mittel- und Spätholozäne Änderungen im $CaCO_3$-Gehalt der Sedimente

Die holozänen Mudden im Tegeler See enthalten vom Boreal an - vom gestörten Kernbereich am Sedimenttop abgesehen - stets $CaCO_3$-Gehalte von über 55 % (> 22 % Ca).

In der Havel dagegen liegen die $CaCO_3$-Gehalte der Mudden unter 33 % (1 bis 13 % Ca). Sie sind im Niederneuendorfer See höher als im Krienicke See und in der Unterhavel (Kern B). So weisen die Mudden des älteren Atlantikums im Niederneuendorfer See Ca-Gehalte von 4,1 bis 12,7 % (AHRENS 1985) auf. Der Mittelwert beträgt 8,6 %. Die zeitlich vergleichbaren Sedimente des Krienicke Sees weisen bis etwa 8 % Kalzium und die der Unterhavel 3,3 bis 5 % Kalzium auf.

Im Schlachtensee erreichen die $CaCO_3$-Gehalte der Mudden bis zu 50 % (20 % Ca) und können in der Krummen Lanke bis über 90 % (> 36 % Ca) ansteigen.

In den beiden abflußlosen Seen Pechsee und Teufelssee setzt andererseits die Karbonatproduktion schon Ende des Alleröds aus (anorg. C-Gehalte der jüngeren Mudden betragen im Pechsee 0 % und im Teufelsee 0,1 %). Offensichtlich ist hier die Verfügbarkeit von Karbonaten in den Einzugsgebieten erschöpft. Während im Pechsee auch die jüngste Sedimentzone karbonatfrei ist, enthalten die oberen 0,5 m des Teufelssees Calcit (anorg. C-Gehalte 2 bis 4 %). Wahrscheinlich ist der Kalkgehalt dieser Sedimentzone auf das Ausbringen der bei der Wasseraufbereitung anfallenden Schlämme des früheren Wasserwerkes Teufelsee zurückzuführen. Die Abnahme der Wassergehalte von mehr als 90 % auf etwa 70 % und die somit höheren absoluten Fe- und Mn-Gehalte in der obersten Sedimentzone weisen darauf hin. Außerdem ist ein Ca-Eintrag vom benachbarten, nach dem 2. Weltkrieg aufgeschütteten, im wesentlichen aus Bauschutt bestehenden Teufelsberg anzunehmen.

Die im Seemetabolismus gebildete Calcitmenge wird durch biogene Entkalkung und direkte Ausfällung maßgeblich gesteuert. KOSCHEL et al. (1983) zeigen an rezenten Seesedimenten der Mecklenburger Seenplatte einen Zusammenhang zwischen $CaCO_3$-Gehalt der Sedimente und dem Eutrophierungsgrad auf. Der $CaCO_3$-Gehalt der litoralen Sedimente steigt vom oligotrophen zum eutrophen Seestadium an. In den Profundal-Sedimenten werden die niedrigsten Werte im oligotrophen See gefunden. Am ausgeprägtesten sind die Unterschiede der Profundal-Sedimente zwischen dem oligotrophen Stechlin See (1) und dem mesotrophen Breiter Lucin See (2):

	mittlere Wassertiefe [m]	PO_4-P* [mg m^{-3}]	$CaCO_3$ [%]	org.C [%]
(1)	22,8	2,5	1- 2	20-30
(2)	25,2	40,0	45-63	5-13

* Mittelwert zu Beginn der Frühjahrszirkulation

Die beiden Seen sind am ehesten vergleichbar mit dem Tegeler See und der Havel zur Zeit des mittleren Holozäns. Die $CaCO_3$-Gehalte der Profundal-Sedimente der anderen aufgeführten Seen der Mecklenburger Seenplatte mit mittleren Wassertiefen von weniger als 10 m und höheren Eutrophierungsgraden liegen bei 15 % bis 50 %.

Unterschiede im $CaCO_3$-Gehalt der Mudden sind nicht nur im Vergleich der Berliner Seen untereinander sondern signifikant auch innerhalb der jeweiligen Sedimentsäulen festzustellen. Besonders auffällig ist im Kern B (Unterhavel) die Abnahme der CO_3- und Ca-Gehalte in den Mudden des jüngeren Atlantikums (Abb. 29), so daß Calcit schon im Subboreal und älteren Subatlantikum röntgenographisch nicht mehr nachweisbar ist. Parallel verläuft ein Anstieg der org.C-Gehalte von 11 bis 16 % auf 15 bis 23 % (Abb. 27). Kalziumhaltiger Siderit ist dagegen röntgenographisch in geringerer Menge weiterhin nachzuweisen.

Auch im Krienicke-Kern ist in zeitgleicher Position eine Abnahme des Calcit-Gehaltes festzustellen, mit dem jedoch kein Anstieg der org.C-Gehalte einhergeht (org. C-Gehalte um 13 %). Während im Kern B auch die Sedimente des Subatlantikums calcitfrei sind - von den oberen 15 cm mit Schalenresten von Mollusken abgesehen - enthalten im Krienicke-Kern die Mudden der obersten 2,5 m zum Teil über 10 % Calcit, ohne daß Schalenreste gefunden wurden. Es ist nicht auszuschließen, daß sich hier bereits ein stärkerer anthropogener Einfluß bemerkbar macht.

Im Tegeler See weisen die CO_3- und Ca-Gehalte eine ähnliche Tendenz wie in den Havel-Sedimenten (Abb. 30) auf. Beginnend im jüngeren Atlantikum verringern sich die $CaCO_3$-Gehalte mehr oder weniger kontinuierlich von über 75 % (30 % Ca) auf ca. 55 % im unteren Subatlantikum. Sie steigen dann innerhalb von 1 m Sedimentsäule auf mehr als 70 % (6,9 bis 6,3 m Tiefe) an und erreichen im Teufenbereich von 4,0 bis 3,4 m wieder über 75 %. Die Abnahme der Ca-Gehalte von 30,3 % (Mittelwert der Proben T21-3 bis T17-3) auf 26,1 % (Mittelwert der Proben des Subboreals) bzw. 24,8 % (Mittelwert des älteren Subatlantikums) liegt beim Tegeler See in der gleichen Größenordnung wie bei der Havel (Kern B: 5,5 bis 3,3 % Ca im älteren Atlantikum und 1,7 bis 1,0 % Ca im Subboreal; im Krienicke-Kern erfolgt die Abnahme von 6,9 % Ca auf 1,5 % Ca).

Im Schlachtensee nimmt im jüngeren Atlantikum der Calcit-Gehalt ebenfalls ab. Er ist im Subboreal röntgenographisch nicht mehr nachweisbar und steigt im unteren Subatlanktikum wieder an (Abb. 35). In der Krummen Lanke dagegen erfolgt eine fortdauernde Kalkproduktion, die zu $CaCO_3$-Gehalten von 37 bis 60 % führt (vgl. Abb. 32).

Die im jüngeren Atlantikum einsetzende Erniedrigung der Calcit-Gehalte ist auf ein komplexes Geschehen zurückzuführen. Hierzu zählt wahrscheinlich maßgeblich der Anstieg des Nordseespiegels (GEYH 1966, SINDOWSKY 1973 u.a.) und der damit verbundene Rückstau in der Elbe.

In der Havel und den seeartigen Erweiterungen hat der Meeresspiegelanstieg zu einem häufigeren Auftreten von Hochwasser geführt, ferner müßte der Grundwasserspiegel angestiegen sein. Der von BESCHOREN (1934) beschriebene Rückstau der Elbe, der sich bis westlich von Spandau rezent bemerkbar macht, könnte im jüngeren Atlantikum begonnen haben.

Außerdem ist eine Beeinflussung der Calcit-Präzipitation durch die Änderung der Niederschlagshöhe zwischen der mittleren Wärmezeit und der späten Wärmezeit nicht auszuschließen. Eine Veränderung der Auswaschungsintensität der Böden und der Temperatur könnte Effekte auf den Eutrophierungsgrad verursachen, der sich nach den rezenten Untersuchungen KOSCHELs et al. (1983) im $CaCO_3$-Gehalt der Profundal-Sedimente bemerkbar macht. Hierbei steuert auch die lokale petrographische Ausstattung, wie die Grunewaldseen zeigen, die Sedimentbildung. Im Einzugsgebiet der Krummen Lanke liegen ausgedehntere Geschiebemergelbänke als am Schlachtensee. Der Pechsee und der Teufelsee sind in sandige, zum Teil glazifluviale Sedimente eingebettet. Der Kalkmetabolismus der Seen reagiert dadurch auf klimatische Veränderungen über die Steuergröße Trophie seespezifisch, wie das Wiedereinsetzen calcithaltiger Sedimente im Krienicke See und Schlachtensee, bzw. die Zunahme der $CaCO_3$-Gehalte in den Mudden des Tegeler Sees im Subatlantikum zeigt.

4.4.8 Die Silikate und die Tonfraktion

In der Kornverteilung der Mudden treten Unterschiede auf. Die Mudden der Grunewaldseen sind feinsandreicher, auch wenn der anthropogene Eintrag in den oberen Dezimetern nicht berücksichtigt wird. Es macht sich die größere Ufernähe bemerkbar. Die Tonfraktion beruht in den Grunewaldseen überwiegend auf dem biogenen Detritus wie in den Sedimenten der Unterhavel. Die Havel weist geringere Gehalte in der Tonfraktion als der Tegeler See auf, übertrifft aber bis auf den durch anthropogenen Eintrag verursachten Verdünnungseffekt in der Neuzeit die Grunewaldseen.

In allen untersuchten Sedimenten ist Quarz die silikatische Hauptkomponente. Bei den Havelsedimenten ist er schon im Röntgen-Übersichtsdiagramm der Gesamtprobe zumindest mit seinem Hauptreflex vertreten, während bei den Mudden des Tegeler Sees - von der Basiszone (26,75 bis 27,95 m) abgesehen - Quarz des öfteren erst nach Lösen der Karbonate im Diagramm erkennbar wird. Außerdem ist Quarz in geringer Menge auch in den Tonfraktionen nach Lösen der Karbonate, Fe-Verbindungen und Diatomeen der Havel röntgenographisch nachzuweisen.

Feldspäte sind jedoch weit untergeordnet in allen Proben vorhanden. In den Röntgen-Übersichtsdiagrammen von Proben mit hohem Sandgehalt und von Sedimenten der sandigen Basis des Tegeler Sees sind sie mit deutlichen Reflexen anzutreffen. Bei geringen Sandgehalten sind Feldspäte in den Siltfraktionen z.T. erst nach Lösen der Karbonate nachzuweisen. In den vorbehandelten Tonfraktionen ist Feldspat nur am Rand der Nachweisgrenze röntgenographisch zu ermitteln.

In den Sanden der Basis des Tegeler Sees und in den stärker sandhaltigen Sedimenten des oberen Bereichs von Kern B (Havel) ist Muskovit makroskopisch zu erkennen, jedoch aufgrund der geringen Menge röntgenographisch nicht mehr zu erfassen.

Um an den Mudden der Havel eine qualitative Tonmineralanalyse durchführen zu können und außerdem den *Tonmineralgehalt* insgesamt näherungsweise anzugeben, wurden eine ganze Reihe von Proben aus dem Teufenbereich von 1,2 m bis 8,0 m mit verdünnter Lauge und Salzsäure behandelt, um Karbonate, Fe-Verbindungen und Diatomeen zu lösen. Die Rückstände wurden auf die gesamte Probe (einschließlich organische Substanz) umgerechnet. Es ergaben sich danach Tonmineralgehalte im Mittel von 2,6 % (2,38 bis 2,78 %).

In den oberen 0,60 m der Havelsedimente sind die Tonmineralgehalte höher, schon in der Fraktion < 2 μ sind ohne Vorbehandlung verschiedene Tonminerale röntgenographisch nachzuweisen. Da die Tongehalte dieser Proben zwischen 7,3 bis 16,3 % (bezogen auf die von organischer Substanz befreite Probe) liegen und die Tonfraktion neben Tonmineralen auch Fe-Oxide, Diatomeenbruchstücke, Schlackenreste und Tonprodukte aus dem Ziegelmaterial, sowie etwas Quarz und Feldspat enthält, ist anzunehmen, daß der Tonmineralgehalt der Gesamtprobe unter 10 % liegt.

Die Sedimente der sandigen Basis des Tegeler Sees weisen im Mittel Tonmineralgehalte von 0,75 % (0,39 bis 1,08 %) auf. In der Sedimentzone von 26,75 m bis 27,95 m direkt oberhalb der sandigen Basis sind die Tonmineralgehalte am höchsten. Die karbonatfreien Rückstände der Tonfraktion bezogen auf die Gesamtprobe (inkl. organische Substanz), ergeben silikatische Tongehalte von 5,5 % (T26-2) bzw. 9,3 % (T25-4), die jedoch noch Quarz enthalten, während Feldspäte selten nachzuweisen sind.

Die oberhalb 25 m Sedimenttiefe liegende Mudde des Tegeler Sees enthält in der Fraktion < 2 μ im Mittel 4,7 % (3,7 bis 5,4 %) Silikate. Zu berücksichtigen ist jedoch, daß die Tonfraktionen der Tegeler See Mudden nur HCl behandelt sind und daher auch noch Diatomeenmaterial enthalten.

Die Tonfraktion der Proben aus der sandigen Basis des Tegeler Sees enthält an *Tonmineralen* vorwiegend Illit und Kaolinit, sowie unregelmäßige Wechsellagerungsminerale (WM) und untergeordnet Chlorit. Die unregelmäßigen Wechsellagerungsminerale sind im wesentlichen durch illitische und montmorillonitische Komponenten aufgebaut, wie anhand der Äthylenglycol- und der 550° C-Behandlung festzustellen war. Das Tonmineralspektrum der Mudden ist dem der sandigen Basis ähnlich, wobei vom Chlorit abgesehen wurde. Chlorit konnte nur in der Probe T11 in Spuren nachgewiesen werden. Außerdem ist der Anteil an unregelmäßigen Wechsellagerungsmineralen (WM), besonders in den Proben T25-4 und T26-2 niedriger. Dies ist wahrscheinlich darauf zurückzuführen, daß infolge der in den Mudden relativ stärkeren Feldspatverwitterung Kalium von den WM aufgenommen wurde und somit ein Teil der WM mehr oder weniger in Illit umgewandelt wurde. Die aufweitbare, montmorillonitische Komponente der WM war trotz der HCl-Behandlung in einzelnen Fällen noch zu erkennen.

An den vorbehandelten Tonfraktionen der Havelsedimente waren in allen Proben Illit, Kaolinit und insbesondere unregelmäßige Wechsellagerungsminerale röntgenographisch nachzuweisen. Die WM füllen den Diagrammbereich zwischen 10 und 14 Å meist in Form eines großen, über die Intensität des Illits bei weitem hinausgehenden, unspezifischen Peaks (d-Wert um 12,6) aus. Auf eine aufweitbare Komponente in den WM weist die leichte Peakverschiebung nach der Äthylenglycol-Behandlung hin. Nach der 550°C-Behandlung sind Wechsellagerungsminerale im Diagramm überhaupt nicht mehr zu erkennen. Eine dem Mengenanteil der WM entsprechende Intensitätszunahme des 10 Å-Reflexes (Illit) ist nur in einzelnen Fällen annähernd zu verzeichnen. Daher ist anzunehmen, daß auch eine chloritische Komponente am Aufbau der unregelmäßigen WM beteiligt ist. Hierbei dürfte es sich um unvollständige, sekundäre Chlorite handeln.

4.4.9 Die Austauschkapazität der Limnite

Die Bestimmung der Kationen-Austauschkapazität (AK) an den limnischen Sedimenten erfolgte nach der gleichen Methode wie für subaerische Böden, um wenigstens einen groben Vergleichsmaßstab mit dem Adsorptions- und Desorptionsvermögen derselben zu gewinnen.

Die AK der Havelsedimente (Abb. 27) erreicht Werte bis zu über 60 mval/100g und liegt im Teufenbereich von 1,4 m (B1-2) bis 7,8 m (B7-5), im Mittel bei 47,3 mval/100 g (34 bis 68 mval/100 g). Demgegenüber ist die AK der Tegeler See Sedimente erheblich niedriger und weist einen Mittelwert von 17,7 mval/100 g auf. Die Ursache besteht in den sehr stark voneinander abweichenden Gehalten an organischer Substanz und untergeordnet auf unterschiedlichen Diatomeen-, Fe-Oxid/-Hydroxid und Tonmineral-Gehalten (vgl. 4.4.4, 4.4.6 und 4.4.8).

Nach einer Zusammenstellung aus FÖRSTNER & WITTMANN (1979) besitzen verschiedene Tonminerale und amorphe Kieselsäure folgende AK:

Kaolinit	3 - 15 mval/100 g
Illit	10 - 40 mval/100 g
Chlorit	20 - 50 mval/100 g
Montmorillonit	80 - 120 mval/100 g
amorphe Kieselsäure	11 - 34 mval/100 g

Für gut zersetzte organische Substanz werden von SCHEFFER & SCHACHTSCHABEL (1979) bei pH 8 eine Austauschkapazität von 180 bis 300 mval/100 g angegeben. Die AK der organischen Substanz nimmt pro fallender pH-Einheit um etwa 50 mval/100 g ab. Nach RASHID (1971) beträgt die gesamte Bindungskapazität von Humusstoffen 200 bis 600 mval/100 g, wovon jedoch nur ungefähr ein Drittel am Kationenaustausch beteiligt ist.

Um annäherungsweise eine Bilanzierung der AK durchzuführen, wurde die mittlere AK der in den Sedimenten auftretenden Tonminerale (vgl. 4.4.8) mit 50 mval/100 g angenommen und für Diatomeen der Mittelwert der amorphen Kieselsäure zugrunde gelegt (23 mval/100 g). Da der Gehalt an oxidischem Fe im Havelsediment nicht zu ermitteln war (vgl. 4.4.6) und die genaue chemische Zusammensetzung der Fe-Oxide/-Hydroxide unbekannt ist, wurden sie in der folgenden Berechnung nicht berücksichtigt. Die Havelsedimente besitzen im Bereich von 1,4 bis 7,8 m Tiefe im Mittel 37,9 % organische Substanz, 22,7 % Diatomeen (vgl. 4.4.4) und 2,6 % Tonminerale (vgl. 4.4.8). Nach diesen Randbedingungen ist die mittlere AK von 47,3 mval/100 g wie folgt aufzuteilen:

2,6 % Tonminerale	1,3 mval
22,7 % Diatomeen	5,2 mval
37,9 % org. Substanz	40,8 mval

Die Austauschkapazität der organischen Substanz wurde hiernach zu 108 mval/100 g ermittelt. Während dieser Wert in den von RASHID (1971) angegebenen Bereich der Kationen-Austauschkapazität fällt, liegt er nach den Angaben von SCHEFFER & SCHACHTSCHABEL (1979) in Nähe der unteren Grenze, wenn der pH-Wert berücksichtigt wird, bei dem die Bestimmung der AK erfolgte (Havelsediment: pH-Wert etwa bei 7, Pufferung durch Triäthanolamin wurde nicht vorgenommen) (vgl. 3.2.2.2).

Die Tegeler See Mudden haben im Mittel 12,3 % organische Substanz und 8,3 % Diatomeen. Die mittlere AK von 17,7 mval/100 g setzt sich unter Berücksichtigung der obigen Daten folgendermaßen zusammen: 13,2 mval durch organische Substanz und 1,9 mval durch Diatomeen. Der Rest von 2,6 mval umgerechnet auf Tonminerale ergibt einen mittleren Tonmineralgehalt dieser Proben von 5,2 %. Dieser Wert zeigt eine gute Übereinstimmung mit dem an Rückstandsuntersuchungen ermittelten Tonmineralgehalt von 4,7 % (vgl. 4.4.8).

Die Austauschkapazität der untersuchten Mudden wird weitgehendst von ihrem Gehalt an organischer Substanz bestimmt. Für die Beurteilung der Adsorption von organischen Schadstoffen ist zumeist der Gehalt an organischer Substanz von vorrangigem Interesse, da z.B. Pestizide und Naphtalen bevorzugt von der organischen Substanz sorbiert werden (GORING & HAMAKER 1972, RIPPEN et al. 1982).

Um weitere Informationen zum Ladungsaustausch zu erhalten, wurde die spezifische Oberfläche von Sedimentproben aus der Havel und dem Tegeler See nach der Methode von BRUNAUER, EMMET & TELLER (HOUL & DÜMBGEN 1960) mit einem AREA-Meter (Firma Ströhlein) gemessen. Die Werte liegen für das bei 105° C getrocknete Sediment im Tegeler See bei 9,6 $m^2 g^{-1}$, in der Havel dagegen bei 55,8 $m^2 g^{-1}$ (Mittel aus 16 Bestimmungen). Nach Entfernung der organischen Substanz mittels Behandlung mit H_2O_2 erreichten die Werte in der Havel noch 54,6 $m^2 g^{-1}$. Der Wert liegt über dem Mittel von 22 $m^2 g^{-1}$ aus fossiler Diatomeenerde (ILER 1955) aber unterhalb 123 $m^2 g^{-1}$ bis 89 $m^2 g^{-1}$ aus Kulturdiatomeen (LEWIN 1961). Die Differenz könnte auf einen Alterungseffekt infolge Absättigung freier Silanolgruppen (ALEXANDER 1957) zurückgeführt werden.

Vollständig disperser natriumbelegter Montmorillonit weist eine spezifische Oberfläche von 600 bis 800 $m^2 g^{-1}$ (BOLT & BRUGGENWERT 1978) auf, bei Kaoliniten, die nur äußere Oberflächen besitzen, sind Werte zwischen 10 $m^2 g^{-1}$ und 40 $m^{2\ -1}$ ermittelt. Im Vergleich zu Tonen liegen die spezifischen Oberflächen der Havel- und Tegeler Seesedimente eine Größenordnung niedriger. Trotz des hohen Anteils an organischen Verbindungen, ausgedrückt als org. C, erreicht die spezifische Oberfläche der Seesedimente nicht die Werte der "organischen Substanz" in subaerischen Böden von 800 bis 1000 $m^2 g^{-1}$ (SCHEFFER & SCHACHTSCHABEL 1979). Auch die gewachsenen Böden weisen spezifische Oberflächen von wenigen m^2 bis etwa 500 $m^2 g^{-1}$ auf; die Werte steigen mit dem Gehalt an Tonmineralen und der organischen Substanz. Es zeigt sich, daß trotz des hohen Anteils an organischen Komponenten in den Mudden der Havel die spezifische Oberfläche relativ gering ist.

Auf Grund der Gehalte an organischer Substanz wäre insbesondere beim Havelsediment eine höhere Austauschkapazität zu erwarten gewesen. Auch ist die Korrelation zwischen AK und organischer Substanz innerhalb der jeweiligen Profile nicht ausgeprägt (Abb. 27 und 28). Die Gründe liegen u.a. in dem Auftreten von organo-mineralischen Verbindungen (mit Tonmineralen und Fe-Oxiden) - "bei gleichzeitiger Anwesenheit von Ton und organischer Substanz werden die Austauschkapazität der organischen Substanz und die Zahl der freien OH-Gruppen des Tons gesenkt" (SCHEFFER & SCHACHTSCHABEL 1979: 69). Rasterelektronenmikroskopische Aufnahmen von Diatomeenvalven und des Sediments (Abb. 25, 33) zeigen z.T. eine Belegung der Oberflächen mit Karbonaten und Fe-Verbindungen, nicht selten in Form eines matrixartigen Überzuges. Es ist anzunehmen, daß diese Matrix die spezifischen Oberflächen verringert und somit die AK herabsetzt.

Die Havelsedimente besitzen für Kationen ein relativ hohes potentielles Adsorptions- und Desorptionsvermögen, welches bei einer Betrachtung von Massenflüssen angesichts der Mächtigkeit von mindestens mehreren Metern (bis zu 30 m gemessen) ein bedeutendes Ionenreservoir im Geosystem Wasserkörper-Sediment-Grundwasserleiter-Grundwasser darstellt. Potentiell bilden hiernach die Seesedimente Senken; sie können jedoch durch die Grundwasserförderung und damit einsetzenden influenten Bedingungen zu Immissionen angeregt werden. Das Vorkommen von Umweltchemikalien in größerer Sedimenttiefe läßt ein Leaching vermuten - offen bleibt, ob infolge eines anliegenden hydraulischen Potentials eine Mobilisierung schon einmal adsorbierter Chemikalien erfolgte, oder eine Fixierung an der Sedimentoberfläche infolge Votalität und Wasserlöslichkeit nicht stattfindet. Die Schwermetalle Pb, Cu, Zn, Cd und Hg erreichen dagegen nach etwa 1-3 m Teufe die geochemische Grundbelastung (vgl. 4.6.1).

4.5 Die hydrographischen Aspekte

Mittels Bohrungen und seismischer Aufnahmeverfahren sowie der Auswertung der Unterlagen des Senators für Bau- und Wohnungswesen wurde die Verbreitung und Mächtigkeit der postpleistozänen limnischen Sedimente im Tegeler See, Teilen der Havel und der Grunewaldseen ermittelt. Es ergaben sich Mächtigkeiten in der maximalen Größenordnung von 27 m im Tegeler See und von > 30 m in der Havel. Sowohl entlang des östlichen und teilweise westlichen Havelufers wie des Tegeler Sees ziehen sich die Brunnengalerien der Berliner Wasserwerke entlang, insofern liegen die Seesedimente im Fassungsbereich der Brunnen und sind Teile des Aquifers. Die Brunnen fördern Uferfiltrat, dessen Anteil an der Förderung insgesamt mindestens 38 % beträgt, für einige Wasserwerke werden bis zu 66 % (KÜNITZER 1956, KLOOS 1986) angegeben. Teilweise werden die Seen von den Absenkungstrichtern vollständig unterfahren - Schlachtensee und Krumme Lanke -, so daß ein hohes hydraulisches Potential an den Seesedimenten anliegt. Die Wasserversorgung im Berliner Ballungsgebiet ist auf die Förderung von Grundwasser angewiesen. Mit dem sehr ungünstigen Einwohnergleichwert von 274 (Einwohnerzahl: mittlerer Niedrigwasserabfluß in $1\,s^{-1}$ = MNQ), wird die besondere Bedeutung der Qualität des Vorfluters umrissen.

Die geographische Lage des Gebietes innerhalb der 590 mm Jahresisohyete beleuchtet ferner die ungünstige hydrographische Ausgangssituation, die nur durch die Zugehörigkeit von Havel und Spree zu einem abflußarmen Tieflandflußtyp, jährlicher Abfluß unter 150 mm/a, gemildert wird.

Aufgrund dieser Tatsache erfolgt eine bedeutende Grundwasserspende, die durch den bis in das 13. Jahrhundert zurückgehenden künstlichen Aufstau der Havel verstärkt wird. Die Fließgeschwindigkeit der Unterhavel liegt heute in der Größenordnung von 0,013 m/sec, so daß sie hydrologisch als See anzusprechen ist.

Die Brunnengalerien Großes Fenster des Wasserwerkes Belitzhof mit Brunnentiefen von 30 bis 81 m und das Wasserwerk Tegel, Galerie Tegel-West und Saatwinkel I, gelangen mit Tiefen von 30 bis 52 m und 30 bis 45 m in Höhe des spätpleistozänen Seebodens (Abb. 36). Somit kann bereits ein lateraler Zustrom durch die Mudden auf die Brunnengalerien erfolgen. Da die Mudden zum überwiegenden Teil ein geschichtetes Gefüge aufweisen, ist mit einem höheren Durchlässigkeitsbeiwert im Bereich der horizontalen Komponente des lateralen Flusses zu rechnen.

Vergleichbare Verhältnisse sind für den Schlachtensee herzuleiten. Abb. 5 gibt einen historischen Abriß der zunehmenden Nutzung des Grundwassers wieder und zeigt, daß der See bereits von dem abgesenkten Grundwasserspiegel unterfahren wird. Demzufolge wird schon seit 1913 Havelwasser in den See gepumpt, der damit ein künstliches Grundwasseranreicherungsbecken darstellt. Die hohen ermittelten DDT- und DDE-Konzentrationen in den Seesedimenten (BUCHERT et al. 1981) bilden Anlaß, eine mögliche Kontamination auch des Perkolationswassers zu befürchten.

Der Tegeler See erhält abgesehen von der Havel seinen Hauptzufluß mit 1,28 m^3s^{-1} (Sommerhalbjahr 1961 bis 1975) vom Nordgraben, welcher seit 1952 an die Panke angeschlossen ist und von dieser stark belastete Rieselfeldwässer (Dränwasser) aufnimmt. Ab 1986 wird eine Entphosphatisierungsanlage nach HÄSSELBARTH, GROHMANN & KLEIN (Institut für Wasser-, Boden- und Lufthygiene, BGA, Berlin) zwischengeschaltet. Ferner nimmt der See eine unbekannte Zahl privater und wahrscheinlich gewerblicher Abläufe von Kläranlagen sowie von den Straßen auf. Das Nordgrabenwasser ist sehr suspensionsreich und führt im Tegeler Hafen zu Sedimentationsraten in der Größenordnung von > 5 mm/a. Ausdruck der hohen Belastung ist der Gehalt an Phosphaten, die bis ca. 30 mg l^{-1} und Stickstoffverbindungen, die 17,5 ppm l^{-1} Stickstoff erreichen, sowie der Nachweis zahlreicher organischer Umweltchemikalien in den Sedimenten des Hafens. Die hohen Konzentrationen der hier aufgeführten Xenobiotika sind das Ergebnis der Akkumulation der letzten Jahre, da das Hafenbecken zuletzt 1975 ausgebaggert wurde. Insofern stellen die Werte das aktuelle Belastungsniveau dar, die Probennahme erfolgte an der Sedimentoberfläche, Angabe in µg/kg Trockengewicht.

HCP	15
a-HCH	0,9
γ-HCH	0,9
4,4'-DDEMU	1,8
2,4'-DDE	1,5
4,4'-DDE	74
4,4'-DDD	111
4,4'-DDT	31
PCB (60% Cl)	360
Polychlorierte Terphenyle (54% Cl)	150

Das Tegeler Fließ ist nur mit 0,52 m^{3}s^{-1} Zufluß beteiligt und führt im Vergleich zum Nordgraben ein geringer belastetes Wasser in den See ein.

Die Havel gibt nach KLOOS (1978) im langjährigen Mittel 0,73 m^3 s^{-1} an den Tegeler See ab, die Menge des Uferfiltrats des Sees wird für das Jahr 1985 mit 36 · 10^6 m^3 nach KLOOS (1986) ermittelt. Der errechnete Verdunstungsverlust erreicht dagegen nur 0,125 m^3 s^{-1}. Die bedeutenden Wassermengen, die durch das Sediment perkolieren, führen in gelöster und suspendierter Form Umweltchemikalien an die Sedimentoberfläche, wo ein Teil adsorbiert, ein anderer dagegen das Sediment passiert.

Eine Abschätzung der Mächtigkeit der Seesedimente (PACHUR & HABERLAND 1977) ergab eine mittlere Teufe von 4 m über eine Fläche von 2,35 km^2 im Uferbereich und 12 m - wobei maximale Werte von über 27 m auftreten - über eine Fläche von 1,4 km^2.

Das Auftreten polychlorierter Kohlenwasserstoffe in 6 m Sedimenttiefe könnte die geringe Absorption dieser Stoffe anzeigen; über ein Erreichen der Absorptionskapazität des Systems ist jedoch hierdurch allein noch nichts ausgesagt. In marinen Sedimenten sind ebenfalls tiefreichende Kontaminationen mit polychlorierten Kohlenwasserstoffen nachgewiesen worden (VENKATESAN et al. 1980). Mit dieser Migrationstiefe ist im ufernahen Bereich die maximale Sedimenttiefe erreicht, so daß der Übertritt in die Seesande mit ihrer höheren Permeabilität erfolgen kann. Der möglichen Migration von Umweltchemikalien in tiefere Sedimentschichten läuft die von Schwermetallen nur in den oberen 2 bis 3 m parallel. Mit der Ausbildung einer Sapropelschicht infolge des verstärkten Anfalls organischer Substanz aus dem hocheutrophierten Epilimnion treten jedoch negative Redoxpotentiale in der Größenordnung von -100 mV im Hypolimnion während der Stagnationsphasen auf. Unter diesen Bedingungen werden an Metalloxide/-hydroxide sorbierte Schwermetalle freigesetzt, und Schwermetall-Komplexverbindungen mit organischen Liganden können auftreten (RASHID 1974). Untersuchungen von FÖRSTNER & MÜLLER (1974) im Nekkar wie an Sandfiltersäulen (FÖRSTNER & WITTMANN 1979) beleuchten die Möglichkeit einer verstärkten Mobilisation der Schwermetalle durch O$_2$-Armut am Seeboden und der Bildung von Komplexverbindungen in Gegenwart organischer Substanz unter influenten Bedingungen.

Mit folgenden Größenordnungen des Substanzflusses durch das Sediment ist zu rechnen, wenn die gelöste Gesamtstickstoff- (3,67 mg/l), Ortho-Phosphatphosphor- (1,07 mg/l) und Chloridfracht (66 mg/l) im Seewasser der Sommerhalbjahre 1975 bis 1979 zugrundegelegt wird (Werte nach SENAT BERLIN 1979: 67). Es versickern nach KLOOS (1979) durch den Seegrund 1,35 m^{3}s^{-1} im Sommerhalbjahr. Unter der Annahme, die Infiltrationsfläche im Tegeler See nimmt im wesentlichen den Bereich der mittleren Muddemächtigkeit von 4,0 m ein, entsprechend einer Fläche von ca. 2,35 km^2, so transportiert der Sickerstrom pro Sommerhalbjahr 77 t Stickstoffverbindungen; 1385 t Chlorid und 225 t ortho-Phosphatphosphor.

Im Tegeler Hafen wurden 360 µg/kg PCB im Trockensediment ermittelt. Es mögen dann im Porenwasser 360 · 10^{-3} µg/l enthalten sein. Daraus errechnet sich, wenn man den Wert auf den See überträgt, eine Lösungsfracht von 7,56 kg (Summe aller PCB-Verbindungen mit 60 % Cl) in den Aphifer im Sommerhalbjahr.

Um zu einer größenordnungsmäßigen Vorstellung der Lösungsbewegung in den Sedimenten zu gelangen, wurden Durchlässigkeitsbeiwerte (kf-Wert) bestimmt (SCHLEY 1981). Angemerkt sei, daß aus dem kf-Wert nur die Geschwindigkeit der gesamten durch das Sediment hindurchtretenden Wassermenge ermittelt werden kann, die Geschwindigkeiten einzelner Wasservolumina, die maximale Abstandsgeschwindigkeit, kann um Größenordnungen höher liegen. Für die Verbreitung von Umweltchemikalien ist letztere Geschwindigkeit von Bedeutung. Wegen der Struktur der Mudden ist eine Ermittlung der Durchlässigkeit unter Verwendung des Ungleichförmigkeitsmaßes der Kornverteilung problematisch, weil der hohe Gehalt an organischer Substanz und die kalzitische Verkittung der Diatomeenvalven den Randbedingungen der kf-Wertbestimmung für rollige und bindige Böden (v. ENGELHARDT 1960, TERZAGHI 1948, SCHULTZE & MUHS 1967) nicht entspricht.

Eine konventionelle experimentelle Bestimmung erwies sich wegen der Ausspülung der organischen Substanz und der Umläufigkeit an der Zylinderwand als ebenfalls nicht gangbar.

Die Durchlässigkeitsermittlung wurde daher an einem Neuber'schen Durchlässigkeitsgerät (DIN 18130 T1, Entwurf 1979) nach DIETRICH (1979) ausgeführt (SCHLEY 1981). Das Gerät ist für die Bestimmung von geringen Durchlässigkeiten bei kleineren hydraulischen Gradienten ausgelegt und beruht auf der Messung der Strömungsgeschwindigkeit durch Wanderung einer Luftblase in einer Kapillaren. Die Probe befindet sich während der Messung in einer Einaxial-Druckzelle, durch Anlegen eines Manteldrucks wird die Umläufigkeit an der Wand der Gummimanschette, in die die Muddeprobe eingehüllt ist, verhindert.

Die ermittelten Werte von Proben, die im Tegeler See mit dem Stadegerät oder mit der Kernbüchse gezogen wurden, liegen zwischen $2,1 \cdot 10^{-7}$ m s^{-1} und $2,8 \cdot 10^{-9}$ m s^{-1}, gemessen bei 10° C und einem hydraulischen Gefälle von mehr als eins (Tab. 24).

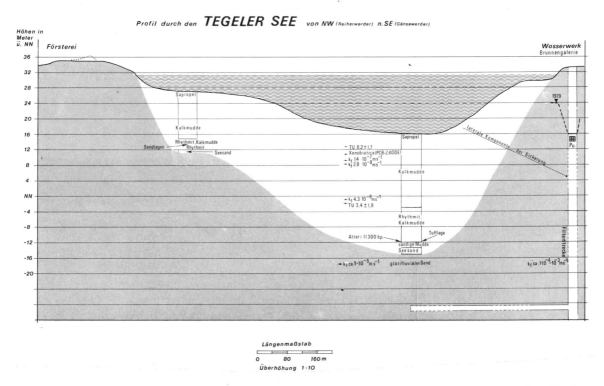

Abb. 36: Ausgangssituation möglicher Migration aus dem Sediment in das genutzte Grundwasser am Beispiel des Tegeler Sees.

TU = Tritiumeinheiten. 1 TU : ^{3}H/10^{18} H, entspricht ca. 0.119 Bq in 1 ltr. Wasser.

Wie aus der vergleichenden Übersicht (Abb. 37) hervorgeht, ordnen sich die Werte in den Bereich wasserwirtschaftlich mittlerer bis undurchlässiger Substrate ein.

Die höheren Durchlässigkeiten in der oberen Hälfte der Mudden von max. $2,1 \cdot 10^{-7} \text{m s}^{-1}$ gegenüber $2,8 \cdot 10^{-9} \text{m s}^{-1}$ sind auf die geringere Kompaktion der Sedimentsäule zurückzuführen. Die Erfahrung an Torfen und sogenannten Algenmudden (BADEN & EGGELSMANN 1963) und Marschenböden (KOHL 1971) zeigt, daß bei steigender Mineralisierung der organischen Substanz die Grob- und Mittelporen (50 bis 0,2 μm Ø) zugunsten der Feinporen (< 0,2 μm Ø) abnehmen.

Für die Migration von Stoffen oder Umweltchemikalien haben die Differenzen in der Leitfähigkeit mit wachsender Teufe in der Größenordnung von zwei Zehnerpotenzen ein räumlich differenziertes Eintreffen am sandigen Untergrund der Mudden und damit den Eintritt in den wasserwirtschaftlich genutzten Aquifer zur Folge.[3] In den ufernahen Bereichen ist die Verweildauer in der Sedimentsäule jedoch kleiner, zumal sich dort aufgrund der höheren Permeabilität und des höheren hydraulischen Gradienten zu den Absenkungstrichtern um die Brunnen ein verstärkter Abstrom des Wassers ergibt. Man muß deshalb annehmen, daß die Akkumulations- und damit Filtrationseffekte

---

[3] Ausgegangen wird von influenten Bedingungen im Tegeler See, die seit mindestens 40 Jahren bestehen. Wir meinen deshalb, den aufwärtsgerichteten Kompaktionsstrom während der Diagenese vernachlässigen zu dürfen. LU & CHEN (1977) haben in Experimenten im Interface Meerwasser-Sediment die Wanderung von Spurenelementen (Cd, Cu, Ni, Pb) im Kompaktionsstrom wahrscheinlich gemacht.

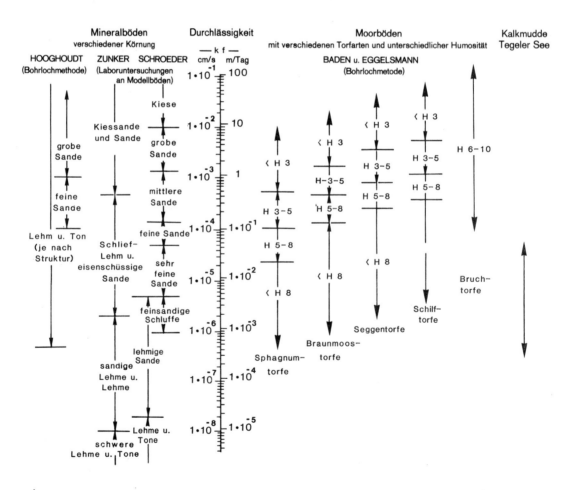

Abb. 37: Vergleich der Durchlässigkeit von Mineral- und Moorböden mit der Mudde vom Tegeler See (Angaben nach HOOGHOUDT 1952, ZUNKER 1930, SCHROEDER 1958 und SCHLEY 1981, Moorböden nach BADEN & EGGELSMANN 1963).

der Mudden weniger wirksam sind als in Bereichen größerer Sedimentmächtigkeit. Das Filtrationsgeschehen ist daher auf eine relativ kleine ufernahe Seefläche beschränkt.

Die kf-Werte in den Bereichen größerer Muddemächtigkeiten sind so klein, daß die filtrierte Wassermenge bedeutungslos ist, nicht dagegen für die Kontamination im mg-Bereich für welche die nicht ermittelte Abstandsgeschwindigkeit maßgebend ist. So zeigen die Tritium Werte des Porenwassers zwar eine mit der Teufe abnehmende, aber so hohe Konzentration, daß mit einer rezenten Infiltration bis zur sandigen Basis gerechnet werden muß. Die Tritiumkonzentrationen (TU) betragen:

Tiefenmeter ab Seeboden	[TU]
4,0	8,2 ±1,7
18,5	3,4 ±1,8
22,3	6,7 ±2,0

(Für die Messung danken wir C. SONNTAG, Heidelberg)
1 TU: $^3H/10^{18}$ H · 1 TU ca. 0,119 Bq in 1 ltr. H_2O

Die Infiltration in das Sediment wird ferner wahrscheinlich durch den qualitativen und quantitativen Nachweis von organischen Umweltchemikalien im Tiefenmeter 6. Es handelt sich um 1.2.3 Trichlorbenzol, 1.2.4 Trichlorbenzol, wahrscheinlich Pentachlorbenzol und polychlorierte Terphenyle (0,8 µg/kg), 4.4 DDE (0,12 µg/kg) und 4.4' DDT (0,02 µg/kg), bezogen auf das getrocknete Sediment.

Die zehnjährige Meßreihe (1975 bis 1984) in KLOOS (1986) an den Grundwassergüte-Meßstellen im Einzugsgebiet des Tegeler Sees weist Chloridkonzentrationen zwischen 9,1 mg/l und 98,2 mg/l auf. Das langjährige Mittel von 15 Meßstellen liegt bei 50 mg/l.

Vergleicht man Porenwasser und oberflächennahes Grundwasser mit dem Rohwasser der Wasserwerke, die Chlorid-Gehalte zwischen 42,0 mg/l und 63,0 mg/l aufweisen, wird der Anteil uferfiltrierten Wassers am Rohwasser deutlich. Der mittlere Chloridgehalt des Wassers der Oberhavel und des Tegeler Sees liegt in der Größenordnung von 39 mg/l bzw. 75 mg/l. Da in Seemitte die Porenwässer der Mudden ab 3 m Sedimenttiefe Chloridgehalte

Tab. 24: kf-Werte von Mudden des Tegeler Sees (SCHLEY 1981).

Proben-Nr.	Tiefe (m)[1]	kf-Wert bei 10°C (cm/s)	Hydraulisches Gefälle
14.1	21,5-21,8	1,1 10^{-6}	1,58
14.2		2,3 10^{-6}	1,18
14.3		1,3 10^{-6}	1,49
14.4		1,4 10^{-6}	1,33
16.1	21,9-22,2	2,1 10^{-5}	1,65
16.2		1,1 10^{-5}	1,64
16.3		1,1 10^{-5}	1,54
16.4		2,9 10^{-4}	1,65
18.1	22,3-22,6	1,3 10^{-6}	1,52
18.2		4,3 10^{-6}	1,65
18.3		2,2 10^{-6}	1,69
18.4		4,2 10^{-6}	1,64
20.1	22,7-23,0	1,5 10^{-6}	1,67
20.2		3,1 10^{-6}	1,46
20.3		2,5 10^{-6}	1,71
20.4		3,2 10^{-6}	1,63
32.1	32,0-32,3	2,8 10^{-7}	1,28
32.2		6,6 10^{-7}	1,36
32.3		3,5 10^{-7}	1,08

[1] Sedimenttiefe + 14,5 m Wassertiefe

< 20 mg/l aufweisen, sind diese Mudden an dem Filtern des Uferfiltrats nicht beteiligt, das Infiltrationsgeschehen konzentriert sich danach auf die ufernahen Bereiche mit geringer Muddemächtigkeit.

Auch die PO_4-Gehalte im Porenwasser (PACHUR & RÖPER 1982), die kontinuierlich bis zum Tiefenmeter 12 auf 3,1 mg/l ansteigen, und im Tiefenmeter 26 noch 2,4 mg/l betragen, sprechen für eine Aufkonzentrierung im Porenwasser gegen ein Niveau, welches erst im Laufe der Diagenese aus dem Abbau der organischen Substanz resultiert. Wir nehmen daher an, daß der Sickerstrom so langsam fortschreitet, daß eine Wiederherstellung der Gleichgewichtskonzentration an PO_4-Ionen zwischen Porenwasser und Festsubstanz in den unteren Sedimentabschnitten erfolgen kann.

Im oberflächennahen Grundwasser des Einzugsgebietes liegen die PO_4-Werte bei 17 Meßstellen zwischen 1,7 mg/l und 0,007 mg/l bei einem Mittel von 0,23 mg/l. Im Rohwasser der Wasserwerke werden zwischen 0,12 und 0,97 mg/l bei einem Mittel (über die acht

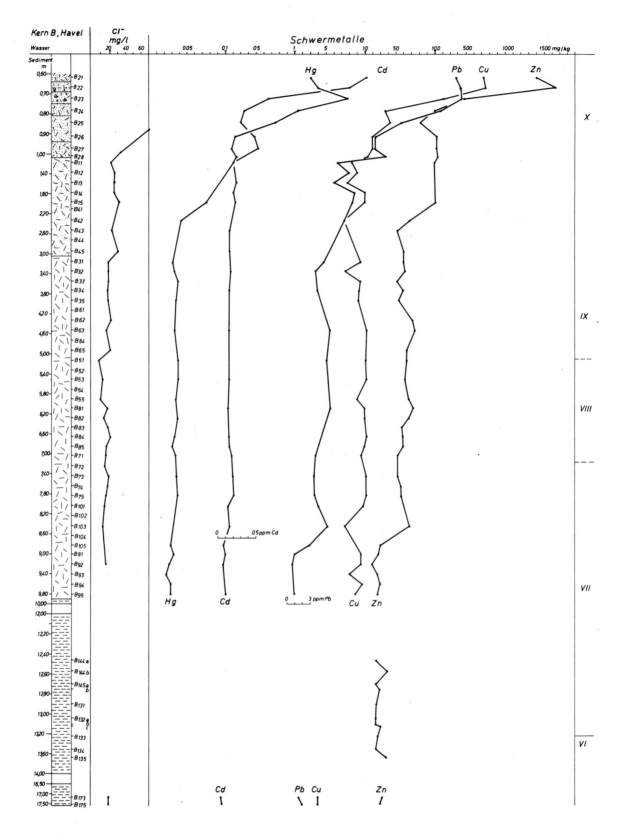

Abb. 38: Chloridkonzentration des Interstitialwassers und Schwermetall-Gehalte des Sediments (vgl. Tab. 25) im Kern B, Havel.

Förderanlagen) von 0,47 mg/l gemessen. Da im Wasser des Epilimnion mit Phosphatgehalten bis zu 5,0 mg/l (RÖPER 1985) zu rechnen ist, wobei das einfließende Havelwasser mit Werten um 0,13 mg/l PO_4 (KLOOS 1978) verdünnend wirkt, dürfte der Rohwasserwert wie beim Chlorid in erster Linie aus dem Uferfiltrat stammen, wo die Sapropellage mit PO_4-Gehalten von in der Größenordnung 10 mg/l beteiligt sein könnte. Auch hiernach ergibt sich, daß die mittleren bis größeren Sedimenttiefen von dem Uferfiltrationsgeschehen weitgehend unberührt bleiben.

4.6 Die Kontamination der Sedimente mit Schwermetallen und Umweltchemikalien

4.6.1 Die Schwermetalle (Zn, Cu, Pb und Cd)

Die Schwermetallgehalte der untersuchten Limnite sind in Abb. 38 bis 41 als Tiefenfunktion dargestellt.

Ihnen gemeinsam ist der anthropogen bedingte Konzentrationsanstieg im obersten Bereich der Sedimentsäule. In der Havel beginnt der Anstieg in einer Sedimenttiefe von etwa 2 m für Zink, Blei und Quecksilber; für Cadmium und Kupfer bei 1 m. Über der beprobten Sedimentsäule folgen noch etwa 60 cm stark wasserhaltige sapropelähnliche Mudde. Bei den Grunewaldseen ist auch diese Zone mit der Gefrierkernmethode erfaßt worden. Die oberen zwei Kernmeter der Tegeler See-Bohrung sind durch Nachfall gestört. In der Großen Malche, einer Bucht des Tegeler Sees, werden Kupfer- und Zink-Gehalte von 440 mg/kg bzw. 1950 mg/kg in der obersten Sedimentzone erreicht.

In einigen Kernen ist ein Abknicken der Konzentrationskurve im Bereich der jüngsten Sedimentzone in Richtung niedriger Konzentra-

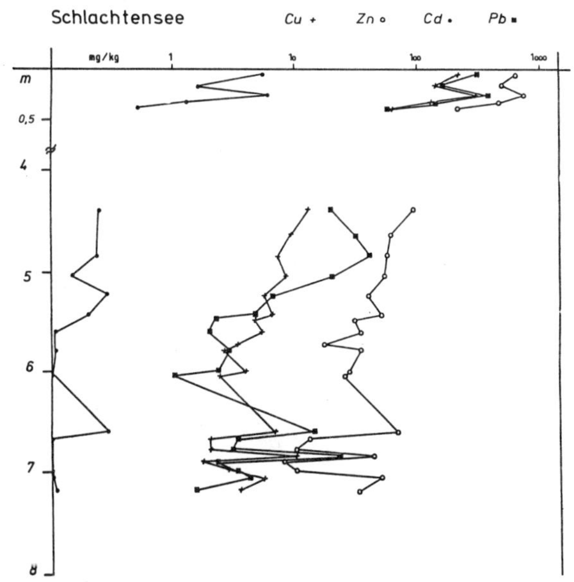

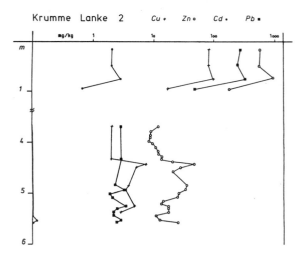

Abb. 40: Schwermetalle im Sedimentkern Kl 2, Krumme Lanke (aus PACHUR & SCHMIDT 1985).

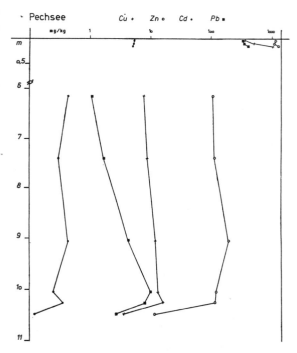

Abb. 41: Schwermetalle im Sedimentkern des Pechsees (aus: PACHUR & SCHMIDT 1985).

Abb. 39: Schwermetalle im Sedimentkern des Schlachtensees (aus: PACHUR & SCHMIDT 1985).

tionen erkennbar. REINHARDT & FÖRSTNER (1976) erklären entsprechende Kurvenverläufe mit einer Mobilisierung von Schwermetallen im reduzierenden Sedimentbereich, die mit einer Komplexierung der Schwermetalle an den organischen Abbauprodukten parallel läuft. Hierdurch wird die Abgabe von Schwermetallen an das Wasser an der Sediment-Wassergrenze, aber auch eine Verlagerung innerhalb des Sediments, erklärbar.

Unterhalb des anthropogen bedingten Konzentrationsanstiegs weisen die Schwermetalltiefenfunktionen einen gleichförmigen Kurvenverlauf innerhalb enger Konzentrationsgrenzen auf. Sie geben die seespezifische Grundbelastung wieder. Stärkere Schwankungen, z.B. in der Krummen Lanke und im Schlachtensee, sind auf den Wechsel des Sedimentmaterials zurückzuführen. Wiederanstieg der Kupfer- und Zinkkonzentrationen in den tiefsten Sedimentabschnitten wurde bisher nur beim Tegeler See angetroffen und ist hier mit der sehr starken Manganakkumulation verbunden (vgl. Tab. 20). Die Bestimmung der Nickel-, Blei- und Cadmiumkonzentration zeigte in diesem Kernabschnitt keine Erhöhung, so daß diese nur auf Kupfer und Zink beschränkt ist.

Im allgemeinen werden Schwermetalluntersuchungen an der pelitischen Fraktion ($< 2\ \mu$) vorgenommen. Dies ist jedoch bei den Mudden der untersuchten Seen nicht möglich, da sie ohne Vorbehandlung (Zerstörung der organischen Substanz, Zusatz von Antikoagulationsmitteln) nicht schlämmfähig sind. Bei anderen Arbeiten sind die Schwermetallgehalte in der $< 60\ \mu$ ($63\ \mu$)-Fraktion bestimmt worden (CHESTER & STONER 1975). Diese Fraktion kann durch Verwendung von Nylonsieben kontaminationsfrei erhalten werden. Außerdem wurden weitere Korngrößengrenzen herangezogen, die sich an dem jeweiligen Sedimentmaterial orientieren (vgl. u.a. FÖRSTNER & WITTMANN 1979). Da bei dem weitaus größten Teil der untersuchten Mudden das Sedimentmaterial zu mehr als 90 % in der Fraktion $< 63\ \mu$ vorliegt und auch die Siltfraktionen Diatomeen, Karbonate, organische Substanz und Fe-Verbindungen enthalten, sind die Schwermetallgehalte an der gesamten Festsubstanz ermittelt worden und somit auf die $< 63\ \mu$-Fraktion bezogen. Auch bei den sandhaltigen Mudden der oberen Zentimeter der Sedimentsäule und des Basisbereiches ist z.B. beim Pechsee, Schlachtensee und der Krummen Lanke in der Regel keine Abtrennung der $< 63\ \mu$-Fraktion notwendig, da die Sandgehalte zumeist unter 10 % liegen und in diesen Fällen eine Umrechnung auf den sandfreien Anteil keine wesentliche Konzentrationserhöhung ergibt.

In den oberen Dezimetern des Havelsediments sind die Sandgehalte jedoch höher, so daß sie nicht unberücksichtigt bleiben können. Sie wirken verdünnend auf die Schwermetallgehalte. Wie aus Abb. 23 hervorgeht, besteht die Grobsand- und Kiesfraktion aus inerten Quarzkörnern, Pflanzenfasern und anderen pflanzlichen Makroresten und anthropogen eingebrachtem Material (Schlacken, Ziegelschutt und ähnlichem). Es ist anzunehmen, daß die Mittel- und Feinsand-Fraktionen diese Materialien ebenfalls in größerer Menge enthalten und somit eine nicht unerhebliche Schwermetallmenge auch aus diesen Fraktionen stammt (Aufschluß am nicht vorfraktionierten Probenmaterial, da diese Proben infolge der Pflanzenfasern und anderer organischer Makroreste ohne Vorbehandlung (s.o.) nicht sinnvoll zu sieben waren). Aus diesem Grunde sind in der Tab. 25 die Schwermetallkonzentrationen der oberen neun Proben (B2-1 bis B1-1) rechnerisch auf die $< 630\ \mu$-Fraktion sowie auf die $< 63\ \mu$-Fraktion plus jeweils organische Anteile und 1,86 % Sand, bezogen worden (letzterer Wert entspricht dem mittleren Sandgehalt der Mudden im Teufenbereich von 2,2 m bis 8,1 m). Eine mikroskopische Durchsicht der Feinsandfraktionen ergab, daß ab Probe B2-5 die Schlackenanteile kleiner 1 % sind. Außerdem nehmen ab B2-5 die Sandgehalte mit der zunehmenden Teufe ab. Es ist daher anzunehmen, daß die wirklichen Schwermetallgehalte ($< 63\ \mu$-Fraktion) bei den Proben B2-1 bis B2-3 zwischen den a- und b-Werten liegen und bei den tieferen Proben zunehmend die b-Werte erreichen.

Zur Beurteilung der Anreicherung der Schwermetalle in den oberen Dezimetern des Sediments wurden u.a. Anreicherungsfaktoren benutzt, die sich an dem Tongesteinsstandard orientieren (FÖRSTNER & MÜLLER 1974). Die Tongesteinsstandardwerte betragen für Cadmium 0,3 mg/kg, Quecksilber 0,4 mg/kg, Blei 20 mg/kg, Kupfer 45 mg/kg und Zink

95 mg/kg (TUREKIAN & WEDEPOHL 1961). Das von FÖRSTNER & MÜLLER (1974) aufgestellte Schema für Flußsedimente wurde auf die limnischen Sedimente übertragen und sinngemäß erweitert (Tab. 26).

Tab. 26: Beurteilungsschema für die Schwermetallanreicherung

Intensität der Anreicherung	Anreicherungsfaktor*
extrem	> 50
sehr stark	30 - 50
stark	10 - 30
mittel	5 - 10
mäßig	3 - 5
gering	< 3

* bezogen auf den jeweiligen lokalen geochemischen "background" bzw. Tongesteins-Standard.

Für die Ermittlung der lokalen geochemischen Grundbelastung wurden die Daten vergleichbarer Proben (Mudden) der Livingstone-Kerne gemittelt. Eine Korrektur der Mittelwerte der Schwermetallkonzentrationen wurde vorgenommen, wenn der mittlere Gehalt an organischer Substanz bzw. der Karbonatgehalt im Vergleich zur obersten Sedimentzone eine Differenz von mehr als 10 % aufwies. In diesen Fällen wurde der Karbonatgehalt bzw. der Gehalt an organischer Substanz rechnerisch dem der oberen Sedimentzone angeglichen und die mittleren Schwermetallkonzentrationen entsprechend korrigiert. Als Beispiel sind die Daten vom Kern KL2 der Krummen Lanke aufgeführt.

Für die Berechnung des mittleren, seespezifischen geochemischen "background" wurden die Daten der Mudden des unteren Kernbereichs (Proben KL2.1a bis KL2.6c) gemittelt. Um die Anreicherung an Schwermetallen in der jüngsten Sedimentzone näherungsweise zu erfassen, sind die Anreicherungsfaktoren auf die Probe KL2Gl/18A aus 12 cm Tiefe bezogen:

	org.C %	anorg.C %	Karbonat %	Zn	Cd	Cu	Pb
				mg/kg			
KL2Gl/18A	19,7	3,0	25,0	575	2,09	85,3	273
KL2.1a -6c	7,1	9,0	75,0	17,5	<0,1	~3	~2,5
KL2.1a -6c korr.	21,3	3,0	25,0	52,5	<0,3	~9	~7,5

Tab. 25: Organischer Kohlenstoff und Schwermetalle im Havelsediment (Kern B).

a = Werte bezogen auf das < 630 μ-Material + gesamte organische Substanz
b = Werte bezogen auf das < 63 μ-Material + gesamte organische Substanz + 1,86 % Sand
„background" = seespezifische Grundbelastung, berechnet aus den Mittelwerten der Proben im Teufenbereich 2,21 - 8,13 m, die im Mittel 1,86 % Sand enthalten.

Probe Nr.	org C in %		Zn mg/kg		Cu mg/kg		Pb mg/kg		Cd mg/kg		Hg mg/kg	
	a	b	a	b	a	b	a	b	a	b	a	b
B21	10,51	20,71	1410	2780	725	1430	380	750	12,0	24,0	3,1	6,1
B22	11,91	25,13	1840	3880	760	1600	430	910	8,0	17,0	4,0	8,4
B23	8,71	20,50	470	1105	215	505	440	1040	0,66	1,6	7,8	18,4
B24	4,01	13,10	102	330	36,6	120	n.b.	n.b.	0,35	1,1	1,5	4,9
B25	3,66	9,31	82	210	42,0	105	57	145	0,30	0,76	0,74	1,9
B26	6,21	10,30	130	215	19,9	33,0	23	38	0,50	0,83	0,22	0,36
B27	11,84	12,99	123	135	20,9	23,0	23	25	0,55	0,60	0,18	0,20
B28	14,30	15,69	135	148	13,5	14,8	37	41	n.b.	n.b.	0,25	0,27
B11	18,93	20,39	100	108	8,3	8,9	6,5	7,0	0,20	0,21	n.b.	n.b.
„background"	19,54		61		10,3		4,3		0,16		0,035	
					Anreicherungsfaktoren							
	a	b	a	b	a	b	a	b	a	b	a	b
B21			23	46	70	139	88	174	75	150	89	174
B22			30	64	74	155	100	212	50	106	114	240
B23			7,7	18	21	49	102	242	4	10	223	526

113

Die mittlere Zusammensetzung der Mudden weicht sowohl im $C_{org.}$-Gehalt als auch im Karbonat-Gehalt stark von der Probe KL2Gl/18A ab. Da sich offensichtlich der weit höhere Karbonat-Gehalt verdünnend auf die Schwermetallkonzentrationen auswirkt, wurden die Mudden in ihrem Karbonatgehalt dem der Probe KL2Gl/18A angeglichen. Danach ist die Anreicherung in der jüngsten Sedimentzone als mittel bis stark in bezug auf Cd (> 7x), Zn (11x) und Cu (~ 10x) sowie sehr stark für Pb (~ 36x) einzustufen. Für die Probe KL2G3/18C aus der stärksten Anreicherungszone in 70 cm Tiefe ergeben sich entsprechend höhere Anreicherungsfaktoren (Cd: > 9,3x, Zn: 17x, Cu: ~ 11x und Pb ~ 43x).

Beim Schlachtensee wurden für die Ermittlung der Anreicherungsfaktoren im Sediment-Top die oberste Probe S G1 genommen und zur Berechnung des seespezifischen "background" die Gehalte der Proben im Teufenbereich von 4,40 m bis 6,50 m gemittelt, da die Sedimentparameter dieses Bereiches im Mittel mit dem Sediment-Top vergleichbar sind. Die Anreicherungsfaktoren von 14 für Zn ("background" 44,7 mg/kg), 25 für Pb (12 mg/kg), 32 für Cd (0,17 mg/kg) und 36 für Cu (6,1 mg/kg) zeigen eine starke (Zn, Pb) bis sehr starke (Cd, Cu) Anreicherung.

Die in der obersten Sedimentzone des Pechsee ermittelten Werte weisen im oberen Meter mit Ausnahme von Kupfer unbedeutende Abweichungen auf, daher wird der Mittelwert der Proben G11-13 (bzw. G21-G23) für die Berechnung der Anreicherung herangezogen. Als geochemischer "background" wird der Mittelwert der Proben PE 1.2 bis PE 4.2 verwendet, da sie in ihrer Sedimentzusammensetzung den obersten Dezimetern der Mudde sehr ähnlich sind:

	Zn	Cd	Cu	Pb	
PE G11-13 Seemitte	1190	5,22	628	371	
PE G21-23 Uferzone	1292	6,54	338	415	
PE 1.2-4.2	138	0,38	9,5	2,3	
Anreicherungsfaktor:	8,6	14	66	160	Seemitte
Anreicherungsfaktor:	9,3	17	36	180	Ufer.

Insgesamt zeigen die Faktoren eine starke bis extreme Anreicherung (Pb) auf. Die Schwermetallkonzentrationen liegen sogar noch über denen von Schlachtensee und Krummer Lanke. Aufgrund seiner isolierten Lage im Grunewald (Grundwassersee) ist beim Pechsee neben dem atmosphärischen Eintrag an Schwermetallen eine noch unbekannte Kontaminationsquelle anzunehmen.

Die für Seemitte und Randbereich ermittelten Anreicherungsfaktoren sind bei Zn, Cd und Pb ähnlich, während sie für Cu stark voneinander abweichen (s.o.). Außerdem sind die Fe- und Mn-Gehalte in den beiden Gefrierkernbereichen sehr unterschiedlich. Eine Kontamination an der Probenlokalität z.B. durch versenkte Munition ist daher nicht auszuschließen.

Die Anreicherungsfaktoren sind bei der Havel (Kern B, Tab. 25) größer als im Schlachtensee, in der Krummen Lanke und Pechsee. Die Havel ordnet sich mit diesen Werten im Vergleich mit den Daten von FÖRSTNER & MÜLLER (1974) und MÜLLER (1985) in die Reihe der am stärksten belasteten Flüsse ein. Außerdem ist anzunehmen, daß die Schwermetallgehalte in der jüngsten maximal 60 cm mächtigen Sedimentzone, die infolge der Entnahmetechnik nicht gewonnen werden konnten, sogar noch höher sind.

Für den Tegeler See ergibt sich für den Teufenbereich von 3,43 bis 20,54 m folgende seespezifische, geochemische Grundbelastung: Kupfer 0,85 mg/kg, Zink 7,79 mg/kg bei einem Anteil der organischen Substanz von 13,2 % und einem Kalkgehalt von 70,8 %. Werden diese Daten zur Berechnung der Anreicherungsfaktoren für den Sapropel aus der Großen Malche (Kupfer 440 mg/kg, Zink 1950 mg/kg; organische Substanz 28,5 % und Kalkgehalt 42,3 %) herangezogen, so beträgt die Anreicherung nach entsprechender Korrektur der "background"-Werte für Zink das 127- und für Kupfer das 259fache. Dies sind Werte, die in die Gruppe sehr extremer Anreicherung einzustufen sind. Wie beim Tegeler See ist auch bei der Havel ein erheblicher anthropogener Schwermetalleintrag von der Schifffahrt verursacht anzunehmen; so wurden in den oberen Dezimetern der Seemudden wiederholt Metallschlacken gefunden, die wahrscheinlich von der Reinigung der Schiffe stammen. Außerdem erfolgte über den Zeitraum der letzten 50 Jahre ein diffuser Eintrag unter anderem von der Industrie des Ortsteils Tegel.

Die Meßwerte der Schwermetallkonzentrationen in der obersten Sedimentzone der Seen im Grunewald zeigen, daß der vom Stadtrand am weitesten entfernte Pechsee scheinbar die höchsten Kontaminationen aufweist, obwohl hier nur ein atmosphärischer Eintrag an Schwermetallen anzunehmen ist (abflußloser Grundwassersee). Andererseits sind beim Vergleich der Sedimentparameter, Wassergehalt, org. C und anorg. C, deutliche Unterschiede zwischen den Seen zu erkennen:

	Cu	Zn	Cd	Pb	Wassergehalt	org.C	anorg.C
	mg/kg				%	%	%
Schlachtensee	217	622	5,4	300	85,9	22,3	2,4
Krumme Lanke	85	575	2,1	273	95,4	19,7	3,0
Teufelssee	60	273	0,96	105	70,2	10,8	3,7
Pechsee	628	1190	5,2	371	96,5	40,8	0

(Seemitte: G11-G13, 0-12 cm)

Um die Schwermetallgehalte der oberen Sedimentzone (0 bis 12 cm) dieser vier Seen auf eine vergleichbarere Basis zu stellen, wurde die Menge an Schwermetallen berechnet, die in einem Sedimentausschnitt von 1 m^2 Fläche und einer Dicke von 12 cm enthalten ist. Die Dichte des Porenwassers wurde gleich 1 gesetzt; die Dichte der organischen Substanz beträgt etwa 1,4 (SCHEFFER & SCHACHTSCHABEL 1979); für den silikatischen Anteil wurde eine mittlere Dichte von 2,65 angenommen; Fe wurde auf FeS_2 (D = 5,0 bis 5,2) umgerechnet; die Karbonate bestehen aus Calcit (D = 2,72).

Nimmt man eine durchschnittliche Sedimentationsrate von 4 mm/a in den vier Seen an, so umfaßt der Sedimentausschnitt (Mächtigkeit 12 cm) den Zeitraum von 30 Jahren und die berechneten Mengen sind die sedimentierten Stoffmengen pro m^2 und 30 Jahren:

	Cu	Zn	Cd	Pb
		g/m^2 30a		
Schlachtensee	3,95	11,31	0,098	5,46
Krumme Lanke	0,48	3,25	0,012	1,54
Teufelssee	2,59	10,19	0,041	4,52
Pechsee*	1,89	4,63	0,022	1,47

* Mittelwert der drei obersten Gefrierkernproben beider Kerne

Diese Umrechnung zeigt die tatsächlich stärkere Belastung des Schlachtensees; verursacht durch den atmosphärischen Eintrag, die Überleitung von Havelwasser und die Einleitungen von Straßenabläufen.

Nach den Messungen der Schwebstaubfracht ist für den Zeitraum 1975 bis 1980 mit einem maximalen Eintrag in den Schlachtensee von ca. 140 t, ausgehend von einem, mittleren Staubeintrag von 0,15 g $m^{-2}d^{-1}$ (Meßstelle Dahlem, Corrensplatz; LAHMANN 1979, 1980), zu rechnen. Bei der niedrigsten Cd-Immission von 300 ng pro Tag und m^2 wären dies 282 g Cd in sechs Jahren, verteilt auf die Fläche des Sees von 431 x 10^3 m^2; für Blei beträgt der minimale Wert 47 kg bei 50 μ g pro Tag und m^2.

In den Jahren 1965 bis 1971 an Regenwasserproben in Berlin-Dahlem, Corrensplatz, durchgeführte Schwermetallmessungen brachten folgende durchschnittliche tägliche Schwermetallbelastung (LAHMANN 1979, 1980), die auf den Zeitraum von 30 Jahren hochgerechnet wurde:

Element	Belastung	
	μ g/m^2d	g/m^2 30a
Cu	31,6	0,35
Zn	678	7,40
Cd	3,14	0,034
Pb	92,7	1,01

Vergleicht man diese Daten mit denen vom Pechsee, die auf den Eintrag von 30 Jahren pro m^2 bezogen sind, so ist festzustellen, daß im Pechsee die Mengen an Zn und Cd deutlich niedriger sind und darin die Entfernung vom Stadtrand zum Ausdruck kommt. Für Pb wäre ebenfalls eine niedrigere Menge anzunehmen, die jedoch wahrscheinlich durch den Einfluß der Avus (starker Kraftfahrzeugverkehr) kompensiert wird.

Ursachen der hohen Schwermetallmenge in der oberen Sedimentzone des Teufelssees (abflußloser Grundwassersee) ist das Ausbringen von Schlammen des ehemaligen Wasserwerkes Teufelssee und vermutlich Stoffeintrag aus dem Trümmerschutt des Teufelsberges.

Wenn man im Pechsee eine lokale Kontamination für Zn und Cd ausscheiden darf, könnten die niedrigeren Gehalte in der Krummen Lanke auf die influenten Bedingungen zurückzuführen sein.

Einen Vergleich mit der Kontamination anderer Seen, in denen auch die Xenobiotikabelastung ermittelt wurde, geben die in Tab 27 aufgeführten Anreicherungsfaktoren.

Das für die Beurteilung der Anreicherung aufgestellte Bewertungsschema (s.o.) wurde als Basis für die Zuordnung in folgende Gruppen verwendet (Die Angaben (1) bis (11) entsprechen der Seenummerierung in Abb. 42):

1. Gering belastete Seen (Anreicherungsfaktor < 3)
   - (3) Gildehauser Venn - Niedersachsen
   - (4) Seeburger See - Niedersachsen
   - (6) Jungferweiher - Rheinland-Pfalz/Eifel (jedoch Cd 4,2). Der Anreicherungsfaktor für Pb liegt zwar unter 3, jedoch ist die Pb-Konzentration der oberen Sedimentlage höher als im Langsee und Schulensee.
   - (1) Langsee - Schleswig-Holstein, (jedoch Cd 20; Pb 3,8).
   - (7) Schleinsee - Baden-Württemberg, Bodenseeraum (jedoch Cd 6,1; Pb 17).

2. Mittel belastete Seen (Anreicherungsfaktor 3 bis 10)
   - (6) Jungferweiher - Rheinland-Pfalz/Eifel (jedoch Cu 0,9; Zn 2,2).
   - (8) Großer Arbersee[4] - Bayern/Bayerischer Wald (jedoch Cu 0,8; Cd 1,1).
   - (1) Langsee - Schleswig-Holstein (jedoch Cu 1,2).
   - (7) Schleinsee - Baden-Württemberg, Bodenseeraum (Zn 1,9; Cu 2,9).
   - (2) Schulensee - Schleswig-Holstein (jedoch Cd 20)

3. Deutlich belastete Seen (Anreicherungsfaktor > 10)
   - (5) Schloß Berge (und Kletterpoth) - Nordrhein-Westfalen
   - (9) Schlachtensee - Berlin/Grunewald
   - (10) Krumme Lanke - Berlin/Grunewald
   - (11) Pechsee - Berlin/Grunewald

Die vorgenommene Einstufung der Seen in drei Belastungsgruppen wurde anhand eines von G. MÜLLER (1979) vorgeschlagenen Beurteilungsschemas der Sediment-Qualität in bezug auf Schwermetalle überprüft. Bei diesem Schema wird von einem sogenannten Geo-Akkumulations-Index (I_{geo}) ausgegangen, der wie folgt definiert ist:

$$I_{geo} = \log_2 \frac{C_n}{B_n \cdot 1,5}$$

C_n = gemessene Konzentration eines Elementes (in der Tonfraktion des Sediments),

B_n = gemessener geochemischer "background" eines Elementes (in der Tonfraktion) von vorzivilisatorischen Sedimenten (bzw. "background" von Tongesteinen, Tongesteins-Standard nach TUREKIAN & WEDEPOHL 1961),

$\log_2$ = Logarithmus zur Basis 2.

Aufgrund des Geo-Akkumulations-Index werden von G. MÜLLER (1979) sieben I_{geo}-Klassen der Sediment-Qualität ausgeschieden:

I_{geo}	I_{geo}-Klasse	Sediment-Qualität
≤ 0	0	praktisch unbelastet
> 0 - 1	1	unbelastet bis mäßig belastet
> 1 - 2	2	mäßig belastet
> 2 - 3	3	mäßig bis stark belastet
> 3 - 4	4	stark belastet
> 4 - 5	5	stark bis übermäßig belastet
> 5	6	übermäßig belastet

Werden diese I_{geo}-Klassen sinngemäß auf die obigen Belastungs-Gruppen übertragen, so ergibt sich folgende Zuordnung:

---

[4] Schwermetalluntersuchungen an den Sedimenten des Großen Arbersees ergaben, daß nur die Zn- und Pb-Konzentration in der obersten Sedimentzone höher ist als in der Probe aus 0,5 m Sedimenttiefe. Unter Berücksichtigung der Literaturdaten (MICHLER 1981) ergeben sich folgende Anreicherungsfaktoren: 3 bis 3,6 für Zn und 13 für Pb.

Tab. 27: Anreicherungsfaktoren, bezogen auf den seespezifischen "background" sowie den Tongesteins-Standard ( ).

	Cu		Zn		Cd		Pb	
Langsee	1,2	(0,5)	3,5	(2,3)	20	(7,3)	3,8	(3,4)
Schulensee	7,0	(3,0)	7,0	(4,5)	20	(7,3)	3,4	(3,0)
Gildehauser Venn	~ 1	(0,1)	5,1	(0,2)	~ 2	(0,7)	1,9	(0,1)
Seeburger See	1,1	(0,5)	1,2	(1,1)	~ 3	(0,8)	1,6	(1,6)
Schloß Berge	-	(2,3)	-	(9,5)	-	(23)	-	(18)
Kletterpoth	-	(3,4)	-	(32)	-	(67)	-	(50)
Jungferweiher	0,9	(0,9)	2,2	(2,5)	4,2	(3,9)	2,5	(4,3)
Schleinsee	2,9	(1,6)	1,9	(2,3)	6,1	(4,5)	17	(6,4)
Großer Arbersee	0,8	(0,4)	0,6	(0,5)	1,1	(1,6)	8,6	(3,2)
Schlachtensee	36	(4,8)	14	(6,5)	32	(18)	25	(15)
Krumme Lanke: Probe KL2G1/18A	~ 9,5	(1,9)	11	(6,1)	> 7	(7,0)	~ 36	(14)
Probe KL2G3/18C	~ 11	(2,2)	17	(9,6)	> 9	(9,3)	~ 43	(16)
Probe KL1G1	17	(2,9)	12	(8,2)	13	(12)	59	(16)
Probe KL1G3	24	(4,0)	22	(15)	22	(20)	84	(22)
Pechsee, Ufer	36	(7,5)	9,3	(13)	17	(22)	180	(21)
Pechsee, Seemitte	66	(14)	8,6	(13)	14	(17)	160	(19)

Gruppe 1: I_{geo}-Klasse 0 und 1, I_{geo} < 0 - 1
Gruppe 2: I_{geo}-Klasse 2 und (3), I_{geo} 1 - (3)
Gruppe 3: I_{geo}-Klasse 4 - 6, I_{geo} > 3

Da die Berechnung des Geo-Akkumulations-Index (I_{geo}) nur auf einer Modifizierung des Anreicherungs-Faktors (C_n/B_n) beruht, ist zu prüfen, inwieweit die getroffenen Abgrenzungen unserer Belastungsgruppen mit den entsprechenden Grenzwerten des Geo-Akkumulations-Index übereinstimmen. Der Anreicherungs-Faktor von 3 entspricht einem I_{geo} von 1 und der Anreicherungs-Faktor von 10 einem I_{geo} von 2,74 (Anreicherungs-Faktor 12 = I_{geo} 3). Die Gruppierung der Seen über den I_{geo} ergibt keine nennenswerten Verschiebungen hinsichtlich ihrer Zuordnung in drei Gruppen.

Bei dem Langsee und Schulensee ist auffällig, daß die Cd- und Pb-Konzentration annähernd gleich ist. Die erhöhten Schwermetallgehalte (Cu, Zn) im Schulensee können lokale Ursachen haben. Der Großraum Kiels ist in bezug auf den atmosphärischen Eintrag in den Schulensee (Stadtrand) im Vergleich zum Langsee nicht zu erkennen.

In Abb. 42 sind die Schwermetallkonzentrationen der oberen Sedimentzone (bereinigt vom seespezifischen, geochemischen "background", Ausnahme: Schloß Berge (5), Kletterpoth (5a)) der untersuchten Seen in Form von Konzentrationssäulen in ihrer geographischen Lage dargestellt. Sie zeigt, daß im Umfeld der Ballungsräume Ruhrgebiet und Berlin die Seen stark mit Schwermetallen belastet sind. Diese Belastung ist bei Schloß Berge und beim Pechsee zu einem wesentlichen Teil wohl durch den atmosphärischen Eintrag verursacht.

Die gering belasteten Seen in Niedersachsen (3) und (4) sowie mit Einschränkungen Langsee ((1) Schleswig-Holstein), Jungferweiher ((6) Eifel) und die süddeutschen Seen (7) und (8) zeigen, daß weder ein Nord-Süd- noch ein West-Ost-Gradient zu erkennen ist. Vielmehr resultieren die Schwermetallbelastungen der Seen aus dem lokalen und regionalen Umfeld.

4.6.2 Organische Umweltchemikalien

4.6.2.1 Einführung (BALLSCHMITER & BUCHERT 1985)

Als Parameter für die Belastung mit organischen Umweltchemikalien wurden aus der Fülle möglicher Komponenten vier Gruppen von Substanzen aus der Klasse der Organochlorverbindungen ausgewählt. Dabei war neben der Eigenschaft einer ausgeprägten Geoakkumulation die Zuordnung zu systematisch anderen Belastungsquellen ausschlaggebend. Als Belastungsparameter wurden untersucht:

1. Hexachlorcyclohexane (HCH) $C_6H_6Cl_6$
   1.1 alpha-HCH
   1.2 beta-HCH
   1.3 gamma-HCH (Lindan)

2. Hexachlorbenzol (HCB) C_6Cl_6

3. Polychlorierte Biphenyle (PCB) $C_{12}H_{10-x}Cl_x$
   3.1 2,4-4'-Trichlorbiphenyl, PCB 28
   3.2 2,5-2',5'-Tetrachlorbiphenyl, PCB 52
   3.3 2,4,5-2',5'-Pentachlorbiphenyl, PCB 101
   3.4 2,3,4-2',4',5'-Hexachlorbiphenyl, PCB 138
   3.5 2,4,5-2',4',5'-Hexachlorbiphenyl, PCB 153
   3.6 2,3,4,6-2',4',5'-Heptachlorbiphenyl, PCB 180

4. Dichlorphenylethane (DDT) $C_{14}H_8Cl_5$
   4.1 4,4'-Dichlorphenyltrichlorethan (4,4'-DDT)
   4.2 4,4'-Dichlorphenyldichlorethan (4,4'-DDD)
   4.3 4,4'-Dichlorphenyldichlorethen (4,4'-DDE)

Hexachlorcyclohexane (HCH)

Hexachlorcyclohexane werden erst seit etwa 1945 großtechnisch durch Chlorierung des Benzols als Kontaktinsektizide hergestellt. Das technische Produkt dieser Chlorierung wird als Benzolhexachlorid bezeichnet und stellt ein Gemisch verschiedenster HCH-Isomere und weiterer Komponenten dar, von denen das insektizide gamma-Isomere (gamma-HCH) zwischen 12 bis 18 % ausmacht. Das Hauptprodukt ist das alpha-Isomere mit ca. 60 %. Als eines der geringeren Nebenprodukte ist das beta-Isomere einzuordnen, das aber aufgrund seiner Struktur die größte Stabilität und damit auch ausgeprägteste Umweltpersistenz besitzt. In Humanmilch oder Humanknochenmark ist das beta-Isomere stark angereichert (DMOCHEWITZ & BALLSCHMITER 1982). Aus diesen Vorgaben ergibt sich die jeweilige Indikatorfunktion der einzelnen Isomeren.

1. *alpha-HCH*: 1) Indikator für den Einsatz von technischem BHC, 2) Indikator für die Ablagerung von Abfällen aus der HCH-Produktion, 3) Indikator für Eintrag durch Lufttransport aus Bereichen der Anwendung von technischem BHC (u.a. Osteuropa)

2. *beta-HCH:* 1) Indikator für Einsatz von technischen BHC, 2) Indikator für Ablagerung von Abfällen aus der HCH-Produktion, 3) Indikator für Überbleiben einer früheren HCH-Anwendung, wegen des geringen biologischen und hydrolytischen Abbaus

3. *gamma-HCH:* 1) Indikator für Anwendung von Lindan (= gamma HCH), insbesondere in der Forstwirtschaft, 2) Indikator für Eintrag von Haushaltsabwässern; Lindan ist für die Anwendung in Innenräumen (Mottenpulver, Zimmerpflanzen) wie auch im Garten

---

Abb. 42: Schwermetalle (Cu, Zn, Cd, Pb) und Xenobiotika (HCB, HCH-Gruppe, PCB-Gruppe, DDT-Gruppe) in der obersten Sedimentzone.

Der seespezifische "background" ist bei den Schwermetallen mit Ausnahme von 5 und 5a (künstliche Teiche) berücksichtigt.

1 = Langsee, 2 = Schulensee, 3 = Gildehauser Venn, 4 = Seeburger See, 5 = Schloß Berge, 5a = Kletterpoth, 6 = Jungferweiher, 7 = Schleinsee, 8 = Großer Arbersee, 9 = Schlachtensee, 10 = Krumme Lanke, 11 = Pechsee (Schwermetalle: PACHUR & SCHMIDT 1985, Xenobiotika: BALLSCHMITER & BUCHERT 1985).

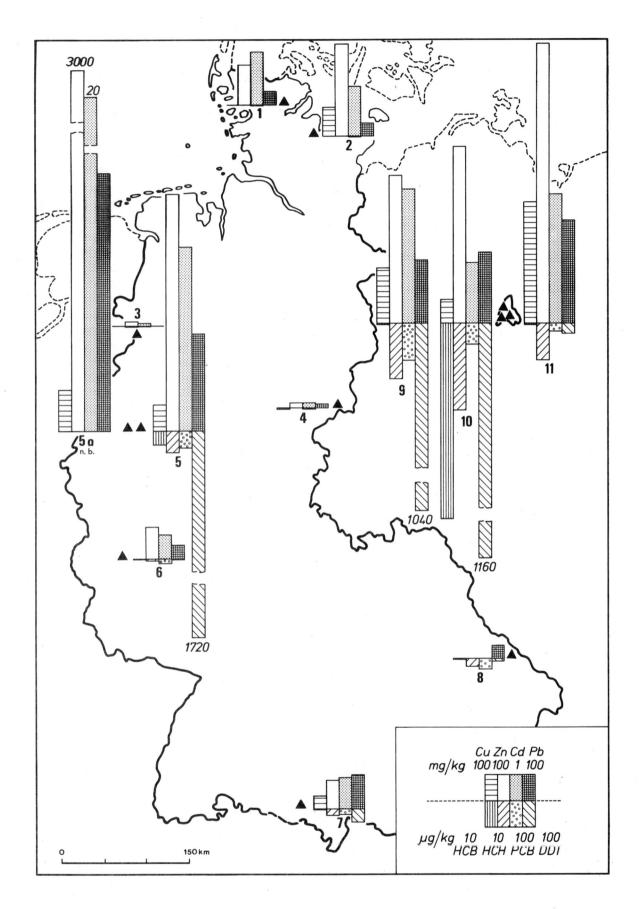

zugelassen, 3) Indikator für Eintrag durch Lufttransport aus Bereichen der gamma-HCH-Anwendung.

Die Verhältnisse der drei Isomeren zueinander, insbesondere der alpha- und gamma-Isomeren, können als Indikator eines typischen Belastungseintrages gewertet werden.

Hexachlorbenzol

Beim Hexachlorbenzol (HCB) handelt es sich um eine Einzelkomponente, deren Herkunft wegen der zahlreichen in Frage kommenden unabhängigen Quellen und wegen des Fehlens typischer Nebenkomponenten nicht eindeutig geklärt werden kann.

Obwohl Hexachlorbenzol seit dem Jahre 1945 in großem Maßstab als Saatbeizmittel eingesetzt wurde, lassen sich die gefundenen relativ hohen Gehalte allein damit nicht erklären. diese Anwendung ist außerdem für die Bundesrepublik eingestellt worden.

Das bevorzugte Entstehen von Hexachlorbenzol bei einer Reihe von technischen Verbrennungsvorgängen muß ebenfalls als eine bedeutende potentielle Quelle angesehen werden.

Da Hexachlorbenzol auch durch Pyrolyse von mit Pentachlorphenol-imprägniertem Holz oder Papier entstehen kann, trägt das zur weiteren Komplizierung bei der Interpretation der gefundenen Analysenresultate bei.

Hexachlorbenzol kommt folgende Indikatorfunktion zu:

HCB: 1) Indikator für Anwendung als Saatbeizmittel, 2) Indikator für Lufteintrag aus Bereichen der HCB-Anwendung, 3) Indikator für Lufteintrag der Emission von technischen Verbrennungsvorgängen, insbesondere der Müllverbrennung und der Verbrennung von chlorierten Produktionsabfällen.

Polychlorierte Biphenyle (PCB)

Polychlorierte Biphenyle werden seit etwa 1940 durch Chlorierung von Biphenyl großtechnisch gewonnen. Sie haben je nach Chlorierungsgrad der Reaktionsmischung definierte physikalisch-chemische Eigenschaften (Viskosität, Dampfdruck, Löslichkeit), die sie für ein weites Spektrum von technischen Anwendungen nutzbar machen. Ein Hauptanwendungsgebiet liegt als Dielektrika im Bereich der Elektroindustrie, wobei diese Anwendung z.B. als Kondensator für Leuchtstofflampen zu einer flächendeckenden diffusen Emission geführt hat. PCB können als allgegenwärtige organische Indikatoren eines hohen technischen Lebensstandards angesehen werden. Die mit dem Chlorierungsgrad und der spezifischen Struktur stark variierenden physikalisch-chemischen Eigenschaften der einzelnen Kongeneren (Chlorisomere bzw. Chlorhomologe) machen die PCB bei der Möglichkeit der kongeneren-spezifischen Bestimmung zu wertvollen Indikatoren der Verteilung von Umweltchemikalien in Abhängigkeit eben dieser physikalisch-chemischen Eigenschaften. Die biologische Abbaubarkeit ist gleichfalls stark strukturgeprägt. Eine besondere biologische Persistenz liegt bei einer 4,4'-Disubstitution unabhängig vom Chlorierungsgrad vor. Entsprechend einer internationalen Vereinbarung wurden zur allgemeinen Beschreibung einer PCB-Belastung nicht alle vorliegenden ca. 110 Kongeneren bestimmt, sondern die folgenden repräsentativen Vertreter:

1. 2,4-4-Trichlorbiphenyl (PCB 28)
2. 2,5-2',5'-Tetrachlorbiphenyl (PCB 52)
3. 2,4,5-2',5'-Pentachlorbiphenyl (PCB 101)
4. 2,3,4-2',4',5'-Hexachlorbiphenyl (PCB 138)
5. 2,4,5-2',4',5'-Hexachlorbiphenyl (PCB 153)
6. 2,3,4,6-2',4',5'- Heptachlorbiphenyl (PCB 180)

Die Summe dieser sechs Indikatorkomponenten wird als Summe $PCB_{(6)}$ bezeichnet. Eine Umrechnung in formale Clophen A 60-Konzentrationen ist über Reaktoren (Bereich 3-5) möglich.

Die PCB-Kongeneren haben Indikatorfunktion für:

1. Eintrag aus Anwendung oder Abfällen einer Anwendung (Bereich Elektroindustrie)

2. Eintrag über Haushalts- und Industrieabwässer als Austrag aus PCB-haltigen Pro-

dukten (Altpapier bis Hochspannungstransformator)

3. Eintrag durch Luft aus Bereichen einer PCB-Emission und Anwendung. Das PCB-Muster aus Emissionen von Müllverbrennungsanlagen ist typisch verschieden von den technischen Produkten.

Di(-chlorphenyl)-trichlorethane (DDT-Gruppe)

DDT wird seit etwa 1945 großtechnisch durch Kondensation von Chlorbenzol mit Trichloracetaldehyd (Chloral) gewonnen. Es ist als Kontaktinsektizid weltweit im Einsatz. Die Anwendung ist seit den siebziger Jahren in der Bundesrepublik und in den USA untersagt. Weltweit hat sich daraus weder eine Produktionseinschränkung noch eine relevante Einschränkung in der Anwendung ergeben. DDT wird in Osteuropa weiterhin eingesetzt.

Das technische DDT enthält die bevorzugt insektizide Verbindung 4,4'-DDT als Hauptprodukt mit ca. 75 %, daneben ist das isomere 2,4'-DDT mit ca. 10 bis 12 % eine weitere Hauptkomponente. Als Produkte einer Biotransformation treten das 4,4'-Di-(chlorphenyl)-dichlorethen (4,4'-DDE) und das 4,4'-Di(chlorphenyl)-dichlorethan (4,4'-DDD) auf. 4,4'-DDD ist auch als Produkt im Handel. Der abiotische Abbau führt bevorzugt zum 4,4'-DDE. Die Dechlorierung zum 4,4'-DDD ist typisch für einen DDT-Abbau durch Algen. Limnische Sedimente sollten deshalb einen deutlichen Anteil an 4,4'-DDD zeigen, falls ein Eintrag von technischem DDT vorlag.

4,4'-DDT hat Indikatorfunktion für:

1. Anwendung von technischem DDT in der Region,
2. Eintrag als Produktionsabfall aus der DDT-Produktion in der Region,
3. Eintrag durch Lufttransport aus Gebieten mit DDT-Anwendung,
4. Indikator für historische Belastungen.

4,4'-DDE hat Indikatorfunktion für:

1. Abiotische oder biotische Transformation eines aktuellen oder historischen 4,4'-DDT-Eintrages. Das DDE/DDT-Verhältnis sagt etwas über das Einfrieren der Umwandlung oder über den andauernden Abbau des DDT aus.

2. Eintrag durch Lufttransport abiotischen umgewandelten 4,4'-DDT.

4,4'-DDD hat Indikatorfunktion für:

1. Biotische Transformation (Algen) eines aktuellen oder historischen 4,4'-DDT-Eintrages. Das DDD/DDE-Verhältnis kann ein Maß für die Art und die Intensität dieser Biotransformation sein.

2. Eintrag aus Bereichen der Produktion oder Anwendung des 4,4'-DDD.

Von MACKKAY et al. (1985) ist für Hexachlorbenzol und 4,4'-DDT das Fungazitätsmodell einer Verteilung auf die Kompartimente der "unit world" angewandt worden. Deren Berechnungen zeigen für beide Verbindungen eine starke Anhäufung im Boden bzw. in den Sedimenten auf. Der relativ geringe Dampfdruck und die geringe Wasserlöslichkeit lassen eine "Aeroakkumulation" bzw. "Aquo-akkumulation" gegenüber einer "Geo-akkumulation" auch nicht erwarten (BALLSCHMITER 1985).

4.6.2.2 Das Kontaminationsspektrum

In den Sedimenten der Berliner Seen wurden polyzyklische aromatische Kohlenwasserstoffe (PAH), polychlorierte Kohlenwasserstoffe, chlorierte Benzole, polychlorierte Terphenyle (PCT) und persistente Insektizide der DDT-Gruppe mit Umwandlungsprodukten sowie ein weites Spektrum aliphatischer Kohlenwasserstoffe der n-Alkane zwischen C_{10} und C_{40} nachgewiesen.

Die Stoffvielfalt in den Sedimenten Berliner Seen wird dokumentiert in Tab. 28 (aus BUCHERT et al. 1981).

Das bevorzugt auftretende Muster polychlorierter Biphenyle zeigt die größte Ähnlichkeit mit dem Handelsprodukt Clophen H60 (BUCHERT et al. 1982), dem höchstchlorierten im Handel befindlichen PCB. Die PCB wurden erstmals 1929 industriell hergestellt. Sie fanden zahlreiche Anwendungsbereiche, z.B. in Weichmachern, Klebstoffen, Trägerstoffen für Insektizide und als Öl in Ringwagen, Hochdruckpumpen, als Schraubfette und als Dielektrikum in Kondensatoren. Aus dem weiten Verbreitungsspektrum ergibt sich eine hochdiffuse Immission. Seit 1983 ist in der Bundesrepublik Deutschland die Produktion eingestellt worden. Da insbesondere die hochchlorierten PCB im Boden kaum abgebaut werden, gegen Oxidationsmittel widerstandsfähig sind und sie lipophile Eigenschaften haben, wird die PCB-Immission in die Geoökosysteme noch andauern. Als zähflüssige, im Wasser nur geringe Löslichkeit aufweisende Verbindungen, ist ihre Ausbreitungsgeschwindigkeit im Boden vergleichsweise gering.

Polychlorierte Terphenyle (PCT) treten bevorzugt in den Berliner Sedimenten auf. Da PCB durch PCT zum Teil substituierbar ist, u.a. als Wärmeaustauschermedium in Kraftwerken, ist ihr anhaltender Eintrag in die Seesedimente weiterhin gegeben.

Auch chlorierte Benzole sind in den Sedimenten vertreten. Der Immissionsort ist unsicher. Die bevorzugte Bildung von 1,2,4-Trichlorbenzol aus Hexachlorcyclohexan-Isomeren (HCH) und das Vorkommen von 1,2,4-Trichlorbenzol und HCH-BHC könnten einen Hinweis auf Abbauprodukte z.B. des α- und γ-HCH geben, die in Lösung durch anorganische Oxide und z.B. Eisen entstehen (ZINBURG & BALLSCHMITER 1981). Das 1,2,4-Trichlorbenzol ist dabei das stets auftretende und stabilste Abbauprodukt.

Hexachlorbenzol dagegen ist nur vereinzelt und in sehr geringer Konzentration nachgewiesen worden.

Die in hoher Konzentration auftretenden persistenten Insektizide der DDT-Gruppe mit Umwandlungsprodukten sind im Teltow-Kanal mit 0,75 mg/kg 4,4'-DDD gemessen. Im Schlachtensee ist die Kontamination mit 408 μg/kg mit 4,4'-DDE (219 μg/kg) ebenfalls hoch. Sie ist zurückzuführen auf einen Eintrag bei der Mückenbekämpfung durch die Militärverwaltung zwischen 1945 und 1947. Im Tegeler See wurde sogar in 6 m Tiefe noch DDE nachgewiesen.

Während die Schwermetallkonzentration nach etwa 3 m die geochemische Grundbelastung bereits erreicht hat, ist die Migration der Xenobiotika größer. In marinen wie in potamologischen Systemen kamen andere Arbeitsgruppen zu ähnlichen Ergebnissen einer relativ hohen Beweglichkeit der Xenobiotika in den Sedimenten (u.a. ZOETEMAN et al. 1980).

Die polykondensierten aromatischen Kohlenwasserstoffe wurden ebenfalls in allen Sedimentproben angetroffen. Das Muster polykondensierter aromatischer Kohlenwasserstoffe deutet auf einen vorwiegend abiotischen Eintrag hin. Sowohl in der Havel wie in den Grunewaldseen, (Tab. 28) wurden die PAH in dem oberen Meter der Sedimentsäule angereichert. Im See Krienicke, einer buchtartigen Erweiterung des Haveltals nördlich von Spandau, wurden die PAH (KOFELD 1982) gegen ein Referenzgemisch von allerdings nur 19 Substanzen qualitativ bestimmt. Gegenüber der Oberflächenprobe mit u.a. Fluoranthen, Benz(a)anthracen, Chrysen, Benzo(e)pyren, Benzo(a)pyren, sowie Benzo(phi)perylen und einer Fülle weiterer im Gaschromatogramm angezeigter Verbindungen weist die Peak-Zahl der Proben im Tiefenmeter 4,78 bis 4,96 eine deutliche Abnahme auf, wobei sich das Spektrum der PAH ändert. In 10,39 bis 10,62 m Tiefe ist nur noch Perylen identifizierbar. Verschiedene PAH sollen in Pflanzen synthetisiert werden, z.B. P-Cymol (GERARDE 1960), und die Aromatisierung, die man sonst aus Diagenesevorgängen kennt, führt nach LA FLAMME & HITES (1979) in kurzer Zeit zum Pinanthren. Da aber bisher keine gleichbleibende Mischung von PAH in den Sedimenten gefunden wurde, wie es bei einer biogenen Synthetisierung zu erwarten wäre, sind die nachgewiesenen Produkte wohl anthropogener Herkunft. Das Perylen dagegen nimmt zur Tiefe zu und erweist sich damit als ein biogenes bzw. während der Sedimentdiagenese synthetisiertes Produkt. Das Spektrum der PAH zeigt jedoch, daß bis in eine Tiefe von 5 m unter deutlicher Abnahme gegenüber der Konzentration an der Oberfläche eine Migration stattgefunden hat. Da polychlorierte Kohlenwasserstoffe im Tegeler See in 6 m Tiefe nachgewiesen wurden, verdichten sich die Hinweise auf eine tiefgründige Migration organischer Umweltchemikalien, die innerhalb der Infiltrationszone zu einer nur temporären und daher

Tab. 28: Übersicht über die in den Sedimentproben qualitativ identifizierten persistenten Umweltchemikalien (die eingeklammerten Symbole weisen auf noch nicht eindeutig gesicherte Ergebnisse hin) nach BUCHERT et al. (1982).

identifizierte persistente Umweltchemikalien	1.1	1.2	1.3	1.4	1.5	2.1.1	2.1.2	2.2.1	3.1.1	3.1.2	3.2
Chlorbenzole											
1,2,3-Trichlorbenzol	+++	−	−	−	−	+	+++	+	+	−	−
1,2,4-Trichlorbenzol	++	+	−	(+)	+	+	+	+	++	+	+
1,2,4,5-Tetrachlorbenzol	−	−	−	+	+	−	−	+	−	−	−
1,2,3,4-Tetrachlorbenzol	−	−	−	−	−	−	+	+	−	−	−
Pentachlorbenzol	+	+	+	+	+	(+)	(+++)	+	+	(++)	−
Hexachlorbenzol (HCB)	++	−	+	+	+	(+)	−	+	+	+	+
HCH-Gruppe											
α-HCH	+	+++	+	+	+	(+)	(+)	+	+	(+)	−
β-HCH	−	−	−	−	−	−	−	−	−	−	−
γ-HCH	+	+++	+	+	+	(+)	(+)	+	+	+	(+)
δ-HCH	−	−	−	−	−	−	−	−	−	−	−
DDT-Gruppe											
4,4'-DDMU	+	+	+	++	+	−	−	(+)	−	−	−
2,4'-DDE	+	+	+	++	+	−	−	−	−	−	−
4,4'-DDE	+++	+++	+++	+++	+++	−	(+)	+	+	+	+
2,4'-DDD	+	++	+++	++	+++	−	−	−	+	−	−
4,4'-DDD	++	+++	+++	+++	+++	(+)	−	+	+	+	+
2,4'-DDT	(−)	(−)	(++)	(++)	(++)	−	−	−	−	−	−
4,4'-DDT	++	++	++	+++	+	(+)	(+)	+	+	−	(+)
Methoxychlor	−	−	−	(−)	−	−	−	−	(+)	−	−
Cyclodien-Insecticide											
Heptachlorepoxid	−	−	−	−	−	−	−	−	−	−	−
cis- u. trans-Chlordan	(−)	(+)	(+)	(+)	(+)	−	−	−	−	−	−
cis- u. trans-Nonachlor	(−)	(+)	(+)	(+)	(+)	−	−	−	−	−	−
Polychlorierte Biphenyle	+++	+++	+	++	+++	+	+	+	+	+	+
Polychlorierte Terphenyle	++	+++	−	(++)	++	(+)	−	−	−	−	−
Polychlorierte Terpene	(+)	(+)	(+)	(+)	(+)	−	−	−	−	−	−
Schwefel (elementar)	+++	+++	+++	++	++	+++	+++	+++	+++	+++	++
unbekannte Verbindungen in Fraktion 1	++	++	++	+	+++	+	+	++	+	+	+
unbekannte Verbindungen in Fraktion 2	+++	++	+	++	++	++	++	+++	+++	+++	++

1.1 Tegeler See
Hafenbecken
Oberfläche 0,1 m

1.2 Teltow Kanal
Kraftwerk Lichterfelde
Tiefe: 0,35-0,40 m

1.3 Schlachtensee
Kern Nr. 10
Basis 0,30-0,35 m

1.4 Schlachtensee
Kern Nr. 29
Basis 0,30-0,35 m

1.5 Schlachtensee
Kern Nr. 34
Basis 0,35-0,40 m

2.1.1 Tegeler See
Tiefbohrung Hasselwerder
T 4 2,80-2,85 m

2.1.2 Tegeler See
Tiefbohrung Hasselwerder
T 6/4 5,95-6,00 m

2.2.1 Havel
Kern B
Tiefe: 5,80-6,00 m

3.1.1 Abtsdorfer See
Gefrierkern Nr. 1
Top 0,05-0,10 m

3.1.2 Abtsdorfer See
Gefrierkern Nr. 1
Basis 0,30-0,35 m

3.2 Libyen
Kufra See West 1
Oberfläche

die Grundwassergüte möglicherweise beeinträchtigenden Deponierung im Sediment führen.

Umschau

Ein Vergleich mit Proben des küstenfernen Kufra-Oasenarchipels in Süd-Libyen zeigte zwar Spuren von Insektiziden, aber keine Industriechemikalien. Ein Vergleich mit Sedimenten aus Seen der Bundesrepublik wurde an 10 Seen (vgl. Abb. 42) und dem Abtsdorfer See (BUCHERT et al. 1981) vorgenommen.

Die Seen wurden unter folgenden Kriterien ausgewählt: Sie sollten auf einem West-Ost- und Nord-Süd-Transekt über die Bundesrepublik verteilt liegen und keine Kontamination durch Industrie oder großkommunale Abwässer aufweisen. Ferner mußten jene Gebiete ausgeschlossen werden, in denen eine geologisch bedingte oder montaninduzierte Schwermetallkonzentration zu erwarten war. Oberirdische Zu- und Abflüsse sollten fehlen oder gering sein. Deshalb schieden alle Seen und Teiche aus, die in den Talauen von mit Umweltchemikalien belasteten Flüssen liegen. Zur Auswahl gelangten:

Schulensee am Südwestrand Kiels, ein See mit starker Eutrophierung im Norden der Bundesrepublik Deutschland und in Nähe eines Ballungsgebietes gelegen.

Langsee, ebenfalls im Norden der Bundesrepublik, aber in forstwirtschaftlich-landwirtschaftlich genutztem Gebiet.

Der *Seeburger See* liegt im Einzugsgebiet landwirtschaftlicher Nutzung, er ist als Naturschutzgebiet ausgewiesen.

Das *Gildehauser Venn*, in einem Moorgebiet gelegen, dürfte im wesentlichen durch Lufteintrag kontaminiert sein.

Im *Ruhrgebiet* als Beispiel hoher Immissionswahrscheinlichkeit mußten künstliche Seen (*Schloß Berge*) beprobt werden, um ungestörte Sedimente zu gewinnen, die den Lageansprüchen zur Windrichtung und dem Ausschluß von Einleitungen gehorchten.

Der *Jungferweiher* in der Eifel markiert den westlichsten Punkt der Transekte, die um den *Schleinsee* mit einer südlichen Komponente ergänzt werden.

Der *Große Arbersee* im Bayerischen Wald (Naturschutzgebiet) weist eine hohe Produktionsrate an organischer Substanz auf. Der Niederschlagseintrag ist gegenüber den anderen Seen erhöht, und er repräsentiert die Mittelgebirgsvariante.

Die *Grunewaldseen* in Berlin stellen die am weitesten östlich beprobbaren dar. Sie erfüllen das Zu- und Abflußkriterium und liegen innerhalb eines industriellen Ballungsraumes.

Vier Substanzgruppen aus der Klasse der Organochlorverbindungen wurden aufgrund ihrer Eigenschaft, der Geoakkumulation und der Zuordnungsmöglichkeit zu Immissionen ausgewählt. Es handelt sich um die in 4.6.2.1 aufgeführten Verbindungen.

Um Übersichtlichkeit zu erreichen, wurde auch für die Xenobiotika eine Skala von Belastungsstufen entworfen (vgl. 3.3.6), die zu folgender Einstufung der untersuchten Seen führte:

1. Niedrig belastete Gruppe[5]

Schwermetalle	*Organische Parameter*
Langsee (1)	Langsee (1)
-	Schulensee (2)
Gildehauser Venn (3)	Gildehauser Venn (3)
Seeburger See (4)	Seeburger See (4)
Jungferweiher (6)	Jungferweiher (6)
Schleinsee (7)	-
Großer Arbersee (8)	-

2. Mäßig belastete Gruppe

Schwermetalle	*Organische Parameter*
Langssee (1)	-
Schulensee (2)	-
Jungferweiher (6)	Jungferweiher (6)
Schleinsee (7)	Schleinsee (7)
Großer Arbersee (8)	Großer Arbersee (8)
-	Pechsee (11)

---

[5] Doppelnennung erfolgt, wenn einzelne Metalle/Verbindungen den der Gruppe zugrundegelegten Anreicherungsfaktor bzw. die Konzentration überschreiten.

3. Deutlich belastete Gruppe

Schwermetalle	*Organische Parameter*
Schloß Berge (5)	Schloß Berge (5)
Schlachtensee (9)	Schlachtensee (9)
Krumme Lanke (10)	Krumme Lanke (10)
Pechsee (11)	-

Die Klassierung der anorganischen Parameter in drei Belastungsgruppen beruht im wesentlichen auf einer Beurteilung der Anreicherung. Sie führt zu einer Bewertung, wie sie über den Geoakkumulationsindex (MÜLLER 1985) zu erhalten ist (vgl. 4.6.1).

Die Untersuchungen ergaben, daß die Belastung sowohl mit organischen wie anorganischen Umweltchemikalien keinem überregionalen Gradienten im Sinne eines West-Ost- oder Nord-Süd-Transektes folgt, sondern im wesentlichen dem lokalen bis regionalen Umfeld zuzuordnen ist.

Es zeigt sich eine parallel laufende Kontamination mit Umweltchemikalien und Schwermetallen, nahezu unabhängig von der Struktur und den Texturparametern der oberen Meter der Seesedimente. Aufgrund einer Pearson-Korrelation ist lediglich eine positive Korrelation mit 0,9199 zwischen Pb und γ-HCB festzustellen.

Im einzelnen ergibt sich ein differenziertes Bild unterschiedlicher Belastungsmuster. So sind die Schwermetallgehalte bei dem Langsee, Schleinsee und Arbersee etwas höher als die Konzentration der organischen Umweltchemikalien.

Es dominieren im allgemeinen in den unteren Sedimentabschnitten die Metabolite des DDT. Es handelt sich um Altlasten; der Gehalt kann Maximalwerte von z.B. 1 529 ng/g DDD im Sediment betragen (Teich Schloß Berge im Ruhrgebiet). Auch die 643 ng/g im Schlachtensee und die 831 ng/g in der Krummen Lanke (Berlin) gehen nachweislich auf erhöhten Eintrag in den 40er Jahren zurück.

Bei den PCB-Gehalten sind in den Berliner Seen niedrig- wie hochchlorierte PCB vertreten, während sich in den westlicher gelegenen Seen das Muster zu den hochchlorierten verschiebt. Insgesamt läßt sich zeigen, daß aufgrund der Migrationsfähigkeit der organischen Umweltchemikalien an Orten mit geringer Sedimentmächtigkeit und unter influenten Bedingungen eine Gefährdung des Grundwassers nicht auszuschließen ist. Da durch die hohe Nährstoffbelastung in verschiedenen Seen das Redoxpotential an der Sedimentoberfläche erniedrigt wird, ist außerdem mit einer Mobilisation auch der am Sediment adsorbierten Schwermetalle zu rechnen.

5. Zusammenfassung

Zur Paläolimnologie Berliner Seen

Das im Einzugsgebiet in Suspension bereitgestellte Material wird in den Seebecken sedimentiert und die Lösungsfracht kann im Kontakt mit dem Seewasser und seinem biotischen Metabolismus absorbiert (Bioakkumulation) bzw. am Sediment adsorbiert (Geoakkumulation) werden. Außerdem nehmen die Seen die in Ballungsgebieten in beträchtlicher Menge anfallenden Stäube und das in den Niederschlägen Gelöste auf. In den Seesedimenten sind die Emissionen von Umweltchemikalien, Schwermetallen und Mineralstäuben eines Ballungsgebietes angereichert und archiviert.

In Abstimmung hinsichtlich der Seenauswahl, der Probenahme und der Auswertung arbeitete eine chemisch-analytische (Xenobiotika) Arbeitsgruppe in Ulm und eine geomorphologisch-geochemisch-sedimentologische in Berlin an der Aufgabe, den Grad der Kontamination der Limnite mit Schwermetallen und einigen ausgewählten Xenobiotika zu bestimmen. Die Untersuchungen konzentrieren sich auf den Berliner Raum, einbezogen wurden außerdem Seen in industriellen Ballungsgebieten, sowie land- und forstwirtschaftlich genutzten Regionen entlang eines West-Ost und Nord-Süd gerichteten Transekts über die Bundesrepublik Deutschland.

Für die oberen bis zu mehr als 80% Wassergehalt aufweisenden Sedimentabschnitte wurde ein speziell konstruiertes Tiefgefrierkernentnahmegerät eingesetzt; dadurch war eine ungestörte Beprobung möglich.

Sedimentabschnitte unterhalb 2 m Tiefe (bis zu mehr als 25 m) wurden in die Analyse einbezogen, um die geochemische Grundbelastung wie den Migrationsfortschritt der Umweltchemikalien zu ermitteln und einen Einblick in die Genese der spätpleistozänen und holozänen Sedimente zu gewinnen. Dies ist interessant insbesondere für den Berliner Raum, wo die Grundwassergewinnungsanlagen entlang der Seeufer liegen und das geförderte Wasser bis zu 60% Uferfiltrat darstellt. Unter diesen influenten Bedingungen können die Seesedimente zur Emission angeregt werden.

In den Seebecken Berlins begann die limnische Sedimentation vor ca. 14.000 Jahren. Außerhalb der Spree und der Havel, z.B. im Teufelssee, vermutlich schon vor mehr als 18.000 Jahren, auch der Tatarengrund, die Bäketalung mit der Buschgrabentalung waren hochglaziale Schmelzwasserabflußbahnen.

Im Gegensatz zu bisherigen Auffassungen hat basierend auf Gefügemerkmalen und Modellbetrachtungen kein Toteis während der limnischen Sedimentation in den Talbecken gelegen. Im Spätpleistozän, als die Seesande, die die Basis der Mudden bilden, sedimentiert wurden, bestand ein niedrigerer Wasserspiegel als heute unter einem vermutlich kaltariden Klima.

Im Tegeler See sowie den übrigen seenartigen Talweitungen der Havel wurden in ca. 13.500 Jahren zumeist kalkreiche Mudden in einer Mächtigkeit von über 27 m sedimentiert. Der natürliche Sedimentzuwachs wird beschleunigt durch einen anthropogen induzierten Eintrag von Phosphaten und Nitraten. - Die Berliner Seen, in denen der Tephrahorizont der Laacher See-Eruption vor 11.300 Jahren nachzuweisen ist, waren schon im Alleröd in einem mesotrophen bis eutrophen Zustand.

Das Gefüge der spätpleistozänen bis frühholozänen Kalkmudden (bis zu 70% $CaCO_3$) ist durch eine sandfreie, rhythmische Sedimentation (Rhythmite) gekennzeichnet, die den Charakter von Jahresschichtungen hat und im Atlantikum ausklingt. Im Tegeler See tritt in den unteren Sedimentabschnitten Ca-Rhodochrosit auf. Der Mangangehalt erreicht 17% der Trockensubstanz. Die geochemischen Daten, wie das rhythmitische Gefüge, zeigen meromiktische Bedingungen im Alleröd - Sulfidschwefelgehalte im Teufelssee bis zu 7,7% - der jüngeren Tundrenzeit umd zum Teil im Präboreal an, die in den tiefsten Seearealen mit unterschiedlicher Dauer entwickelt waren. Die morphologischen Voraussetzungen für eine Meromixis wurden im Verlauf des mittleren Holozäns - Atlantikum - durch den Sedimentzuwachs aufgehoben. Von diesem Zeitpunkt an macht sich auch der Elbe-Rückstau in den Havelsedimenten bereits bemerkbar.

Die Sedimentbildung ist in den Berliner Seen sehr unterschiedlich verlaufen. Den Kalkmudden des Tegeler Sees aus dem mittleren Holozän stehen kalkarme, diatomeenreiche Mudden in der Havel gegenüber, die stratenweise den Charakter eines Diatomits haben. Siderit ist im wesentlichen in den Mudden der Havel in allen Zeitabschnitten vorhanden. Während im Pechsee und Teufelssee im Holozän organische Detritusmudden gebildet wurden, sind es im Schlachtensee und der Krummen Lanke Kalkmudden unterschiedlicher Zusammensetzung.

Eine Temperaturabschätzung mittels $\delta\ ^{18}O$-Werten der stabilen Sauerstoffisotope ergab einen prägnanten Temperaturanstieg um 12.000 b.p., in der jüngeren Tundrenzeit - Dryas III - treten dagegen innerhalb von Jahrhunderten bedeutende Temperaturvariationen auf, die diesen Zeitabschnitt als thermisch instabil kennzeichnen.

Der Havelton der älteren Literatur erweist sich als eine konventionelle Bezeichnung. Der Anteil an Schichtsilikaten ist gering. Die Masse der Partikel $< 2\ \mu$ bildet Diatomeenbruchstücke. Die exemplarische Bestimmung der k_f-Werte der Kalkmudde mit einem von DIETRICH abgewandelten Neubert'schen Gerät ergab Werte in der Größenordnung von $1,4 \cdot 10^{-5}$ cm s^{-1} bis $4,3 \cdot 10^{-7}$ cm s^{-1} zwischen 7 m und 17,8 m Sedimenttiefe. Angesichts der niedrigen k_f-Werte im Bereich der größten

Seesedimentmächtigkeit erweist sich die Uferzone mit abnehmender Sedimentmächtigkeit als maßgeblicher Bereich der Uferfiltration. Die größten Durchflußraten konzentrieren sich somit auf einen relativ kleinen Flächenanteil der subhydrischen Sedimente. Hieraus ergibt sich ein Gefährdungspotential des Grundwassers. Eine Kontamination dieser Flächen würde somit einen überproportionalen Effekt auf die Grundwassergüte ausüben.

Sowohl im Tegeler See wie der Oberhavel (Krienicke) wurden in über 6 m Sedimenttiefe Spuren von HCB, PAH, DDT-Metaboliten, PCB mit verschiedenen Chlorierungsgraden sowie α- und γ-HCH nachgewiesen.

Schwermetalle erreichen dagegen bei 2 m Tiefe bereits die lokale geochemische Grundbelastung. Es wurden Anreicherungsfaktoren für die Schwermetalle berechnet. Basierend auf den Gehalten an Umweltchemikalien und den Schwermetall-Anreicherungsfaktoren werden die unterschiedlichen Seen drei Belastungsstufen zugeordnet. Es zeigt sich eine parallel laufende Kontamitation mit Umweltchemikalien und Schwermetallen nahezu unabhängig von der Struktur und den Texturparametern der oberen Meter der Seesedimente. Vergleichsuntersuchungen ergaben, daß die Belastung sowohl mit organischen wie anorganischen Umweltchemikalien keinem überregionalen Gradienten im Sinne eines West-Ost- oder Nord-Süd-Transekts innerhalb der Bundesrepublik folgt, sondern im wesentlichen dem lokalen bis regionalen Umfeld zuzuordnen ist. Im einzelnen ergibt sich ein differenziertes Bild unterschiedlicher Belastungsmuster. Im Vergleich zu anderen Flüssen gehört die Belastung mit Schwermetallen der Havel in einen Bereich der höheren Kategorie. Bei den PCB-Gehalten sind in den Berliner Seen niedrig wie hoch chlorierte PCB vertreten. Im Schlachtensee und der Krummen Lanke treten hohe Gehalte an DDT auf, die auf Altlasten zurückgehen.

6. Literatur

AHRENS, M. 1985: Möglichkeiten und Grenzen geomorphologischer und paläoklimatischer Ausdeutung von See-Sedimenten unter besonderer Berücksichtigung des Niederneuendorfer Sees in der Havel und seiner Limnite. - Wiss. Hausarbeit am Inst. f. Phys. Geogr., FU Berlin, Unveröff. Mskrpt.: 1-105, Berlin.

ALEXANDER, G.B. 1975: The effect of particle size on the solubility of amorphous silica in water. - J. Phys. Chem., 61: 1563-1564, Washington.

ANTHONY, R.S. 1977: Iron-rich rhythmically laminated sediments in Lake of the Clouds, northeastern Minnesota. - Limnol. Oceanogr., 22: 45-54, Lawrence/Kansas.

ASSMANN, P. 1957: Neue Beobachtungen in den eiszeitlichen Ablagerungen des Berliner Raumes. - Z. Dt. Geol. Ges., 109: 389-399, Hannover.

BADEN, W. & EGGELSMANN, R. 1963: Zur Durchlässigkeit der Moorböden. - Z. f. Kulturtechnik und Flurbereinigung, H. 4, 226-254, Berlin, Hamburg.

BALLSCHMITER, K. 1981: High Resolution Gas Chromatography in Environmental Analyses. - Tagung "Euroanalyses V" in Helsinki, Vortragsmanuskript.

BALLSCHMITER, K. 1985: Globale Veteilung von Umweltchemikalien. - Nachr. Chem. Tech. Lab., 33: 206-208, Weinheim.

BALLSCHMITER, K. & BUCHERT, H. 1982: Sedimentanalyse zur Bestimmung der Belastung limnischer Sedimente durch persistente Umweltchemikalien, Teil 2. - Forschungsbericht z. F+E Vorhaben, Nr. 106 02 001/02, S. 1-206, Umweltforschungsplan d. Bundesministers d. Innern, im Auftrag d. Umweltbundesamtes, Berlin.

BALLSCHMITER, K. & BUCHERT, H. 1985: Die Belastung liminischer Sedimente durch persistente Umweltchemikalien. - In: Umweltforschungsplan d. Bundesministers d. Innern, im Auftrag d. Umweltbundesamtes, Forschungsber. 106 050 27/1+2, 1-240, Berlin.

BEHR, J. 1956: Über das Riemeisterfenn in der Grunewaldrinne. - Das Gas- und Wasserfach, 97 (10): 409-413, München.

BENDA, L. 1974: Die Diatomeen der niedersächsischen Kieselgur - Vorkommen, paläoökologische Befunde und Nachweis einer Jahresschichtung. - Geol. Jb., A (21): 171-197, Hannover.

BERNETT, K.D. 1986: Coherent slumping of early postglacial lake sediments at Hall Lake, Ontario, Canada. - Boreas, 15 (3): 209-215, Oslo.

BERNER, R.A. 1971: Principles of Chemical Sedimentology. - McGraw-Hill Intern. Series in the earth and planetary sciences, 1-240, New York.

BERTZEN, G. 1985: Diatomeenanalytische Untersuchungen an spätpleistozänen und holozänen Sedimenten des Tegeler Sees. - Diss. FB Geowiss. FU Berlin: 1-167, Berliner Geogr. Abh., 45 (im Druck), Berlin.

BESCHOREN, B. 1934: Zur Geschichte des Havellandes und der Havel während des Alluviums. - Jb. Preuß. Geol. L.-Amt, 55: 305-311, Berlin.

BISCHOFF, C. 1986: Die nacheiszeitliche Landschaftsentwicklung in einem Teilbereich des ehemaligen Hermsdorfer Sees (Bezirk Reinickendorf). - unveröff. Wiss. Hausarbeit: 1-53, Berlin.

BLUME, H.-P., HOFFMANN, R. & PACHUR, H.-J. 1979: Periglaziäre Steinring- und Frostkeilbildungen norddeutscher Parabraunerden. - Z. Geomorph., N.F., Suppl.-Bd. 33: 257-265, Berlin, Stuttgart.

BLUME, H.-P., BORNKAMM, R., KEMPF, Th., LACATUSU, R., MULJADI, S. & RAGHI-ATRI, F. 1979: Chemisch-ökologische Untersuchungen über die Eutrophierung Berliner Gewässer unter besonderer Berücksichtigung der Phosphate und Borate. - Schriftenreihe d. Ver. f. Wasser-, Boden- u. Lufthygiene, 48: 1-152, Berlin.

BÖCKER, R. 1978: Vegetations- und Grundwasserverhältnisse im Landschaftsschutzgebiet Tegeler Fließtal (Berlin-West). - Verh. Bot. Ver. Prov. Brandenburg, 114: 1-164, Berlin.

BOGAARD, P. v.d. 1983: Die Eruption des Laacher See Vulkans. - Diss. (unveröff.), Univers. Bochum, 1-348, Bochum.

BOLT, G.H. & BRUGGENWERT, M.G.M. (Hg.) 1978: Soil chemistry. A. Basic elements. - 1-281, Elsevier, Amsterdam, Oxford, New York.

BOULTON, G.S. 1972: Modern Arctic glaciers as depositional models for former ice sheets. - Quart. J. Geol. Soc. London, 128: 361-393, Northern Ireland.

BRANDE, A. 1978/79: Die Pollenanalyse im Dienste der landschaftsgeschichtlichen Erforschung Berlins. - Berliner Naturschutzbl., 65: 435-443, 66: 469-475, Berlin.

BRANDE, A. 1980: Pollenanalytische Untersuchungen im Spätglazial und frühen Postglazial Berlins. - Verh. Bot. Ver. Prov. Brandenburg, 115: 21-72, Berlin.

BROWN, G. 1961: The x-ray identification and crystal structures of clay minerals. - Miner. Soc. (Clay Miner. Group): 1-544, London.

BRUNSKILL, G.J. 1969: Fayetteville Green Lake, New York. II. Precipitation and sedimentation of calcite in a meromictic lake with laminated sediments. - Limnol. Oceanogr., 14: 830-847, Lawrence/Kansas.

BUCHERT, H., BIHLER, S. & BALLSCHMITER, K. 1982: Untersuchungen zur globalen Grundbelastung mit Umweltchemikalien, VII. Hochauflösende Gas-Chromatographie persistenter Chlorwasserstoffe (CKW) und Polyaromaten (AKW) in limnischen Sedimenten unterschiedlicher Belastung. - Fresenius Z. Anal. Chem., 313: 1-20, Berlin, Heidelberg, New York.

BUCHERT, H., BIHLER, S., SCHOTT, P., RÖPER, H.-P., PACHUR, H.-J. & BALLSCHMITER, K. 1981: Organochlorine pollutant analysis of contaminated and uncontaminated lake sediments by high resolution gas chromatography. - Chemosphere, 10 (8): 945-956, Oxford.

CALVERT, S.E. 1966: Origin of diatom-rich, varved sediments from the Gulf of California. - J. Geol., 74: 546-565, Washington.

CARSLAW, H.J. & JAEGER, J.C. 1959: Conduction of heat in solids. - 2. Aufl.: 1-510, Oxford.

CEPEK, A.G. 1967: Stand und Probleme der Quartärstratigraphie im Nordteil der DDR. - Ber. Dt. Ges. Geol. Wiss., a, 12 (3/4): 375-404, Berlin.

CHESTER, R. & STONER, J.H. 1975: Trace elements in sediments from the lower Severn and Bristol Channel. - Mar. Pollut. Bull., 6: 92-96, London.

CHROBOK, S., MARKUSE, G. & NITZ, B. 1982: Abschmelz- und Sedimentationsprozesse im Rückland weichselhoch- bis spätglazialer Marginalzonen des Barnim und der Uckermark (mittlere DDR). - Petermanns Geogr. Mitt., 126 (2): 95-102, Gotha.

DEAN, W.E. 1974: Determination of Carbonate and organic Matter in Calcaroeus Sediments and Sedimentary Rocks by Loss of Ignition. - Comparison with other Methods. - J. Sed. Petrol., 44 (1): 242-248, Tulsa/Oklahoma.

DIETRICH, T. 1979: Ergänzung des Neuber'schen Durchlässigkeitsgerätes für die Untersuchung weicher Bodenproben. - In: DIETRICH, T. 1979: Bestimmung zur Durchlässigkeit von mineralischen Deponiebasisdistanzen bei kleinem Durckgefälle. - Texte Umweltbundesamt, Forschungsber. 103 020 19: 1-48, Berlin.

DIGERFELDT, G., BATTARBEE, R.W. & BENGTSSON, L. 1975: Report on annually laminated sediment in lake Järlasjön, Nacka, Stockholm. - Geol. Fören, Stockholm Förhandl., 97: 29-40, Stockholm.

DMOCHEWITZ, S. & BALLSCHMITER, K. 1982: Rückstandsanalyse von Chlorkohlenwasserstoffen in Humanknochenmark durch hochauflösende Gas-Chromatographie mit Elektroneneinfang-Detektor. - Fresenius Z. Anal. Geoch., 310: 6-12, Berlin, Heidelberg, New York.

DRIESCHER, E. 1986: Historische Schwankungen des Wasserstandes von Seen im Tiefland der DDR. - Geogr. Ber., 120 (3): 159-171, Gotha.

ENGELHARDT, W. v. 1960: Der Porenraum der Sedimente. - 1-207, Berlin, Göttingen, Heidelberg.

FIRBAS, F. 1949: Spät- und nacheiszeitliche Waldgeschichte Mittel-Europas nördlich der Alpen. Bd. I: Allgemeine Waldgeschichte. - 1-480, Jena.

FIRBAS, F. 1953: Das absolute Alter der jüngsten vulkanischen Eruptionen im Bereich des Laacher Sees. - Die Naturwissenschaften, 40 (2): 54-55, Berlin, Heidelberg, New York.

FLORIN, M.-B. & WRIGHT, H.E. 1969: Diatom evidence for the persistence of stagnant glacial ice in Minnesota. - Publ. Inst. Quatern. Geol. Univ. Uppsala, Octave Ser. 33: 695-703, Stockholm.

FÖRSTNER, U. & MÜLLER, G. 1974: Schwermetalle in Flüssen und Seen. - 1-225, Berlin, Heidelberg, New York.

FÖRSTNER, U. & WITTMANN, G.T.W. 1979: Metal pollution in the aquatic environment. - 1-486, Berlin, Heidelberg, New York.

FÖRSTNER, U., MÜLLER, G. & REINECK, H.E. 1968: Sedimente und Sedimentgefüge des Rheindeltas im Bodensee. - Jb. Mineral. Abh., 109: 33-62, Stuttgart.

FOGED, N. 1982: Diatoms in Human Tissues - Greenland about 1460 A.D.-Funen 1981-82 A.D. - In: Nova Hedwigia, Bd. 36: 345-379, Braunschweig.

FRECHEN, J. 1959: Die Tuffe des Laacher Vulkangebietes als quartärgeologische Leitgesteine und Zeitmarken. - Fortschr. Geol. Rheinland und Westfalen, 4: 363-370, Krefeld.

FREY, W. 1975: Zum Tertiär und Pleistozän des Berliner Raumes. - Z. Dt. Geol. Ges., 126: 281-292, Hannover.

FÜCHTBAUER, H. 1959: Zur Nomenklatur der Sedimentgesteine. - Erdöl u. Kohle, 12: 605-613, Hamburg.

GARRELS, R.M. & CHRIST, C.L. 1965: Solutions, minerals and equilibria. - Harber's Geosci. Ser., CRONEIS, C. (Hg.), 1-450, New York.

GEISSLER, U. & GERLOFF, J. 1966: Das Vorkommen von Diatomeen in menschlichen Organen und in der Luft. - Nova Hedwigia, Beih. Bd. 10: 565-577, Lehre.

GERARDE, H.W. 1960: Toxicology and Biochemistry of Aromatic Hydrocarbons. - 1-329, Amsterdam, London.

GEYH, M.A. 1966: Versuch einer chronologischen Gliederung des marinen Holozäns an der Nordseeküste mit Hilfe der statistischen Auswertung von ^{14}C-Daten. - Z. dt. Geol. Ges., 66 (118): 351-360, Hannover.

GEYH, M.A. MERKT, J. & MÜLLER, H. 1971: Sediment-, Pollen- und Isotopenanalysen an jahreszeitlich geschichteten Ablagerungen im zentralen Teil des Schleinsees. - Arch. Hydrobiol., 69 (3): 366-399, Stuttgart.

GORING, C.A.T. & HAMAKER, J.W. (Hg.) 1972: Organic chemicals in the environment. - Bd. 1: 1-440, Bd. 2: 444-968, New York.

GRAF, D.L. 1961: Crystallographic tables for the rhombohedral carbonates. - Am. Mineralogist, 46: 1283-1316, Washington.

GRIGULL, U. & SANDNER, H. 1986: Wärmeleitung. - 1-158, Berlin, Heidelberg, Tokio.

GRIPP, K. & SCHÜTTRUMPF, R. 1953: Ein nacheiszeitliches ungewöhnliches Torflager und über das Tieftauen in Holstein. - Die Naturwissenschaften, 40 (2): 55, Berlin, Heidelberg, New York.

HÄSSELBARTH, U. 1974: Gewässerschutzmaßnahmen in Berlin. - Z. Techn. Univ. Berlin, 6: 424-433, Berlin.

HAZEN, A. 1982: Some physical properties of sands and gravels with special reference to their use in filtration. - 24 Ann. Report, Mass. State Board of health Pub. Doc. 34: 541-556, Boston.

HELLMANN, H. 1974: Kohlenwasserstoffe in aeroben Sedimenten der Binnengewässer der BRD. - Dt. Gewässerkdl. Mitt., 18 (4): 96-100, Koblenz.

HOELZMANN, P. 1986: Spätweichselzeitliche und holozäne Sedimente einer Talung auf der Teltower Platte. Ein Beitrag zur Entwicklungsgeschichte eines Landschaftsschutzgebietes. - unveröff. Dipl-Arbeit FB Geowiss. FU Berlin: 1-66, Berlin.

HOOGHOUDT, S.B. 1952: Tile drainage and subirrigation. - Soil Sci. 73: 35-48, Baltimore.

HOPKINS, D.M. & KARLSTROM, T.N.V. 1965: Permafrost and ground water in Alaska. - US Geol. Surv. Prof. Paper, 264-F: 113-146 (2. Aufl. 1982), Washington.

HOUL, R. & DÜMBGEN, G. 1960: AREA-Meter nach Brunauer, Emmet und Teller. - Chem. Ing. Techn., 32: 349, Weinheim, Deerfield Beach, Basel.

HUCKE, K. 1922: Geologie von Brandenburg. - 1-351, Stuttgart.

ILER, R.K. 1955: The colloid chemistry of silica and silicates. - 1-324, Ithaca, New York.

IVERSEN, J. 1954: The late-glacial-flora of Denmark and its relation to climate and soil. - Danm. Geol. Unders., II. Raekke, 80: 87-119, Kopenhagen.

JACKSON, M.L. 1958: Soil Chemical Analysis. - 1-498, Englewood Cliffs, N.J.

KALLENBACH, H. 1980: Abriß der Geologie von Berlin. - In: Berlin. Klima, geologischer Untergrund und geowissenschaftliche Institute. Beilage zu den Tagungsunterlagen des Intern. Alfred-Wegener-Symp. und der Deutschen Meteorologen-Tagung 1980, 15-21, Berlin.

KEILHACK, K. 1914: Die geologischen Verhältnisse des Kreises Teltow. - Sonderdruck aus dem Teltower Kreiskalender 1914: 1-16, Berlin.

KISSE, W. 1911: Die Verlandung des Grunewaldsees. - Beilage zum Jahresbericht des Realgymnasiums in Schmargendorf, Ostern 1911, 1-40, Berlin.

KJENSMO, J. 1964: Exchange of iron between mud and water in a small Norwegian lake. - Schweiz. Z. Hydrol., 26: 69-73, Zürich.

KLOOS, R. 1978: Besondere Mitteilungen zum Gewässerkundlichen Jahresbericht des Landes Berlin. - In: SENATOR FÜR BAU- UND WOHNUNGSWESEN (Hg.): Die Berliner Gewässer: 1-79, Berlin.

KLOOS, R. 1985: Landseen, Teiche, Parkgewässer. Beschreibung und Sanierungskonzeption. - SENATOR FÜR STADTENTWICKLUNG UND UMWELTSCHUTZ, Ref.: Presse und Öffentlichkeitsarbeit, 1-48, Berlin.

KLOOS, R. 1986: Das Grundwasser in Berlin. Bedeutung, Probleme, Sanierungskonzeptionen. - In: DER SENATOR FÜR STADTENTWICKLUNG UND UMWELTSCHUTZ (Hg.): Besondere Mitt. z. Gewässerkundl. Jahresber. d. Landes Berlin: 5-165, Berlin.

KNAPP, G. 1981: Methoden zum Aufschluß organischer Materialien für die Elementspurenanalyse. - In: WELZ, B. (Hg.): Atomspektrometrische Spurenanalytik. - 151-160, Weinheim, Deerfield Beach, Basel.

KNUTTI, R. 1981: Matrixeffekte und Matrixmodifikation in der Graphitrohr-AAS am Beispiel der Bestimmung von Pb in Urin. - In: WELZ, B. (Hg.): Atomspektrometrische Spurenanalytik. - 57-66, Weinheim, Deerfield Beach, Basel.

KOEHNE, W. 1925: Die Grundwasserbewegung im Grunewald bei Berlin. - Z. Bauwesen (Ingenieurbauteil), 75 (1-3): 2-18, Berlin.

KOFELD, E.-G. 1982: Pleistozän-holozäne Seesedimente und marine Ablagerungen als Senken im Geosystem und ihre Rolle im Kreislauf der Umweltchemikalien. - unveröff. Wiss. Hausarb. FB Geowiss. FU Berlin, 1-189, Berlin.

KOHL, F. 1971: Kartieranleitung, Richtlinien zur Herstellung von Bodenkarten. - Beih. Geol. Jb. (Bodenkdl. Beitr.), 71: 18-70, Hannover.

KORTE, F. 1980: Ökologische Chemie. - 1-214, Stuttgart, New York.

KOSCHEL, R., BENNDORF, J., PROFT, G. & RECKNAGEL, F. 1983: Calcite precipitation as a natural control mechanism of eutrophication. - Arch. Hydrobiol., 98 (3): 380-408, Stuttgart.

KRAUSKOPF, K.B. 1956: Dissolution and precipitation of silica at low temperatures. - Geochim. Cosmochim. Acta, 10: 1-26, Northern Ireland.

KRAUSKOPF, K.B. 1959: The geochemistry of silica in sedimentary environments. - In: IRELAND, H.A. (Hg.): Silica in Sediments. - Soc. Econ. Paleont. Miner., Sec. Publ., 7: 4-19, Tulsa/Oklahoma.

KRAUSKOPF, K.B. 1967: Introduction to geochemistry. - 1-721, New York, St. Louis, San Francisco.

KÜNITZER, W. 1956: Uferfiltration - chemisch gesehen. - Das Gas- u. Wasserfach, 97: 422-425, München.

LAFLAMME, R.E. & HITES, R.A. 1979: Tetra- and pentacyclic, naturally - occuring, aromatic hydrocarbons in recent sediments. - Geochim. Cosmochim. Acta, 43: 1687-1691, Northern Ireland.

LAHMANN, E. 1979: Regenwasser-Kontamination durch Luftverunreinigungen. - In: AURAND, K. & SPAANDER, J. (Hg.): Reinhaltung des Wassers. 10 Jahre deutsch-niederländische Zusammenarbeit. 17-31, Berlin.

LAHMANN, E. 1980: Luftschadstoff-Immissionsmessungen in Berlin. Literaturstudie über Meßprogramme und deren Ergebnisse. - DER SENATOR FÜR GESUNDHEIT UND UMWELTSCHUTZ, 1-122, Berlin.

LAUER, W. & FRANKENBERG, P. 1985: Versuch einer geoökologischen Klassifikation der Klimate. - Geogr. Rdsch., 37 (7): 359-365, Braunschweig.

LESCHBER, R. 1984: Schlammkennwerte und deren Bestimmung. - Schr.-R. ATV aus Wiss. u. Praxis. Ber. z. Abwasser- u. Abfalltechn., II: 35-47, Bonn.

LESEMANN, B. 1969: Pollenanalytische Untersuchungen zur Vegetationsgeschichte des Hannoverschen Wendlandes. - Flora B, 158: 420-519, Allg. Bot. Z., Jena.

LEWIN, J.C. 1961: The dissolution of silica from diatom walls. Geochim. Cosmochim. Acta, 21: 182-192, Northern Ireland.

LINDENBEIN, B. & MALBERG, H. 1973: Die Verteilung lokaler Regenfälle im Westberliner Stadtgebiet. - Meteorol. Abh., 140: 1-37, Berlin.

LIPPMANN, F. 1973: Sedimentary Carbonate Minerals. - 1-228, Berlin, Heidelberg, New York.

LU, C.S.J. & CHEN, K.Y. 1977: Migration of trace metals in interfaces of seawater and polluted surficial sediments. - Environ. Sci. Technol., 11: 174-182, Washington.

LUDLAM, St.D. 1978: Rhythmic deposition in lakes of the northeastern U.S., Moraines and Varves. - In: SCHLÜCHTER, Ch. (Hg.): Proceeding Inqua Symp. on genesis and lithology of quarternary deposits, 295-302, Zürich.

MACKAY, D., PATERSON, S., CHEUNG, B. & NEELY, W. 1985: Evaluating the Environmental Behavior of Chemicals with a level II Fugacity Model. - Chemosphere, 14: 335-374, Oxford.

MANGERUD, J., ANDERSON, S.T., BERGLUND, B.E. & DONNER, J.J. 1974: Quarternary stratigraphy of Norden, a proposal for terminology and classification. - Boreas, 3: 109-126, Oslo.

MASUCH, K. 1958: Häufigkeit und Verteilung bodengefährdender Niederschläge im Bereich der DDR. - Acta Hydrophysica, 4 (3): 111-137, Berlin.

MEHLICH, H. 1942: Adsorption of Barium and Hydroxylions by Soil and Mineral in Relation to pH. - Soil. Sci., 53: 115-123, New York.

MERKT, J. & STREIF, H.-J. 1970: Stechrohr-Bohrgeräte für limnische und marine Lockersedimente. - Geol. Jb., 88: 137-148, Hannover.

MEYER, K. 1974: Die bodenmechanischen Eigenschaften holozäner (alluvialer) organischer Böden im Berliner Raum. - Mitt. Dt. Forschungsges. Bodenmech. TU Berlin, 30: 7-31, Berlin.

MICHLER, G. 1981: Gehalte an Metallionen in Sedimenten südbayerischer Seen als Zivilisationsindikatoren. In: WELZ, B. (Hg.): Atomspektrometrische Spurenanalytik. - 315-334, Weinheim, Deerfield Beach, Basel.

MINDER, L. 1922: Über biogene Entkalkung im Zürichsee. - Verh. Int. Verein. Limnol., 1: 20-23, Stuttgart.

MINDER, L. 1926: Biologisch-chemische Untersuchungen im Zürichsee. - Rev. Hydrol., 3 (3): 1-70, Basel.

MÜLLER, G. 1979: Schwermetalle in den Sedimenten des Rheins - Veränderungen seit 1971. - Umschau, 79: 778-783, Frankfurt.

MÜLLER, G. 1985: Unseren Flüssen geht's wieder besser. - Bild d. Wissenschaft, 10: 75-97, Stuttgart.

MÜLLER, H.M. 1970: Die spätglaziale Vegetationsentwicklung in der DDR. - In: QUARTÄRKOMITEE DER DDR (Hg.): Probleme der weichselspätglazialen Vegetationsentwicklung in Mittel- und Nordeuropa: 81-109, Frankfurt/Oder.

MULLIN, J.B. & RILEY, J.P. 1955: The colorimetric determination of silica with special reference to sea and natural waters. - Analyt. Chim. Acta, 12: 162-176, Amsterdam.

MUNSELL COLOR DIVISION, Kollmorgen Corp. 1971: Revised standard soil color charts, Baltimore, Maryland.

NÖTHLICH, F. 1936: Die hydrographischen Verhältnisse von Havel und Spree in den Jahren 1933 bis 1935. - Veröff. Inst. Meereskde. Univers. Berlin, N.F.A., 31: 1-127, Berlin.

NRIAGU, J.O. 1972: Stability of vivianite and ion-pair formation in the system $Fe_3(PO_4)_2$ - H_3PO_4 - H_2O. - Geochim. Cosmochim. Acta, 36: 459-470, Northern Ireland.

OHLE, W. 1953: Phosphor als Initialfaktor der Gewässereutrophierung. - Jahrb. v. Wasser, 20: 11-23, Weinheim.

OSTROM, M.E. 1961: Separation of clay minerals from carbonate rocks by using acid. - J. Sed. Petrol., 31: 123-129, Tulsa/Oklahoma.

OTSUKI, A. & WEYTZEL, R.G. 1972: Coprecipitation of phosphate with carbonates in a marl lake. - Limnol. Oceanogr., 17: 763-767, Lawrence/Kansas.

OVERBECK, F. 1975: Botanisch-geologische Moorkunde. - 1-719, Neumünster.

PACHUR, H.-J. 1987: Die Seen Berlins als Objekt geographischer Forschung - Ergebnisse und Aspekte. - Verh. d. Deutschen Geographentages, 45: 55-69, Stuttgart.

PACHUR, H.-J. & HABERLAND, W. 1977: Untersuchungen zur morphologischen Entwicklung des Tegeler Sees (Berlin). - Die Erde, 108: 320-341, Berlin.

PACHUR, H.-J. & RÖPER, H.-P. 1982: Sedimentanalyse zur Bestimmung der Belastung limnischer Sedimente durch persistente Umweltchemikalien, Teil 1. - Forschungsber. z. F+E Vorhaben, Nr. 106 02 001/01, 1-206, Umweltforschungsplan d. Bunesministers d. Innern, im Auftrag d. Umweltbundesamtes, Berlin.

PACHUR, H.-J. & RÖPER, H.-P. 1984: Geolimnologische Befunde des Berliner Raumes. - Berliner Geogr. Abh., 36: 37-50, Berlin.

PACHUR, H.-J. & SCHMIDT, J. 1985: Die Belastung limnischer Sedimente durch persistente Umweltchemikalien. - In: Umweltforschungsplan des Bundesministers des Innern, im Auftrag des Umweltbundesamtes, Forschungsber. 106 050 27/ 1+2, 1-240, Berlin.

PACHUR, H.-J. & SCHULZ, G. 1983: Erläuterung zur Geomorphologischen Karte 1 : 25 000 der Bundesrepublik Deutschland, GMK 25, Blatt 13, 3545 Berlin-Zehlendorf. - 1-88, Berlin.

PACHUR, H.-J., DENNER, H.D. & WALTER, M. 1984: A freezing device for sampling the sediment-water interface of lakes. - Catena, 11: 65-70, Braunschweig.

PISSART, A. 1980: Génèse et âge d'une trace de périglaciaire (Pingo ou Palse) de la Konnerzvenn (Hautes Fagnes, Belgique). - Ann. Soc. Géol. Belg., 103: 73-86, Lüttich.

POTONIE, H. 1912: Die rezenten Kaustobiolithe und ihre Lagerstätten, Bd. III: Die Humus-Bildung (2. Teil) und ihre Liptobiolithe. - Abh. Königl. Preuß. Geol. Landesanstalt, N.F., 554 (III): 1-322, Berlin.

RASHID, M.A. 1971: Rate of humic acids of marine origin and their different molecular weight fractions in complexing di- and tri-valent metals. - Soil Sci., 111: 298-305, New York.

RASHID, M.A. 1974: Adsorption of metals on sedimentary and peat humic acids. - Chem. Geol., 13, 115-123, Amsterdam.

REINHARD, D. & FÖRSTNER, U. 1976: Metallanreicherungen in Sedimentkernen aus Stauhaltungen des mittleren Neckars. N. Jb. Geol. Paläont., 5: 301-320, Stuttgart.

RIPPEN, G., ILGENSTEIN, M., KLÖPFFER, W. & POREMSKI, H.-J. 1982: Screening of the Adsorption Behavior of New Chemicals: Natural Soils and Model Adsorbents. - Ecotoxicol. and Environm. Safety, 6: 236-245, New York.

RÖPER, H.-P. 1985: Zur Hydrochemie des Tegeler Sees (West-Berlin). - Geoökodynamik, 6 (3): 293-301, Darmstadt.

ROSSKNECHT, H. 1980: Phosphatelimination durch autochthone Calcitfällung im Bodensee-Obersee. - Arch. Hydrobiol., 88 (3): 328-344, Stuttgart.

RUDDIMAN, W.F. & McINTYRE, A. 1981: The mode and mechanism of the last deglaciation: oceanic evidence. - Palaeogr. Palaeoclimatol. Palaeocol., 35: 145-214, Amsterdam.

SAARNISTO, M., HUTTUNEN, P. & TOLONEN, K. 1977: Annual lamination of sediments in lake Lovojärvi, southern Finland during the past 600 years. - Ann. Bot. Finnici, 14: 35-45, Helsinki.

SALOMONS, W. & FÖRSTNER, U. 1984: Metals in the Hydrocycle. - 1-349, Berlin, Heidelberg, New York.

SARATKA, J. & MARCINEK, J. 1977: Probleme der Wasserversorgung Berlins, Hauptstadt der DDR. - Wiss. Z. Humboldt Univ. Berlin, Math.-Nat., 26 (6): 693-699, Berlin.

SCHAKAU, B. 1983: Die Entwicklung der Chironomiden und Chaoborus-Fauna (Dipt.) des Tegeler Sees, Berlin, im Spät- und Postglazial. - Unveröff. Dipl.-Arbeit, FB Biologie FU Berlin, 1-87, Berlin.

SCHEFFER, F. & SCHACHTSCHABEL, P, 1979: Lehrbuch der Bodenkunde. - 10. Aufl.: 1-394, Stuttgart.

SCHLAAK, P. 1972: Beilage zur Berliner Wetterkarte vom 13.1.1973, 8/72, Berlin.

SCHLEY, A. 1981: Bestimmung der Durchlässigkeit von Seesedimenten am Beispiel des Tegeler Sees. - Unveröff. Dipl.-Arbeit, FB Geowiss. FU Berlin, 1-84, Berlin.

SCHLICHTING, E. & BLUME, H.-P. 1966: Bodenkundliches Praktikum. - 1-209, Hamburg, Berlin.

SCHMETTAU'SCHE KARTE: Kabinettskarte preußischer Provinzen östlich der Weser und angrenzender Gebiete, 1 : 50 000; 1767-1787 in 121 Sektionen. Berliner Raum umfaßt div. Blätter; Potsdam 77; Berlin 78; Oranienburg 63; Biesenthal 64.

SCHMIDT, J. 1987: Belastung limnischer Sedimente durch Schwermetalle. Versuch eines Seenkatasters unter besonderer Berücksichtigung einiger Berliner Grunewaldseen. - Unveröff. Diss. FB Geowiss. FU Berlin, 1-303, Berlin.

SCHROEDER, G. 1958: Landwirtschaftlicher Wasserbau. - 3. Aufl.: 1-551, Berlin.

SCHULTE, E. & MALISCH, R. 1983: Berechnung der wahren PCB-Gehalte in Umweltproben. - Fresenius Z. Anal. Chem., 314: 545-551, Berlin, Heidelberg, New York.

SCHULTZE, E. & MUHS, H. 1967: Bodenuntersuchungen für Ingenieurbauten. - 1-722, Berlin, Heidelberg, New York.

SEIBOLD, E. 1955: Rezente Jahresschichtung in der Adria. - N. Jb. Geol. Palaeontol., Monatsh.: 11-13, Stuttgart.

SENATOR FÜR BAU- UND WOHNUNGSWESEN (Hg.) 1979: Gewässerkundlicher Jahresbericht des Landes Berlin. Abflußjahr 1979. - 1-101, Berlin.

SIEBERT, D. 1958: Hydrogeologische Situation des südlichen Grunewalds. - Unveröff. Manuskript, 1-48, Berlin.

SIEGENTHALER, U. & EICHER, U. 1979: Stable oxygen and carbon isotope analyses on lacustrine carbonate sediments. - In: BERGLUND, B.E. (Hg.): Palaeohydrological changes in the temperate zone in the last 15 000 years. - IGCP 158 B. Lake and mire environments, II: 1-340, Dept. of Quaternary Geol., Lund.

SIEGENTHALER, U., EICHER, U., OESCHGER, H. & DANSGAARD, W. 1983: Lake sediments as continental ^{18}O-records from transition Glacial-Postglacial. - Symp. on Ice and Climate Modelling, Evanston 1983 (Vortragsmanuskript).

SIMOLA, H. 1977: Diatom succession in the formation of annually laminated sediment in Lovojärvi, a small eutrophicated lake. - Ann. Bot. Finnici, 14: 143-148, Helsinki.

SINDOWSKI, K.-H. 1973: Das ostfriesische Küstengebiet (Inseln, Watten, Marschen). - Samml. geol. Führer, 57: 1-162, Berlin, Stuttgart.

SOLGER, F. 1905: Staumoränen am Teltow-Kanal. - Z. Dt. Geol. Ges., 57: 121-134, Berlin.

STADE, H. 1962: Verfahren zum Gewinnen von Bohrkernen und Vorrichtung zur Durchführung des Verfahrens. - Patentanmeldung 1962, Ausl. 1964, Patent-Nr. 1160805.

STRAKA, H. 1975: Die spätquartäre Vegetationsgeschichte der Vulkaneifel. - Beitr. Landespfl. Rheinland-Pfalz., Beih. 3: 1-163, Oppenheim.

TERZAGHI, K. 1948: Theoretical soil mechanics. - 1-510, New York.

TESSENDORF, H. 1973: Verbrauchsentwicklung und Bedarfsdeckung im Versorgungsraum der Berliner Wasserwerke in den 70er Jahren. - Das Gas- u. Wasserfach, 114 (1): 1-9, München.

TESSENOW, U. 1966: Untersuchungen über den Kieselsäurehaushalt der Binnengewässer. - Arch. hydrobiol., Suppl.-Bd. 32 (1): 1-136, Stuttgart.

TESSENOW, U. 1973: Lösungs-, Diffusions- und Sorptionsprozesse in der Oberschicht von Seesedimenten. II. Rezente Akkumulation von Eisen-II-phosphat (Vivianit) im Sediment eines meromiktischen Moorsees (Ursee, Hochschwarzwald) durch postsedimentäre Verlagerung. - Arch. Hydrobiol., Suppl.-Bd. 42 (2): 143-189, Stuttgart.

TESSENOW, U. 1974: Lösungs-, Diffusions- und Sorptionsprozesse in der Oberschicht von Seesedimenten. IV. Reaktionsmechanismen und Gleichgewichte im System Eisen-Mangan-Phosphat im Hinblick auf die Vivianitakkumulation im Ursee. - Arch. Hydrobiol., Suppl.-Bd. 47 (1): 1-79, Stuttgart.

TIPPETT, R. 1964: An investigation into the nature of the layering of deep-water sediments in two eastern Ontario lakes. - Canadian Journ. of Botany, 42: 1693-1709, Toronto.

TRASK, P.D. 1932: Origin and environment of source sediments of pretoleum. - 1-323, Houston.

TRUSHEIM, F. 1957: Über Halokinese und ihre Bedeutung für die strukturelle Entwicklung Nordwestdeutschlands. - Z. Dtsch. Geol. Ges., 109 (1): 111-151, Hannover.

TUREKIAN, K.K. & WEDEPOHL, K.H. 1961: Distribution of the elements in some major units of the earth's crust. - Bull Geol. Soc. Am., 72: 175-192, New York.

VEITMEYER. L.A. 1871: Vorarbeiten zu einer zukünftigen Wasserversorgung der Stadt Berlin. - Teil 1: 1-369, Berlin.

VEITMEYER, L.A. 1875: Vorarbeiten zu einer zukünftigen Wasserversorgung der Stadt Berlin. - Teil 2: 1-173, Berlin.

VENKATESAN, M.I., BRENNER, S., RUTH, E., BONILLA, J. & KAPLAN, I.R. 1980: Hydrocarbons in aged-dated sediment cores from two basins in the Southern California Bight. - Geochim. Cosmochim. Acta, 44 (1): 789-802, Northern Ireland.

VERDOUW, H. & DEKKERS, E.M.J. 1980: Iron and manganese in Lake Vechten (The Netherlands); dynamics and role in the cycle of reducing power. - Arch. Hydrobiol., 89 (4): 509-532, Stuttgart.

WELZ, B. 1983: Atomabsorptionsspektrometrie. - 3. Aufl.: 1-527, Weinheim.

WIECKOWSKI, K. 1969: Investigations on bottom deposits in lakes of NE-Poland. - Mitt. Intern. Ver. Limnol., 17: 332-242, Stuttgart.

WOLDSTEDT, P. & DUPHORN, K. 1974: Norddeutschland und angrenzende Gebiete im Eiszeitalter. - 1-500, Stuttgart.

ZINBURG, R. & BALLSCHMITER, K. 1981: Chemical Decomposition of Xenobiotics, 1. Simulation of the biotic Decomposition of alpha-Hexachlorocyclohexane and gamma-Hexachlorocyclohexane. - Chemosphere, 10 (8): 957-970, Oxford.

ZOETEMAN, B.C.J., HARMSEN, R., LINDERS, J.B.H.J., MORRA, C.F.G. & SLOOF, W. 1980: Persistent organic pollutants in river water and groundwater of the Netherlands. - Chemosphere, 9: 231-249, Oxford.

ZÜLLIG, H. 1956: Sedimente als Ausdruck des Zustandes eines Gewässers. - Schweiz. Z. Hydrol., 18 (1): 1-200, Zürich.

ZUNKER, F. 1930: Das Verhalten des Bodens zum Wasser. - In: Handbuch der Bodenlehre VI: 66-220, Berlin.

7. Anhang

Im Anhang sind die Analysendaten zusammengestellt sowie eine Profilbeschreibung der Kerne aus dem Tegeler See und dem Krienickesee.

Tab. 11A: Analysendaten Kern B, Havel.

Im Bereich der Proben B 2-1 bis B 2-8 sind org. C, CO_3 und Ca auf die gesamte Festsubstanz, die übrigen Angaben auf das < 630μ-Material (inclusive gröbere organische Substanz, vgl. Abb. 23) bezogen. Cl⁻ in mg/l = Chloridgehalt des Interstitialwassers. W.A. = Waldgeschichtliche Abschnitte nach FIRBAS (det. BRANDE).

Probe Nr.	Sedimenttiefe (m)	W.A.	Wassergehalt (%)	Cl⁻ (mg/l)	org. C (%)	AK (mval/100 g)	CO_3 (%)	Ca (%)	Fe (%)	Mn (%)	Fe/Mn	Si_Dia (%)	P (%)	Zn (mg/kg)	Cu (mg/kg)	Pb (mg/kg)	Cd (mg/kg)	Hg (mg/kg)
B 2-1	0,59 - 0,64		51,5		10,33		0,75	0,48	3,3	0,12	27,5	2,4	0,45	1410	725	380	12	3,1
B 2-2	0,64 - 0,69		50,9		10,23		3,05	2,1	3,2	0,10	32,0	2,0	0,36	1840	760	430	8	4,0
B 2-3	0,69 - 0,75		48,9		5,45		4,65	3,1	2,2	0,051	43,1	2,4	0,33	470	215	440	0,66	7,8
B 2-4	0,75 - 0,81		43,3		3,98	22	0,15	0,14	2,5	0,037	67,6	2,0	0,24	102	36,6		0,35	1,5
B 2-5	0,81 - 0,875		48,8	71	3,64	32	0,15	0,14	5,3	0,076	69,7	3,0	0,22	82	42,0	57	0,30	0,74
B 2-6	0,875- 0,94		63,2	71	6,21		0,25		11,0	0,15	73,3	6,1	0,41	130	19,9	23	0,50	0,22
B 2-7	0,94 - 1,00		74,0	33	11,84		0,35		12,7	0,17	74,7	5,7	0,54	123	20,9	23	0,55	0,18
B 2-8	1,00 - 1,07		77,1	33	14,30		0,40	0,77	14,4	0,19	75,8	8,2	0,65	135	13,5	37		0,25
B 1-1	1,07 - 1,27		80,0	21	18,93		0,35		10,5	0,38	27,6	6,5	0,60	100	8,3	6,5	0,20	
B 1-2	1,27 - 1,47		79,7	26	16,46	34	0,35		10,9	0,32	34,1	6,1	0,75		9,1	8,0		
B 1-3	1,47 - 1,67		77,2	26	12,36		0,35		11,2	0,33	33,9	7,8	0,44		7,7	6,0	0,24	
B 1-4	1,67 - 1,87		81,8	25	13,92		0,35		10,1	0,34	29,7	7,2	0,41		11,0	8,7	0,20	
B 1-5	1,87 - 2,00		80,4	32	14,45	35	0,60	0,76	10,4	0,49	21,2	9,8	0,54	112	10,8	8,4	0,23	0,076
B 4-2	2,21 - 2,42	IX-X					0,60		12,0	0,17	70,6			68	7,4			0,042
B 4-3	2,42 - 2,63		77,1	22	16,07		1,20	0,86	11,7	0,17	68,8	11,5	0,67	52			0,16	
B 4-5	2,84 - 3,05		76,8	31	16,25	40	1,45		10,7	0,33	32,4	10,8	0,60	61			0,16	
B 3-1	3,05 - 3,245		80,1	18	15,97	47	1,70		11,3	0,49	23,1	7,8	0,75	60	9,4	4,7		0,031
B 3-2	3,245- 3,44		78,2	18	15,94	45	1,40			0,42		9,4		62	7,5	3,7	0,17	0,033
B 3-3	3,44 - 3,635		77,9	18	17,42	43	2,95	1,6	12,6	0,44	28,6	11,6	0,56	52	9,4			0,038
B 3-4	3,635- 3,83		78,5	17	16,41	45	1,75			0,33		11,6		59	9,3	3,9	0,15	
B 3-5	3,83 - 4,03		79,3	17	18,50	53	1,80		13,0	0,30	43,3	11,3	0,46	54	9,2			0,035
B 6-2	4,23 - 4,43		81,1	21	19,95		1,35					10,8		72				
B 6-3	4,43 - 4,63		81,0	16	20,50		1,40	1,3	12,1	0,47	25,8	11,2	0,60	75	12,9	5,5	0,14	0,033
B 6-5	4,83 - 5,03		79,8	20	21,12		2,75		13,5	0,40	33,8	9,5	0,57	64				
B 5-1	5,03 - 5,22	----	77,6	8	19,25	44	2,95		16,7	0,40	41,8	9,6	0,59	64	11,6	5,1		0,038
B 5-3	5,41 - 5,60		78,2	12	22,40	50	2,95	1,2	13,8	0,40	34,5	9,0	0,37	62	12,6		0,14	0,038
B 5-5	5,79 - 5,98		79,3	10	19,13	50	4,40	1,7	17,0	0,37	45,9	8,7	0,50	67	9,1			0,035
B 8-1	5,98 - 6,17		80,7	17	19,55	58	2,85	1,2	15,9	0,27	58,9	9,5	0,52	73	10,1	5,6	0,13	
B 8-2	6,17 - 6,36	VIII	80,7	13	22,48	60	2,40					8,4		67	10,6			0,037
B 8-3	6,36 - 6,55		80,8	17	22,83		2,10	1,1	13,3	0,18	73,9	8,3	0,39	58				
B 8-4	6,55 - 6,74		81,2	20	22,55	68	1,70					8,3		59	12,4		0,14	0,033
B 8-5	6,74 - 6,93		80,0	16	20,46		3,45	1,3	14,2	0,37	38,4	8,9	0,39	59	10,5		0,15	0,030
B 7-1	6,93 - 7,13		78,6	15	19,70	42	2,75	1,0	15,3	0,29	52,8	8,8	0,57	53	9,6	3,7	0,18	0,034
B 7-2	7,13 - 7,33	----	79,1	14	19,84	42	2,85		15,7			8,7						
B 7-3	7,33 - 7,53		79,2	18	21,09	50	3,50		14,9	0,24	62,1	8,9	0,57	53	12,4	3,5	0,19	0,036
B 7-4	7,53 - 7,73		80,0	17	21,07	46	2,90					9,7		57				
B 7-5	7,73 - 7,93		79,3	15	21,55	47	3,55	1,2	13,2	0,41	32,2	9,9	0,51	57	12,2	3,6	0,21	0,037
B 10-1	7,93 - 8,13		79,4	14	19,41		3,40		12,9	0,44	29,3	9,3	0,36		9,8	4,1	0,13	
B 10-3	8,33 - 8,53		80,7	12	19,14		2,65	1,0	12,0	0,37	32,4	9,2	0,49	68	7,4	5,3	0,15	
B 10-5	8,73 - 8,91	VII	80,4		15,34		4,20	1,7	10,5	0,29	36,2	15,2	0,54	31	2,9		0,07	0,028
B 9-1	8,91 - 9,11		83,3		14,89	44	4,45		10,4	0,20	52,0	19,6	0,47	28	9,6	0,9	0,09	0,032
B 9-2	9,11 - 9,31		84,6	15	15,02	46	3,35		9,2	0,16	57,5	18,2		20	9,5	0,7	0,07	0,026
B 9-3	9,31 - 9,51		83,9		15,79	51	4,30		10,0	0,25	40,0	18,9	0,58	27	8,1			0,022
B 9-4	9,51 - 9,71		83,3		16,71	55	3,45		9,5	0,26	36,5	16,6		30	9,7			0,028
B 9-5	9,71 - 9,91		82,1		15,66	57	4,45		10,9	0,24	45,4	17,4	0,67	27	8,8	1,0	0,10	0,027
B 12-1	10,035-10,055				18,00		2,55											
B 12-3	10,45 -10,47				15,99		2,45											
B 12-5	10,835-10,855				14,75		3,50											
B 11-1	11,085-11,105				14,14		7,89											
B 11-3	11,40 -11,42				14,89		7,29											
B 11-4	11,575-11,595				16,35		8,44											
B 11-5a	11,655-11,665				14,89		12,99											
B 11-5b	11,705-11,725				15,16		7,89											
B 14-4a	12,455-12,465		79,8		12,44		7,69	3,7	9,9	0,33	30,0	14,7	0,65	25				
B 14-4b	12,565-12,575		78,4		13,83		6,35	2,9	10,8	0,35	30,9	12,9	0,67	39				
B 14-5a	12,70 -12,73		76,0		11,54		15,79	4,6	12,0	0,40	30,0	7,5	0,74	24				
B 14-5b	12,74 -12,77		77,1		13,10		9,14	3,7	12,0	0,44	27,3	12,1	0,85	29				
B 13-1	12,89 -12,90		78,0		16,28		6,65	2,6	11,1	0,35	31,7	12,5	0,91	26				
B 13-2a	13,035-13,06		77,3		12,58		15,34	4,9	14,7	0,49	30,0	6,2	0,66	24				
B 13-2b	13,06 -13,105		77,9		15,26		9,14	3,6	12,9	0,41	31,5	8,2	0,77	24				
B 13-2c	13,105-13,14	----	76,5		13,06		14,89	4,8	13,1	0,45	29,1	5,9	0,57	31				
B 13-3	13,23 -13,24		78,9		13,30		10,44	4,2	11,2	0,37	30,3	10,8	0,62	27				
B 13-4	13,49 -13,50		77,9		15,00		8,04	3,3	11,5	0,39	29,5	6,3	0,77	25				
B 13-5	13,665-13,675	VI	75,4		16,55		11,54	4,7	13,1	0,42	31,2	4,7	0,70	38				
B 17-3	17,06 -17,26		75,8	18	12,88	44	15,49	5,0	12,8	0,58	22,1	6,0	0,77	32	4,0	1,6	0,05	
B 17-5	17,46 -17,61		75,4	18	14,06	49	10,89	4,4	12,6	0,57	22,1	9,8	0,83	30	3,9	2,0	0,06	

Tab. 12A: Geochemische Daten Krienicke (Havel).
W.A. = Waldgeschichtliche Abschnitte nach FIRBAS (det. BRANDE); LZ = Probenentnahme nach LIVINGSTONE, sonst nach STADE.

Probe Nr.	Sediment-tiefe (m)	W.A.	Wasser-gehalt (%)	org. C (%)	anorg. C (%)	CO_3 (%)	Ca (%)	Mg (%)	Fe (%)	Mn (%)	Fe/Mn	P (%)	S (%)
LZ 2-2	2,30 - 2,50	IX	84,5	18,81	1,79	8,94	6,00	0,13	11,10	0,30	37	0,40	1,10
LZ 5-2	5,73 - 5,90	VIII	74,3	13,98	0,66	3,30	1,50	0,08	11,90	0,30	40	0,25	0,88
Z 2-2	7,40 - 7,50	VIII	69,9	8,45	0,45	2,25	1,50	0,07	7,90	0,17	47	0,42	0,52
Z 4-3	9,52 - 9,72	VII	79,5	13,61	1,79	8,94	5,10	0,11	11,00	0,27	41	0,61	1,61
Z 7-3	12,67 - 12,68	VII	73,9	13,25	2,65	13,24	6,90	0,11	14,90	0,30	50	0,55	1,49
Z 10-2	15,59 - 15,60	VI	70,9	13,84	3,86	19,29	7,70	0,10	17,50	0,60	29	0,66	1,06
Z 13-4	18,90 - 19,07	V	70,7	10,66	3,42	17,09	6,50	0,10	16,90	0,80	21	0,74	0,91
Z 15-3	20,75 - 20,95	IV	70,7	9,71	2,89	14,44	3,40	0,09	18,70	1,30	14	0,72	0,93
Z 18-3	23,74 - 23,94	IV	69,6	8,70	2,63	13,14	2,80	0,09	17,90	0,80	22	0,58	0,62
Z 19-3	24,87 - 25,02	IV	69,8	7,15	2,50	12,49	3,20	0,11	14,40	0,90	16	0,53	0,57
Z 20-1	25,52 - 25,53	IV	69,3	6,64	2,82	14,09	6,45	0,17	12,00	0,80	15	0,52	0,79
Z 20-3	25,73 - 25,93	IV	66,7	6,01	2,06	10,29	4,00	0,19	12,05	0,80	15	0,44	0,63
Z 20-5	26,18 - 26,19	IV	68,3	5,04	1,78	8,89	3,40	0,18	10,00	0,70	14	0,43	0,57
Z 21-1	26,55 - 26,56	III	67,9	5,36	1,93	9,64	3,70	0,17	10,80	1,20	9,0	0,53	0,70
Z 21-3	26,76 - 26,96	III	n.b.	4,26	1,39	6,94	n.b.	n.b.	n.b.	n.b.	—	n.b.	0,59
Z 21-5	27,16 - 17,17	III	64,0	4,26	1,24	2,70	0,22	8,10	0,50	16	0,34	0,57
Z 22-1	27,50 - 27,51	II	68,6	7,08	2,87	14,34	6,40	0,29	11,30	3,20	3,5	0,47	2,75
Z 22-2	27,51 - 27,66	II	n.b.	5,96	1,62	8,09	5,05	0,44	10,65	1,65	6,5	0,58	2,53
Z 22-4	28,16 - 28,17	II	66,8	5,84	6,01	30,03	16,30	0,16	13,90	4,30	3,2	0,41	1,24

Tab. 15A: Geochemische Daten Krumme Lanke (Kern KL 1).

W.A. = Waldgeschichtliche Abschnitte nach FIRBAS (det. BRANDE); Kernentnahme: J. SCHMIDT; Analysen: LADWIG.

Probe Nr.	Sediment-tiefe (m)	Wasser-gehalt (%)	org. C (%)	P (%)	S (%)	anorg. C (%)	Ca (%)	Mg (%)	Fe (%)	Mn (%)	Zn (mg/kg)	Cu (mg/kg)	Pb (mg/kg)	Cd (mg/kg)	W.A.
KL 1 G1	0,05		20,17	0,20	1,22	0,78	4,89	0,36	2,42	0,036	775	129	310	3,5	X
KL 1 G2	0,15		18,55	0,17	1,51	2,20	10,27	0,54	1,95	0,032	860	140	325	3,9	X
KL 1 G3	0,25		18,37	0,14	1,79	2,46	8,94	0,36	2,32	0,032	1470	178	440	6,0	X
KL 1 G4	0,30		17,14	0,13	2,58	2,17	7,18	0,39	2,87	0,036	1850	132	420	5,7	X
KL 1 G5	0,40		24,79	0,11	1,87	0,42	2,96	0,25	2,15	0,028	730	87	270	3,3	X
KL 1.1	4,00	93,4	26,22	—	0,43	5,01	—	—	—	—	—	—	—	—	IX
KL 1.2	4,20	92,7	24,65	—	0,28	5,44	—	—	—	—	—	—	—	—	VIII
KL 1.3	4,35	91,2	19,76	0,050	0,71	6,86	24,07	0,085	0,52	0,021	—	3,3	1,0	0,13	VIII
KL 1.4	4,60	91,8	25,19	—	0,48	5,52	—	—	—	—	—	—	—	—	VII-VIII
KL 1.5	4,80	90,8	31,38	0,069	0,68	3,78	14,8	0,065	0,83	0,021	59,9	3,3	1,1	0,1	VI-VII
KL 1.6	5,10	83,2	31,60	0,10	3,48	1,12	5,43	0,074	3,13	0,024	91,4	7,3	1,6	0,30	IV u. V
KL 1.7	5,40	72,8	13,83	0,066	1,95	—	2,02	0,37	2,47	0,017	82,7	9,8	8,5	0,48	III
KL 1.8	4,85	86,6	29,18	—	1,56	3,31	—	—	—	—	—	—	—	—	VI-VII
KL 1.9	5,05	87,2	34,24	—	1,44	2,55	—	—	—	—	—	—	—	—	V
KL 1.10	5,30	83,7	30,48	—	3,00	1,17	—	—	—	—	—	—	—	—	IV
KL 1.11	5,45	66,2	8,92	—	1,42	—	—	—	—	—	—	—	—	—	III
KL 1.12	5,50	68,2	7,95	0,065	2,45	5,76	20,93	0,26	3,05	0,032	34,9	5,2	3,8	0,15	III
KL 1.13	5,55	65,3	6,78	—	3,93	6,39	—	—	—	—	—	—	—	—	II
KL 1.14	5,65	75,6	5,71	—	2,20	1,92	—	—	—	—	—	—	—	—	II
KL 1.15	5,70	(Tuff)													II
KL 1.16	5,75	54,1	5,48	—	4,07	8,71	—	—	—	—	—	—	—	—	II
KL 1.17	5,85	54,8	6,32	0,25	4,18	7,15	25,97	0,23	3,64	0,059	34,2	3,4	2,6	< 0,1	II
KL 1.18	6,05	38,8	2,26	0,29	—	2,96	11,47	0,41	2,85	0,10	35,5	10,5	10,5	0,31	II
KL 1.19	6,25	24,9	0,54	—	0,66	0,85	—	—	—	—	—	—	—	—	II
KL 1.20	6,35	56,4	4,27	—	3,18	5,01	17,23	0,27	4,39	0,19	27,7	4,8	4,2	0,13	I-II
KL 1.21	6,45	—	—	—	—	—	—	—	—	—	—	—	—	—	I
KL 1.22	6,55	51,6	3,63	0,45	4,88	5,78	20,37	0,21	5,87	0,35	17,0	2,8	1,8	0,1	I

Tab. 13A: Analysendaten Tegeler See.

GM = Große Malche (Greiferprobe aus dem Faulschlamm); To = Seemitte (Greiferprobe aus dem Faulschlamm); T1-1 bis T 29-5: Proben der Kernbohrung Tegeler See (Seemitte); Cl⁻ in mg/l = Chloridgehalt des Interstitialwassers; W.A. = Waldgeschichtliche Abschnitte nach FIRBAS (det. BRANDE).

Probe Nr.	Sedimenttiefe (m)	W.A.	Wassergehalt (%)	Cl⁻ (mg/l)	org. C (%)	P (%)	Si$_{Dia}$ (%)	AK (mval/100g)	CO$_3$-Gehalt (%)	Ca (%)	Mg (%)	Fe (%)	Mn (%)	Fe/Mn	Cu (mg/kg)	Zn (mg/kg)
GM	0 - 0,15		89,1	62,3	13,24				25,38			4,3	0,15	28,7	440	1 950
To	0 - 0,15		86,0[1])	78,0[1])			0,64[2])		22,11[1])							
T 1-1	1,60 - 1,90			65,9	7,16	0,34	2,1	20	38,07	25,2	0,17	3,2	0,16	20,0	60	245
T 1-2	1,90 - 2,10			54,7	7,95	0,33	2,8	18							35	155
T 1-3	2,10 - 2,30		78,3	31,2	6,84	0,32	3,3	16	38,97	25,7	0,16	2,7	0,14	19,3	7,4	63
T 2-1	2,92 - 3,06							29								
T 2-1/2	2,92 - 3,20			64,5	8,64	0,36	2,6		29,28	19,3	0,21	4,3	0,23	18,7	51	205
T 2-2	3,06 - 3,20							25								
T 2-5	3,20 - 3,30		73,7		7,33	0,30	3,1		31,58	20,9	0,15	4,3	0,19	22,6	3,1	25
T 3-1	3,34 - 3,50		74,4		6,99	0,28	2,4		45,57	30,3	0,13	2,1	0,12	17,5	1,0	
T 3-2	3,535 - 3,725		73,5	21,8	6,43	0,26	2,1		47,22	31,2	0,14	2,2	0,12	18,3	< 0,5	
T 3-3	3,725 - 3,915	IX-X	75,3	17,2	7,03	0,28	1,8	19	45,22	30,0	0,12	2,2	0,12	18,3	0,5	
T 3-4	3,925 - 4,10		76,0		7,16	0,38	2,1		43,47	28,5	0,13	2,8	0,13	21,5	2,1	9
T 3-5	4,11 - 4,30		74,7		7,02	0,34	2,4		44,82	29,3	0,15	2,3	0,13	17,7	0,5	
T 4-1	4,50 - 4,67		75,1		7,00	0,34	2,2		44,47	29,2	0,15	2,5	0,13	19,2	< 0,5	
T 4-2	4,75 - 4,85			13,7	6,40		1,8		45,67							
T 4-3	4,86 - 5,03		73,8	13,0	6,52	0,24	3,2	19	42,67	28,2	0,17	2,0	0,12	16,7	< 0,5	
T 4-4	5,04 - 5,20		73,8		7,03		2,6		44,57							
T 4-5	5,24 - 5,40		72,8		7,23	0,27	3,4		44,97	30,0	0,14	2,3	0,12	19,2	0,5	
T 5-2	5,80 - 5,90				7,04		2,6	18	44,67							
T 5-3	5,90 - 6,10				7,41		2,2	19	44,42							
T 5-4	6,10 - 6,30				8,09	0,31	2,6		42,97	28,5	0,12	2,2	0,13	16,9	0,5	10
T 5-5	6,30 - 6,50				7,56		2,0		43,12							
T 6-2	6,70 - 6,88		75,9		7,59	0,36	6,3	23	37,72	25,0	0,13	1,5	0,15	10,0	1,2	
T 6-4	7,10 - 7,21		75,7		8,56		6,6		34,12							
T 7-2	7,80 - 8,00	IX-X	73,9	11,8	8,54	0,47	5,9		36,37	24,2	0,15	2,2	0,18	12,2	1,5	
T 7-4	8,25 - 8,45		73,2		8,25				34,92							
T 8-2	8,90 - 9,08		73,1		6,55	0,33	4,9	19	39,32	25,8	0,16	1,5	0,14	10,7	1,5	8
T 8-4	9,30 - 9,48	-----	70,9		6,39		4,9		40,47							
T 9-2	9,90 - 10,08		70,5	14,4	6,65	0,40	5,2	20	38,47	25,4	0,13	1,7	0,16	10,6	< 0,5	
T 9-4	10,33 - 10,55		70,1		6,80		4,7		39,32							
T 10-2	11,02 - 11,22		71,8		7,05		5,2	23	37,32							
T 10-4	11,45 - 11,68	VIII	70,2	11,8	6,64	0,38	3,9		41,77	27,1	0,17	1,7	0,16	10,6		
T 11-3	12,33 - 12,54				5,82		4,0	15	43,07							
T 12-3	13,435 - 13,635		70,2		7,66		4,9	21	36,77							
T 13-4	14,79 - 14,92	-----	67,2	12,2	5,71	0,40	3,4	16	43,67	27,9	0,16	2,1	0,18	11,7	< 0,5	
T 14-4	15,86 - 16,08		64,6		5,10	0,35	4,0	13	43,72	28,7	0,18	1,4	0,17	8,2	1,7	
T 15-3	16,70 - 16,88		61,4	12,5	4,74	0,33	4,0	11	43,97	28,4	0,15	1,5	0,16	9,4	1,5	
T 16-1	17,30 - 17,40	VII			4,68		4,0		43,62							
T 17-3	18,32 - 18,49		59,9		4,34	0,33	2,3		47,27	30,6	0,21	1,5	0,20	7,5	< 0,5	
T 18-3	19,34 - 19,54		61,3		4,18		3,1	14	45,72							
T 19-3	20,44 - 20,64	-----	55,9	14,9	4,19	0,28	1,9	12	48,51	31,4	0,22	1,4	0,34	4,1	< 0,5	4
T 20-3	21,50 - 21,68	VI	56,0	13,5	4,31		2,0	13	47,81			1,6	0,41	3,9		
T 21-3	22,54 - 22,74		57,4		4,40	0,40	2,6	13	45,47	29,2	0,18	2,7	1,19	2,3	1,2	13
T 22-3	23,64 - 23,84	V	61,4	17,6	4,60	0,44	2,9	18	41,22	22,4	0,16	4,8	2,72	1,8		
T 23-3	24,70 - 24,88	-----	59,3		4,72	0,42	3,4	20	40,73	21,0	0,14	5,2	5,79	0,90	1,2	
T 24-3	25,70 - 25,88		58,0	18,7	5,19	0,37		23	38,17	17,9	0,11	6,1	7,91	0,77		14
T 24-4	25,90 - 26,10				5,26				35,77			7,0	9,17	0,76		
T 24-5a	26,12 - 26,20				4,82				36,92			6,5	8,80	0,76		
T 24-5b	26,20 - 26,27	IV			5,00				36,82			7,3	11,7	0,62		
T 25-1	26,33 - 26,50				4,50	0,33			40,97	15,1	0,11	6,8	15,7	0,43	1,9	22
T 25-2	26,52 - 26,70				4,73	0,35			36,12	12,3	0,11	7,0	14,8	0,47	5,2	20
T 25-3	26,70 - 26,88	-----	59,3		4,77	0,49	3,5		28,38	11,3	0,22	7,2	10,5	0,69	9,2	30
T 25-4	26,90 - 27,10				4,52	0,46	3,6		24,23	6,4	0,21	6,7	13,0	0,52	6,9	44
T 25-5a	27,12 - 27,20	III	58,6		4,29	0,38	3,9		24,08	6,7	0,20	6,7	13,8	0,49		45
T 26-1	27,30 - 27,525				4,15	0,41	2,9		21,63	6,3	0,28	6,3	12,0	0,53	5,0	41
T 26-2	27,545 - 27,75	-----	61,0		4,13	0,30	2,8		26,43	9,3	0,32	7,0	12,2	0,57		42
T 26-3	27,75 - 27,95				3,36	0,19	2,7		29,77	7,8	0,10	6,0	17,2	0,35	7,4	26
T 26-4b	28,12 - 28,16	II			4,08	0,35	1,0		30,58	11,3	0,12	6,2	12,2	0,51	2,0	25
T 27-1	28,30 - 28,38				3,32	0,21	0,7		38,17	23,0	0,19	4,7	4,50	1,0	2,1	19
T 27-2	28,575 - 28,695				1,94		1,0		28,63			1,7	0,65	2,6		
T 27-3	28,90 - 29,00				0,14				1,20							
T 27-6b	29,56 - 29,60				0,04				1,50							
T 28-1	30,25 - 30,40				0,04				1,95							
T 28-2	30,40 - 30,55	Basis-Sande			0,00				1,90							
T 29-1	31,225 - 31,305				0,04				1,95							
T 29-2	31,305 - 31,33															
T 29-3	31,33 - 31,405				0,02				1,65							
T 29-4	31,405 - 31,445				0,02				2,05							
T 29-5	31,445 - 31,56				0,04				1,65							

[1]) nach RÖPER (1985) (Cl⁻-Gehalt: Mittelwert des Zeitraums Dezember 1971 - Februar 1973)

[2]) nach BLUME et al. (1979)

Tab. 16A: Geochemische Daten Schlachtensee.
W.A. = Waldgeschichtliche Abschnitte nach FIRBAS (det. BRANDE); Kernentnahme: J. SCHMIDT; Analysen: LADWIG, J. SCHMIDT.

Probe Nr.	Teufe Sed. Top (m)	Wassergehalt (%)	Glühverlust (%)	org. C (%)	ges. P (mg/kg)	anorg. C (%)	Ca (g/kg)	Mg (g/kg)	Fe (g/kg)	Mn (mg/kg)	Fe/Mn	Zn (mg/kg)	Cd (mg/kg)	Cu (mg/kg)	Pb (mg/kg)	S (%)	W.A.
S G1	0,05	85,9	42,3	22,30	2325	2,38	110,0	1,87	14,97	434	34,5	622	5,4	217	300	1,60	
S G2	0,15	78,7	22,9	13,38	951	5,62	214,0	1,61	10,79	417	25,9	483	1,6	140	156	1,17	
S G3	0,24	84,2	28,2	19,71	2068	2,56	104,0	1,85	16,33	502	32,5	731	6,0	302	364	1,83	
S G4	0,32	76,2	23,6	12,66	842	5,69	221,0	1,55	9,76	382	25,5	455	1,3	132	135	1,02	
S G5	0,40	75,3	24,9	13,37	562	4,19	189,0	1,36	7,72	269	28,7	213	0,51	60,2	58,7	0,88	IX-X
S 1.1	4,40	90,4	—	28,57	—	2,43	88,1	1,12	—	—	—	91,5	0,25	12,4	19,2	0,64	
S 1.2	4,65	88,6	—	22,83	—	4,63	169,4	1,30	10,83	362	29,9	59,7	—	9,3	30,1	0,80	
S 1.3	4,85	93,1	—	42,05	776	0,05	14,10	0,71	4,11	181	22,7	56,6	0,24	7,1	39,6	—	
S 1.4	5,05	93,4	—	40,02	1230	0,05	14,20	0,81	4,30	215	20,0	53,6	0,15	8,4	19,3	0,81	
S 1.5	5,25	92,2	—	35,89	617	0,05	8,99	0,65	3,20	99	32,3	38,8	0,29	5,6	6,3	0,61	VIII
S 1.6	5,45	89,8	—	36,56	558	0,67	29,88	0,84	5,64	122	46,2	48,5	0,20	6,5	4,6	1,54	VI-VII
S 1.7	5,60	68,3	—	9,15	414	3,56	123,3	1,37	6,99	165	42,4	33,9	0,11	5,4	2,0	0,85	VI
S 1.8	5,80	62,4	—	6,11	345	5,75	187,0	1,58	6,80	208	32,7	33,8	0,11	2,6	2,8	0,79	V
S 1.9	6,00	58,8	—	4,41	261	6,19	200,0	1,66	5,22	192	27,2	26,2	< 0,10	4,0	2,3	0,54	V
S 2.1	5,50	66,2	—	8,06	358	4,13	132,3	1,30	6,23	162	38,4	30,0	< 0,10	4,8	2,2	0,79	VI
S 2.2	5,75	61,3	—	5,88	—	5,26	154,0	1,40	7,60	197	38,6	16,9	—	3,4	—	0,74	V-VI
S 2.3	6,05	58,7	—	4,68	251	6,09	212,3	1,56	5,31	241	22,0	24,7	< 0,10	2,4	1,0	0,60	V
S 3.1	6,50	70,7	—	15,89	453	0,05	6,87	2,16	16,42	161	102	66,4	0,29	6,9	14,1	2,00	IV
S 3.2a	6,60	17,8	—	0,17	94	0,05	1,10	0,62	2,77	49	56,5	12,9	= Bl	2,0	3,3	0,034	
S 3.2b	6,70	18,6	—	0,10	86	0,05	0,89	0,49	2,25	34	66,1	10,1	= Bl	< 2,0	3,0	0,036	
S 3.3	6,75	37,8	—	2,71	327	0,05	3,95	2,33	12,20	120	102	42,7	< 0,10	10,1	22,3	0,54	III
S 3.4a	6,80	17,9	—	0,13	90	0,05	0,89	0,50	2,63	40	65,8	7,9	= Bl	< 2,0	2,3	0,046	
S 3.4b	6,90	17,1	—	0,03	102	0,05	1,42	0,60	3,18	47	67,6	10,2	= Bl	2,8	3,3	0,063	
S 3.5	6,95	59,7	—	6,57	718	1,58	58,20	1,90	26,51	308	86,1	49,5	< 0,10	5,5	4,2	3,55	
S 3.6	7,00						———————— T U F F ————————										II
S 3.7	7,10	53,9	—	7,82	488	8,10	294,0	2,07	56,52	370	71,7	32,2	0,11	3,5	1,5	4,16	

Anm.: Bl = Blindwert

Tab. 17A: Geochemische Daten Pechsee.
W.A. = Waldgeschichtliche Abschnitte nach FIRBAS (det. BRANDE). Kernentnahme: J. SCHMIDT. Analysen: LADWIG, J. SCHMIDT.

Probe Nr.	Teufe Sed. Top m	Wasser-gehalt %	Glüh-verlust %	org. C %	ges. P mg/kg	anorg. C %	Ca g/kg	Mg g/kg	Fe g/kg	Mn mg/kg	Fe/Mn	Zn mg/kg	Cd mg/kg	Cu mg/kg	Pb mg/kg	S %	W.A.
PE G11	0,02	96,9	—	42,10	1 050	< 0,1	5,15	0,68	30,02	700	42,9	1 160	5,38	360	352	1,47	
PE G12	0,07	96,4	77,1	41,26	921	< 0,1	4,65	0,63	42,25	742	52,9	1 092	5,26	510	354	1,55	
PE G13	0,12	96,2	—	39,07	950	< 0,1	5,40	0,71	18,89	641	29,5	1 319	5,03	1 014	406	—	
PE G21	0,02	97,7	—	42,42	1 304	< 0,1	5,20	0,84	17,38	1 196	14,5	1 302	6,05	676	402	—	
PE G22	0,06	97,2	78,4	42,22	1 189	< 0,1	4,85	0,80	15,27	841	18,2	1 300	6,58	191	430	—	VII-X
PE G23	0,10	96,9	—	42,57	1 037	< 0,1	4,95	0,80	12,84	759	16,9	1 245	6,99	148	412	1,19	
PE 1.1	5,90	96,0	89,1	49,41	—	0	—	—	—	—	—	—	—	—	—	—	
PE 1.2	6,15	95,9	83,3	45,00	700	0	5,10	0,47	13,13	380	34,6	108	0,43	7,8	1,05	—	
PE 1.3	6,40	95,9	81,7	44,06	—	0	—	—	—	—	—	—	—	—	—	0,89	
PE 2.1	6,70	95,1	79,3	43,55	—	0	—	—	—	—	—	—	—	—	—	—	VI
PE 2.2	6,90	95,2	81,7	45,92	—	0	—	—	—	—	—	—	—	—	—	—	VI
PE 2.3	7,15	95,1	82,0	45,24	595	0	5,35	0,77	6,35	323	19,7	111	0,30	8,8	1,63	0,43	VI
PE 2.4	7,40	94,6	83,5	46,25	—	0	—	—	—	—	—	—	—	—	—	—	V-VI
PE 3.1	7,75	95,0	84,2	46,70	—	0	—	—	—	—	—	—	—	—	—	—	V
PE 3.2	8,05	94,5	85,1	47,50	—	0	—	—	—	—	—	—	—	—	—	—	V
PE 3.3	8,35	93,4	73,8	41,70	—	0	—	—	—	—	—	—	—	—	—	—	V
PE 4.1	8,80	92,4	70,8	39,71	—	0	—	—	—	—	—	—	—	—	—	—	V
PE 4.2	9,10	91,7	72,2	41,42	1 117	0	4,37	1,22	10,37	325	31,9	194	0,42	11,9	4,15	0,96	IV
PE 4.3	9,40	91,6	74,6	42,41	—	0	—	—	—	—	—	—	—	—	—	—	IV
PE 5.1	9,65	90,2	53,2	33,72	—	0	—	—	—	—	—	—	—	—	—	—	III-IV
PE 5.2	9,85	80,6	27,1	15,06	—	0,08	—	—	—	—	—	—	—	—	—	—	III
PE 5.3	10,05	80,1	36,4	19,52	961	0,10	9,17	2,09	29,69	653	45,5	119	0,24	12,9	9,63	3,27	II
PE 5.4	10,15	—	—	—	—	—	—	—	TUFF	—	—	—	—	—	—	—	II
PE 5.5	10,25	72,4	37,9	14,05	222	0,36	6,87	3,10	26,77	1 944	13,8	117	0,34	15,3	7,65	8,13	II
PE 5.6a	10,40	—	—	1,35	—	0,79	—	—	—	—	—	—	—	—	—	—	
PE 5.6b	10,50	16,8	—	0,11	89	0,14	4,03	0,77	3,21	77,1	41,6	11,2	0,12	3,5	2,58	0,05	Sand
PE 6.1	10,90	—	—	—	—	—	—	—	—	—	—	—	—	—	—	—	
PE 6.2	11,30	—	—	—	—	—	—	—	—	—	—	—	—	—	—	—	

Tab. 18A: Geochemische Daten Teufelssee.

W.A. = Waldgeschichtliche Abschnitte (VIII Kernlücke) nach FIRBAS (det. BRANDE); Kernentnahme: J. SCHMIDT; Analysen: LADWIG.

Probe Nr.	Teufe (m)	Wasser-gehalt (%)	org. C (%)	S (%)	P (%)	anorg. C (%)	Ca (%)	Mg (%)	Fe (%)	Mn (%)	Zn (mg/kg)	Cu (mg/kg)	Pb (mg/kg)	Cd (mg/kg)	Fe/Mn	W.A.
G 1	0,05	70,2	10,83	1,73	0,14	3,72	13,55	0,47	2,98	0,11	237	60,3	105	0,96	27,1	
G 2	0,20	69,9	9,36	2,32	0,11	3,48	13,00	0,53	3,83	0,15	268	69,5	120	1,23	25,5	
G 3	0,25	68,0	7,65	2,46	0,11	3,20	12,07	0,53	4,62	0,18	250	69,8	116	1,22	25,7	
G 4	0,35	70,2	7,85	2,85	0,18	3,18	11,80	0,50	4,74	0,24	243	70,8	108	0,99	19,8	
G 5	0,45	72,3	8,05	2,40	0,34	3,38	12,77	0,45	5,43	0,36	217	71,9	98	1,08	15,1	
G 6	0,50	74,4	12,65	1,07	0,51	1,98	10,87	0,46	5,44	0,30	208	81,2	99	0,76	18,1	
1.1	4,20	92,6	40,90	0,45	0,12	0,10	1,19	0,18	3,34	0,043	—	12,1	12,2	0,60	77,7	IX
1.2	4,50	92,1	44,50	0,75	0,34	0,10	1,36	0,15	2,40	0,073	115	17,3	4,0	0,65	32,9	IX
2.1	5,10	90,9	51,00	1,28	0,30	0,10	1,52	0,066	2,57	0,13	123	13,1	3,6	0,38	19,4	VII
2.2	5,30	91,8	49,50	1,23	0,21	0,10	1,54	0,073	2,28	0,060	120	11,6	2,0	0,41	38,0	VI-VII
2.3	5,50	92,1	48,90	1,51	0,16	0,10	1,63	0,096	2,84	0,071	132	14,0	2,5	0,64	40,0	VI
3.1	6,00	90,1	45,20	1,37	0,14	0,10	1,44	0,12	3,34	0,047	137	22,9	3,7	1,16	71,1	V
3.2	6,25	88,2	40,90	2,06	0,72	0,20	1,75	0,10	6,07	0,22	123	18,1	2,5	0,46	27,6	IV-V
3.3	6,60	78,7	16,70	1,39	0,10	0,10	0,875	0,47	3,13	0,025	120	32,4	13,1	0,51	125	III
3.4	6,80					---------- T U F F ----------										
4.1	6,90	74,7	13,30	7,65	0,17	3,00	13,35	0,18	11,30	0,070	38,6	5,2	2,5	0,14	161	II
4.2	7,05	60,4	3,60	2,62	0,61	6,30	24,75	0,26	7,27	0,19	19,9	4,9	2,4	< 0,1	38,3	II
4.3	7,30	50,0	2,10	2,30	0,39	5,90	22,70	0,30	6,64	0,20	21,7	3,3	2,8	< 0,1	33,2	I-II
4.4	7,50	18,4	0,30	0,26	0,015	0,90	2,83	0,12	0,58	0,025	11,1	7,2	3,2	< 0,1	233	---
5.1	7,90	15,8	0,05	0,10	0,013	0,50	1,51	0,11	0,44	0,013	11,4	4,0	3,1	< 0,1	33,8	
5.2	8,05	16,0	0,20	0,17	0,009	0,30	1,08	0,069	0,40	0,0087	10,5	3,8	2,8	< 0,1	46,0	
5.3	8,20	29,8	0,70	0,43	0,057	2,60	9,58	0,36	2,14	0,14	20,9	6,9	3,5	< 0,1	15,3	
5.4	8,40	21,6	0,20	0,14	0,025	1,10	4,18	0,27	0,80	0,071	15,0	6,5	3,0	< 0,1	11,3	I
5.5	8,60	38,7	1,40	0,71	0,16	4,20	15,50	0,46	4,64	0,50	28,8	9,3	4,2	< 0,1	9,3	
6.1	8,80	30,1	0,50	0,36	0,049	2,10	7,18	0,46	2,01	0,35	26,8	5,2	6,3	< 0,1	5,7	
6.2a	9,05															
6.2b	9,25	19,0	0,20	0,06	0,022	0,80	2,50	0,22	0,65	0,060	14,1	5,8	4,0	< 0,1	10,8	
6.2c	9,40															
6.3	9,60	31,9	0,80	0,56	0,076	2,70	9,60	0,51	2,31	1,20	31,1	9,1	7,5	< 0,1	1,9	

Résumé

Paléolimnologie des lacs de Berlin (Ouest)

Le matériel mis en place en suspension dans l'aire de drainage est déposé dans les bassins lacustres où le matériel dilué est absorbé au contact de l'eau de lac et de son métabolisme biotique (bioaccumulation), ou adsorbé dans les sédiments (géoaccumulation). En outre, les lacs absorbent des poussières produites en quantités considérables dans les zones de concentration urbaine. En conséquence, les émissions de produits nocifs à l'environnement, de métaux lourds et de poussières minérales d'un ensemble urbain se concentrent et s'accumulent dans les sédiments lacustres.

En accord quant au choix des lacs, des prélèvements d'échantillons et de l'interprétation, deux groupes de travail, l'un chimio-analytique à Ulm (xenobiotica), l'autre géomorphologique, géochimique et sédimentologique à Berlin, ont travaillé dans le but de déterminer le degré de contamination des limnites par les métaux lourds et quelques xenobiotica sélectionnées. Les recherches se sont concentrées sur l'espace berlinois, en y ajoutant des lacs se trouvant dans des régions industrielles ainsi que des régions forestières et agricoles de la République fédérale allemande, au long d'un transect est-ouest, et d'un transect nord-sud.

Pour les couches de sédiments supérieures, lesquelles contiennent jusqu'à 80% d'eau, on a utilisé un appareil muni d'un système de congélation, spécialement construit pour prélever des carottes; on a obtenu ainsi des échantillon stratifiés.

On a tenu compte des couches de sédiments à partir d'une profondeur de 2 m (jusqu'à 25 m), afin de déterminer la contenance géochimique fondamentale ainsi que la progression migrative des produits nocifs à l'environnement, et aussi afin d'acquérir un aperçu de la genèse des sédiments du pléistocène tardif et de l'holocène. Ceci est intéressant surtout pour l'éspace berlinois, où les dispositifs de récupération des eaux souterraines se trouvent le long des rives des lacs, et où l'eau infiltrée des rivages représente jusqu'à 60 % de l'eau extraite. Il est possible que l'émission des sédiments lacustres soit stimulée dans ces conditions influentes.

Dans les bassins lacustres de Berlin, la sédimentation limnique a débute il y a environ 14 000 ans, et, en dehors de la Spree et de la Havel, par exemple dans le Teufelssee, il y a probablement plus de 18 000 ans, de même que le Tatarengrund et les petites vallées de la Bäke et du Buschgraben étaient des voies d'écoulement des eaux de fonte lors du pléniglaciaire.

Contrairement à l'opinion jusqu'ici courante, il n'y a pas eu de glace morte dans les cuvettes des vallées lors de la sédimentation lacustre, et, pour ce dire, nous nous basons sur des particularités de la structure et sur des considérations générales. Lors du pléistocène tardif, alors que se sédimentaient les sables lacustres qui forment la base des vases, le niveau de l'eau était inférien à celui d'aujourd'hui, dans un climat probablement froid-arid.

Dans le Tegeler See, ainsi que dans les autres élargissements de vallées de la Havel, des vases, la plupart riches en calcaires, ont été sédimentées sur une épaisseur de 27 m, dans une période de 13 5000 ans. L'accroissement naturel des sédiments est précipité par un apport anthropogène de phosphates et de nitrates. Les lacs berlinois, dans lesquels on a trouvé la couche de tephra datant de l'éruption volcanique de Laach il y a 11 300 ans, étaient déjà à l'époque de l'Alleröd dans un état mésotrophe à eutrophe.

La structure des vases calcaires (contenance de $CaCO_3$ jusqu'à 70%) du pléistocène tardif à l'holocène inférieur est caractérisée par une sédimentation rythmique sans sables (rythmites), qui possède le caractère de couches annuelles, et s'achève lors de l'Atlanticum. Dans les couches inférieures du Tegeler See, on trouve du Ca-Rhodochrosit. La contenace de manganèse atteint 17% de la substance sèche. Les dates géochimiques ainsi que la structure rythmique, indiquent des conditions méromictiques dans l'Alleröd - des contenances de sulfites jusqu'à 7,7% dans le Teufelssee -, à l'époque de la toundra récente et en partie du préboréal, conditions qui ont régné, avec une durée variable, dans les parties les plus profondes des lacs. Les conditions morphologiques pour une méromixis ont été, au cours de l'holocène moyen - Atlanticum -, interrompues par l'accroissement des sédiments. A partir de ce moment-là, on peut observer déjà, dans les sédiments de la Havel, le refoulement de l'Elbe.

La formation des sédiments dans les lacs berlinois s'est déroulée très différemment d'un cas à l'autre. Les vases calcaires du Tegeler See de l'holocène moyen s'opposent aux vases pauvres en calcaire, et riches en diatomées de la Havel, qui possèdent dans certaines couches le caractère d'une diatomite. Les vases de la Havel contiennent en général du sidérite à toutes les époques. Alors que des vases de détritus organiques se sont formées pendant l'holocène dans le Pechsee et le Teufelssee, les vases calcaires du Schlachtensee et de la Krumme Lanke sont diversement composées.

On a estimé - grâce aux taux $^{16/18}O$ des isotopes stables d'oxygène - que la température a augmenté sensiblement aux environs de 12 000 ans BP; par contre, à l'époque de la toundra récente - Dryas III -, on a une variation importante des températures en l'espace des siècles, ce qui nous permet de qualifier cette époque de thermiquement instable.

L'ancienne dénomination de l'argile de la Havel se révèle être aujourd'hui conventionnelle. La part de phyllosilicates est restreinte. La masse des particules d'une taille inférieure à 2 microns est formée par des fragments de diatomées. La détermination exemplaire des taux k_f des vases calcaires, grâce à un appareil de Neubert modifié par DIETRICH, a donné des taux de l'ordre de $1,4 \cdot 10^{-5}$ cm s^{-1} à $4,3 \cdot 10^{-7}$ cm s^{-1}, à une profondeur de sédiments entre 7 m et 17,8 m. A l'égard aux faibles taux k_f dans les zones les plus épaisses des sédiments lacustres, la zone de rivage où l'épaisseur des sédiments décroît se révèle être la zone déterminante de l'infiltration des rives. Les taux d'écoulement les plus importants se concentrent donc sur une surface relativement restreinte des sédiments subhydriques. Il se découle un risque potentiel pour l'eau souterraine. Une contamination de ces surfaces exercerait donc un effet proportionnellement démesuré sur la qualité des eaux souterraines.

Dans le Tegeler See comme dans la haute-Havel (Krienicke) on a pu déceler, à une profondeur de plus de 6 m des sédiments, des traces de HCB, PAH, DDT-métabolites, PCB avec différents degrés de chlorure, ainsi que α- et μ-HCH.

Les métaux lourds, par contre, atteignent déjà à 2 m de profondeur la contenance géochimique de base locale. Des facteurs de concentration ont été formulés pour les métaux lourds. Sur la base des contenances en produits nocifs à l'environnement et en métaux lourds, on a divisé les lacs en trois groupes suivants leur degré de contamination. Une contamination parallèle avec des produits nocifs à l'environnement et des métaux lourds se manifeste presque indépendamment de la structure et des paramètres de texture des mètres supérieurs des sédiments lacustres. Des études comparées ont montré que la contamination avec des produits nocifs à l'environnement, qu'ils soient organiques ou anorganiques, ne suit pas un gradient interrégional, dans le sens d'un transect est-ouest ou nord-sud de la République fédérale allemande, mais se particularise en général localement ou régionalement. En détail, on obtient une image différenciée des différents types de contamination. En comparaison avec d'autres fleuves, la contamination de la Havel appartient à la catégorie supérieure. En ce qui concerne les contenances en PCB, on trouve dans les lacs berlinois des PCB aussi bien riches que pauvres en chlore. Dans le Schlachtensee, on a de hautes contenances en DDT, dûes à une ancienne contamination.

Comme la contenance en substances nutritives amoindrit dans différents lacs, il faut s'attendre à une mobilisation, également, des métaux lourds adsorbés dans les sédiments le potentiel redox à la surface des sédiments grâce au.

Summary

Paleolimnology of Berlin lakes

Suspended load from the catchments is deposited in lake basins; through contact with the lake water and its biotic metabolism the solute matter may be absorbed (bio-accumulation) or adsorbed by the sediment particles (geo-accumulation). Furthermore, the lakes receive the solute matter from rainwater as well as a considerable amount of dust occurring expecially in urban areas. The lake sediments collect and record the emissions of xenobiotics, heavy metals and the dust from urban areas. Two working groups are engaged in determining the extent of contamination by heavy metals and certain selected xenobiotics in lake sediments: a team of analytical chemists (xenobiotics) in Ulm and a team of geomorphologists and sedimentologists in Berlin. Investigations are concentrated on the Berlin area, but also include lakes in other industrial areas, as well as agriculture and forestry regions along a W-E and a N-S transect through the Federal Republic of Germany.

A specially constructed freeze corer was used to obtain undisturbed samples of the upper sediment sections, which have a water content of more than 80 %.

Sediment sections below a depth of 2 m (down to > 25 m) were included in the analysis programme in order to determine the geochemical background and the migration of pollutants and to gain information on the genesis of the late Pleistocene and Holocene sediments. This is particularly important in the Berlin area, where the wells are located along the lake banks and as much as 60% of discharge consists of bank-infiltrated ground water. Under these influent conditions the lake sediments may emit pollutants.

The limnic sedimentation in the Berlin lake basins began about 14.000 years ago; however, outside the Spree and Havel spillways (for example, in the Teufelssee) it may have already begun more than 18.000 years ago. The Tatarengrund, the Bäke valley and the Buschgraben valley are also highglacial spillways.

In contrast to previously expressed opinions, textural features (for example, Late Pleistocene rhythmites) and models indicate that there was no buried ice in the valley basins during limnic sedimentation. During the late Pleistocene, when the lake sands forming the base of the muds were deposited, the water table was lower than today. This is based on the phototrophic requirements of characeae, which are found in distinct sand layers of the lake sand. At this time, climatic conditions were presumably cold and arid. In lake Tegel and the other wide, lake-like Havel valleys, mostly calcareous muds, with thicknesses of more than 27 m, were deposited over a period of about 13.500 years. The natural sediment increase is accelerated by the man-made input of phosphates and nitrates. In the Berlin lakes the tephra horizon (up to 18 mm thick) caused by the Laach eruption 11.3000 years ago is still visible. The lakes were already in a mesotrophic to eutrophic state during the Alleröd interstadial.

The late Pleistocene to early Holocene calcareous sediments (as much als 70% $CaCO_3$) are characterized by sand-free, laminated muds (rhythmites), formed by annual couplets. This sediment type ended during the Atlantic. In Lake Tegel, the lower sediment sections contain Ca-rhodochrosite; here, the manganese content ist as much as 17% of the dry substance. Both the geochemical data and the rhythmitic structure point to meromictic conditions in the Alleröd (sulfide-sulfur contents in Teufelssee up to 7.7%), the younger Tundra period, and the Preboreal too. These conditions were of varying duration in the deepest parts of the lake. The morphological conditions necessary for meromixis came to an end during the mid-Holocene (Atlantic) owing to the increase in sediment. From this time onwards, the effect of the Elbe backflow on the Havel ist probably expressed in the changed composition of the Havel sediments.

Sediment formation took very different forms in the Berlin lakes. The mid-Holocene calcareous muds of lake Tegel contrast with diatom-rich Havel muds with a low carbonate content, some strata of which have the character of a diatomite. Siderite is generally present in all periods in the Havel muds. Whilst organic detrital muds were formed in Pechsee and Teufelssee during the Holocene, there were calcareous muds of varying composition in Schlachtensee and Krumme Lanke.

A temperature estimate using the $\delta^{18}O$ values of stable oxygen isotopes gave a distinct rise in termperature at 12.000 B.P., whilst in the younger Tundra period - Dryas III - there were significant temperature variations within several centuries, marking this period as thermally instable.

The Havel clay mentioned in earlier literature has proved to be an conventional designation. The amount of clay minerals (i.e. layer silicates) is low. Most of the particles $> 2\ \mu$ are diatom fragments. The exemplary determination of the coefficients of hydraulic conductivity (k_f values) using a special device produced values with a magnitude between $1.4 \cdot 10^{-5}$ cms^{-1} and $4.3 \cdot 10^{-7}$ cms^{-1} for undisturbed calcareous mud samples at sediment depths between 7 m and 17,8 m. With regard to the low k_f values in the thickest sediments, the nearshore zone with less thick sediments proves to be the major area of bank filtration due to the production wells. The highest throughflow rates are thus concentrated on an relatively small proportion of the subhydric sediments. This is a potential risk to ground water. Contamination of these areas would thus have a correspondingly significant effect on ground water quality.

At a sediment depth of more than 6 m both in Lake Tegel and the Upper Havel (Krienicke), traces were found of HCB, PAH, DDT metabolites, and PCB with different degrees of chlorination, as well as α- and μ-HCH.

Heavy metals, on the other hand, attain the local geochemical background level at a depth of 2 m already. Factors for the degree of heavy metal enrichment were calculated. On the basis of these factors (heavy metals) and the content of xenobiotics in the uppermost sediments, the various lakes were assigned to 3 levels of contamination. The levels of heavy metal and xenobiotic contamination proved to be almost parallel, almost irrespective of the structure and texture parameters of the upper metres of lake sediments. These comparative studies show that contamination with both xenobiotics and heavy metals does not follow a supra-regional trend, such as a W-E or N-S transect, within the Federal Republic, but generally belongs to a local or regional pattern. In detail, there is a differentiated picture of varying patterns of contamination. In comparison with other rivers the heavy metal pollution of the Havel belongs to the upper end of the scale. The Berlin lakes contain PCBs with both high and low levels of chlorination. Schlachtensee and Krumme Lanke have high DDD contents as a result of the extensive use of DDT forty years ago.

List of Figures

Fig. 1: Hydrological map of Berlin. Map 1 a shows water-filled depressions mapped after an ordnance survey map of 1871. They mark an ice halt - Steglitzer Halt - during the Brandenburg Stadial.

In map 1 b the ice marginal deposits of the Weichselian-Brandenburg phase are identical with the elevations between 50 and > 60 m. The meltwater flowed southward into the Nuthe lowlands (8 km SE of Großer Wannsee). Limnic sedimentation had already occurred in these depressions earlier than 13 000 b.p.

Fig. 2: Evolution of a lake basin on the Teltow Plain.
a) Model of the evolution of the depositional conditions on the Teltow till plain in the Steglitzer Halt area (see Fig. 1).
b) Cores by K. MEYER, DeGeBo. Location see Fig. 1.

Fig. 3: Stratigraphic sequence for the Berlin area, after KALLENBACH (1980) and FREY in KLOOS (1986) and others. The Lascaux-Ula-Interstadial for Berlin ist based on a hypothetical derivation from ^{14}C dates from Teufelssee (Fig. 17).

Fig. 4: Precipitation and number of days (1950-1969) with rainfall levels high enough to cause erosional events. From PACHUR & SCHULZ (1983).

Fig. 5: Influent conditions due to drawdown of ground water in the catchment of the Wannsee and Riemeisterfenn waterworks (adapted from PACHUR & SCHULZ (1983).
a) The ground water table contour lines are deeper than the floors of Schlachtensee, Krumme Lanke and Grunewaldsee. Since 1913 water from the Havel has been pumped into Schlachtensee to maintain the water table.
b) Drawdown of the Schlachtensee water table in 1912 (from KEILHACK 1914).

Fig. 6: In the course of the Teltow canal construction, the lake-like enlargements of the Bäke valley were filled up or excavated. The late Pleistocene and holocene sediments attain thicknesses of more than 20 m (cores from the DeGeBo archive, K. MEYER). In the Buschgraben (Fig. 15, about 1.3 km upvalley) the base of the mud was found in the forest periods Ia and Ib, i.e. older than 13 000 and 12 5000 b.p. respectively.

Fig. 7: Methodes and techniques used in the textural and geochemical analysis of lake sediments.

Fig. 8: Procedure of the preparation and cleaning of samples for the analysis of xenobiotics in lake sediments.

Fig. 9: Thickness and extent of mud in the Havel depression. Based on cores and soundings. The lake sands are at least 3 m thick, if not otherwise stated. We owe some of the sediment samples from the Spree delta to K. MEYER, DeGeBo. A more detailed description of the Lake Tegel core (mid-lake) and the Krienicke core (base and the upper few metres) ist given in Figs. 12A and 12B (see appendix).

Fig. 10: Volcanic glass (pumice) of the phreatomagmatic Laach eruption (Alleröd) from Teufelssee. The sharply delimited tuff layer ist 18 mm thick within the mud, about 6.8 m below the present-day lake floor (see also Fig. 17). A diatom frustule (*Cyclotella Kützingiana*) was co-precipitated.

Fig. 11: Distal fans of the Laach tephra (adapted form BOGHAARD 1983 and FRECHEN et al. 1979).

Fig. 12A: Sediment sequence in Lake Tegel (core T, mid-lake) at 14.5 m water depth. Location of the samples analysed and the forest periods.

Fig. 12B: Sediment sequence of the top 9 m and the base (25-34 m sediment depth) of Lake Krienicke.

Fig. 13: Overview of the lake deposits found at the deepest part of the Lake Tegel basin at 14-16 m water depth. Forest periods (det. by BRANDE, Berlin). The rates of sediment increase are calculated after compaction. Duration of forest periods in the Berlin area after BRANDE (1978/79).

Fig. 14: a) The lake sands at the mud base in lake Tegel - 28 m below the present-day lake floore - contain thin zones (only a few mm thick) with calcilutite which extend into the interstitial space. Chara spec. stems occur in these horizons so that they are interpreted as fossil lake floors.
b) Chara spec. stem from the Teufelssee lake sand.

Fig. 15: Distribution and thickness of limnic (sideritic lake chalks) and telmatic sediments - from the Atlantic onwards (7 500 B.P.) - in the Buschgraben depression, which ist connected with the Bäke depression (Teltow canal) (HOELZMANN 1986). Note the close alternation of hollows and ridges within the depression. A mud layer in the lake sands of the base - 1.34 m below the Laach tuff - near profile 92 was found in pollen zone Ib (Bölling) - about 12 500 B.P. (Pollen analysis: BRANDE).
Legend top to base:
1. Till
2. Meltwater sands
3. Limnitic deposits
4. Peat
5. Waste Material
6. Boundary of the mapping area.

Fig. 16: Contour plan of a Pleistocene glaciofluvial spillway with late Pleistocene water divide (Tatarengrund, see Fig. 1). The depression consists of parallel ridges of medium to fine sand with gravel horizons, overlain by meltout till. At points 14 and 15, lakes existed during the late Pleistocene; they had already been converted into peat at the beginning of the Holocene. More than 4 m thick Hypnum moss peat occurs at point 14. The base of the limnic deposits is in forest period I, i.e. earlier than 12 500 B.P. Some of the depressions with no lake sediments have been overdeepened by sand removal for road construction. Sketch adapted from PACHUR & SCHULZ (1983).

Fig. 17: Selected sediment parameters of the Teufelssee (Grunewald). Clay, silt and sand contents refer to the org. C-free sample. Radiocarbon dating with the aid of the accelaration method produced identical ages for the upper two samples, whilst the date about 18 400 B.P. is stratigraphically plausible. However, this dated mud sample also contains Tertiary pollen, so the date must be too old. On the other hand, the date of 25 500 ± 700 B.P. was obtained from an isolated plant remnant. (Pollen analysis by BRANDE, Berlin).

Fig. 18: Progressive melting of an ice block beneath a water-saturated quartz sand which forms the floor of a lake. The water temperature ist 4° C, that of the ice block (dead ice) -15° C.

Fig. 19: Rhythmite from a depth of 26 m below the recent lake floor (Lake Tegel). The late pleistocene muds of the Berlin area show a rhythmitic structure. The pale (summer) layers mainly consist of lake chalk, the dark (winter) ones contain diffusely distributed organic substance with ferric compounds (including Fe-sulfide, c.f. Table 20) at the base. Above the dark layers a diatom-rich (spring) layer occurs, followed by the thicker layer of lake chalk. All layers contain carbonate; in Lake Tegel, Ca-rhodochrosite is the dominant carbonate component in the 26.3 - 28.3 m sediment section (see Table 23 and Fig. 34).

Fig. 20: SEM-photomicrograph of a framboidal pyrite and diatom frustules. EDXA analysis of the marked point (centre). The Cu-, Ca- and Si-peaks are due to scattered radiation (sample is Ag-coated). Sample from a sediment depth of 25 m, core T, Lake Tegel.

Fig. 21: Curve of the stable oxygen isotopes ($\delta\ ^{18}O$-values) of carbonate muds from Lake Tegel (analysed by EICHER and SIEGENTHALER, Bern).

Fig. 22: Grain-size distribution in the upper part of core B (Havel). The content of organic matter, charcoal and coal are not taken into account.

Fig. 23: The upper decimetres of Havel sediments in core B include anthropogenic substances. The composition of the > 630 μ fraction ist shown in % of total sample.

Fig. 24: SEM-photomicrograph of diatom frustules (*Melosira granulata; Stephanodiscus astraca*) and aggregates mainly consisting of Fe compounds (siderite and iron oxides/hydroxides, cp. 4.4.6). and diatom fragments. The EDXA diagram shows the element distribution at the point marked on the aggregate (sample is Ag-coated). 6.3 - 20 μ fraction of the H_2O_2-treated sample B9-2. Diatom muds from the Havel at 9.2 m depth, core B.

Fig. 25: SEM-photomicrograph of an aggregate consisting of diatom frustules mainly cemented together and incrusted by iron compounds (phosphates, sulfides, oxides/hydroxides, c.p. 4.4.6). In this sample no siderite was detectable by X-ray analysis. The EDXA diagram shows the element distribution at the spot marked (sample is Ag-coated). 20 - 63 μ fraction of the H_2O_2 treated sample B3-1, core B, Havel.

Fig. 26: SEM photomicrograph of a diatom mud (incl. *Synedra; Cyclotella; Melosira*) from Lake Krienicke near Spandau. Sample at 22 m sediment depth.

Fig. 27: Water content, organic carbon (org. C), diatom silica (Si_{Dia}), total phosphorus and exchange capacity in core B, Havel.

Fig. 28: Water content, chloride concentration in interstitial water, organic carbon (org. C) of the dry substance and total phosphorus, diatom silica (Si_{Dia}) and exchange capacity in core T, Lake Tegel.
LBT: Laach pumice tuff.

Fig. 29: Carbonate (CO_3) content, Ca-, Fe-, Mn-concentrations and Fe/Mn ratio in core B, Havel.

Fig. 30: Carbonate (CO_3) content, Ca-, Mg-, Fe-, Mn-concentrations and Fe/Mn ratio in core T, Lake Tegel.
LBT: Laach pumice tuff.

Fig. 31: Sediment composition, inorg. C, org. C and P in core KL2, Krumme Lanke. Clay, silt and sand contents relate to org. C-free sediment (from PACHUR & SCHMIDT 1985).

Fig. 32: Sediment composition, inorg. C and org. C in core KL1, Krumme Lanke. Clay, silt and sand contents relate to org. C-free sediment (from PACHUR & SCHMIDT 1985).

Fig. 33: SEM-photomicrograph: diatom frustules and single aggregates (cf. Figs. 24 and 25). 6.3 - 20 μ fraction of the H_2O_2-treated sample B9-1. Diatom mud at 9 m depth, core B Havel.

Fig. 34: a) X-ray diagrams of the manganese enrichment zone of Lake Tegel (core T). C = calcite, Q = quartz, R = Ca-rhodochrosite, S = siderite.
b) SEM-photomicrograph of a pale-coloured layer (summer) of rhythmite at 27.65 m sediment depth. Many roundish carbonate aggregates, composed of Ca-rhodochrosite (and/or calcite). EDXA diagram (sample is Au-coated) of one of these aggregates (centre) shows mainly Mn and Ca (continous line: the sensitivity of Mn in relation to Ca and Fe is lower). In addition, silica particles, diatom fragments and carbonates etc., some of which form aggregates. Bottom right: diatom fragment (Si peak of broken line) encrusted by Ca-rhodochrosite and Fe-compounds. Sample T26-2, Lake Tegel (mid-lake).

Fig. 35: Sediment composition, inorg. C, org. C and P in Schlachtensee core. Clay, silt and sand contents are related to the org. C-free sediment (from PACHUR & SCHMIDT 1985).

Fig. 36: Initial situation of possible migration from the sediment into exploited groundwater with reference to Lake Tegel.
TU = tritium units. 1 TU : $^3H/10^{18}$ H, approx. equal to 0.119 Bq in 1 litre of water.

Fig. 37: Comparison of permeability of mineral and peat soils with Lake Tegel mud. Data according to HOOGHOUDT (1952), ZUNKER (1930), SCHROEDER (1958) and SCHLEY (1981), peat soils after BADEN & EGGELSMANN (1963).

Fig. 38: Chloride concentraion of interstitital water and heavy metal content of sediment (cf. Table 25) in core B, Havel.

Fig. 39: Heavy metals in the Schlachtensee sediment core (from PACHUR & SCHMIDT 1985).

Fig. 40: Heavy metals in the sediment core KL2, Krumme Lanke (from PACHUR & SCHMIDT 1985).

Fig. 41: Heavy metals in Pechsee sediment core (from PACHUR & SCHMIDT 1985).

Fig. 42: Heavy metals (Cu, Zn, Cd, Pb) and xenobiotics (HCB, HCH-group, PCB-group, DDT-group) in the top sediment zone. The lake-specific background has been taken into account for the heavy metals except for 5 and 5a (artificial ponds). 1 = Langsee, 2 = Schulensee, 3 = Gildehauser Venn, 4 = Seeburger See, 5 = Schloß Berge, 5a = Kletterpoth, 6 = Jungferweiher, 7 = Schleinsee, 8 = Großer Arbersee, 9 = Schlachtensee, 10 = Krumme Lanke, 11 = Pechsee. (Heavy metals: PACHUR & SCHMIDT 1985; xenobiotics: BALLSCHMITER & BUCHER 1985).

List of Tables

Table 1: Instrument parameters for capillary gas chromatography.

Table 2: Working conditions in sediment sample analysis using a combination of gas chromatograph and mass spectrometer.

Table 3: Section from a retention index table, compiled by a HP 5880 A BASIC program after the original report had been printed.
Comparison of the results in columns 4 and 5 demonstrates the high reproducibility of temperature-programmed retention indices over a 3-day period.

Table 4: Definition of pollution grades.

Table 5: Grain-size distribution of the lake sediment base at Lake Tegel.
Sorting: So = $\sqrt{Q_3/Q_1}$ after TRASK (1932). So < 1.23: very well sorted; So 1.24-1.41: well sorted (FÜCHTBAUER 1959).

Table 6: Grain-size distribution of the lake sediment bases of Teufelssee and Krumme Lanke (core KL 1).
Sorting: So = $\sqrt{Q_3/Q_1}$ after TRASK (1932). So < 1.23: very well sorted, So: 1.24-1.41: well sorted (FÜCHTBAUER 1959). Analysis by J. SCHMIDT.

Table 7: Grain-size analyses, Core B, Havel.
Values related to the org. C-free sample. W.A. = forest periods after FIRBAS (det. by BRANDE)

Table 8: Grain-size analyses of Lake Tegel muds.
Values related to the org. C-free sample. W.A. = forest periods after FIRBAS (det. by BRANDE).

Table 9: Water content, ignition loss, organic and inorganic carbon in core KL 2 (Krumme Lanke)

Table 10: Geochemical data of Krumme Lanke (core KL2).
W.A. = forest periods after FIRBAS (det. by BRANDE). Coring by J. SCHMIDT, analysis by LADWIG, J. SCHMIDT.

Table 11A: Analysis results of Core B, Havel.
For samples B2-1 to B2-8 org. C, CO_3 and Ca refer to total solids, the other data to the material < 630 μ (incl. coarse organic matter, cp. fig. 23). Cl^- in mg/l = chloride content of interstitial water. W.A. = forest periods after FIRBAS (det. by BRANDE).

Table 12A: Geochemical data of Lake Krienicke (Havel).
W.A. = forest periods after FIRBAS (det. by BRANDE). LZ = cores after LIVINGSTONE, the others after STADE.

Table 13A: Analysis results of Lake Tegel.
G.M. = Große Malche (grab sample of sapropel). To = mid-lake (grab-sample of sapropel). T1-1 to T29-5: core samples (mid-lake). Cl^- in mg/l = chloride content of interstitial water. W.A. = forest periods after FIRBAS (det. by BRANDE).

Table 14: Iron balance at muds from Lake Krienicke (Havel).
"Restliche Fe" = neither carbonate- nor sulfide-bound Fe: calculated with iron monosulfide and pyrite respectively.

Table 15A: Geochemical data of Krumme Lanke (core KL 1).
W.A. = forest periods after FIRBAS (det. by BRANDE). Coring by J. SCHMIDT, analysis by LADWIG, J. SCHMIDT.

Table 16A: Geochemical data of Schlachtensee.
W.A. = forest periods after FIRBAS (det. by BRANDE). Coring by J. SCHMIDT, analysis by LADWIG, J. SCHMIDT.

Table 17A: Geochemical data of Pechsee.
W.A. = forest periods after FIRBAS (det. by BRANDE; VIII at a core gap). Coring by J. SCHMIDT, analysis by LADWIG.

Table 18A: Geochemical data of Teufelssee.
W.A. = forest periods after FIRBAS (det. by BRANDE). Coring by J. SCHMIDT, analysis by LADWIG, J. SCHMIDT.

Table 19: Iron sulfur balance.
*) Negative values give the amount of Fe lacking in order to convert sulfide-sulfur completely into the respective mineral.

Table 20: Geochemical parameters in the manganese enrichment zone, Lake Tegel (compared with the data of single, more recent samples).
After the CO_3 bound to Ca and Mg had been subtracted from the total CO_3, $MnCO_3$ was calculated, followed by $FeCO_3$.
Fe a) = Fe not bound as carbonate
Fe b) = Fe not bound as carbonate or sulfide.

Table 21: Lake Tegel: Fe-, Mn-, P- and org. C-contens related to a carbonate content of 15.73 % (sample T25-5a, cp. Table 20).

Table 22: Lake Krienicke: Mn-, Fe-, P- and org. C.-contents related to a $CaCO_3$ content of 6.74% (sample 21-5, cp. Table 12A). II-VI = forest periods after FIRBAS (det. by BRANDE). ^{14}C analysis of Z22-4 gave an age of 13,000 ± 125 years (UZ-2160).

Table 23: Carbonates in the manganese enrichment zone of Lake Tegel (compared with single, more recent samples).
The follwing incorporated ions were taken into account: calcite with 0.87 mol% Mg; Ca-rhodochrosite with 21.6 mol% Ca and siderite with 12.0 mol% Ca.

Table 24: Kf values of Lake Tegel muds. SCHLEY (1981).

Table 25: Organic carbon and heavy metals in Havel sediment (Core B).
a = values related to > 630 μ-material + total organic matter
b = values related to > 63 μ-material + total organic matter + 1.86% sand.
"Background": = natural lake specific level of heavy metals, calculated from mean values of samples from the 2.21-8.31 m range, with a mean sand content of 1.86%.

Table 26: Classification of the heavy metal enrichment.

Table 27: Enrichment factors related to lake-specific "background" and "shale standard" ( ).

Table 28: Overview of persistent xenobiotics identified in sediment samples (symbols in brackets refer to unsubstantiated results). (From BUCHERT et al. 1981).

Berliner Geographische Abhandlungen

Im Selbstverlag des Instituts für Physische Geographie der Freien Universität Berlin,
Altensteinstraße 19, D-1000 Berlin 33 (Preise zuzüglich Versandspesen)

Heft 1: HIERSEMENZEL, Sigrid-Elisabeth (1964)
Britische Agrarlandschaften im Rhythmus des landwirtschaftlichen Arbeitsjahres, untersucht an 7 Einzelbeispielen. − 46 S., 7 Ktn., 10 Diagramme.
ISBN 3-88009-000-9 (DM 5,−)

Heft 2: ERGENZINGER, Peter (1965)
Morphologische Untersuchungen im Einzugsgebiet der Ilz (Bayerischer Wald). − 48 S., 62 Abb.
ISBN 3-88009-001-7 (vergriffen)

Heft 3: ABDUL-SALAM, Adel (1966)
Morphologische Studien in der Syrischen Wüste und dem Antilibanon. − 52 S., 27 Abb. im Text, 4 Skizzen, 2 Profile, 2 Karten, 36 Bilder im Anhang.
ISBN 3-88009-002-5 (vergriffen)

Heft 4: PACHUR, Hans-Joachim (1966)
Untersuchungen zur morphoskopischen Sandanalyse. − 35 S., 37 Diagramme, 2 Tab., 21 Abb.
ISBN 3-88009-003-3 (vergriffen)

Heft 5: Arbeitsberichte aus der Forschungsstation Bardai/Tibesti. I. Feldarbeiten 1964/65 (1967)
65 S., 34 Abb., 1 Kte.
ISBN 3-88009-004-1 (vergriffen)

Heft 6: ROSTANKOWSKI, Peter (1969)
Siedlungsentwicklung und Siedlungsformen in den Ländern der russischen Kosakenheere. − 84 S., 15 Abb., 16 Bilder, 2 Karten.
ISBN 3-88009-005-X (DM 15,−)

Heft 7: SCHULZ, Georg (1969)
Versuch einer optimalen geographischen Inhaltsgestaltung der topographischen Karte 1:25 000 am Beispiel eines Kartenausschnittes. − 28 S., 6 Abb. im Text, 1 Kte. im Anhang.
ISBN 3-88009-006-8 (DM 10,−)

Heft 8: Arbeitsberichte aus der Forschungsstation Bardai/Tibesti. II. Feldarbeiten 1965/66 (1969)
82 S., 15 Abb., 27 Fig., 13 Taf., 11 Karten.
ISBN 3-88009-007-6 (DM 15,−)

Heft 9: JANNSEN, Gert (1970)
Morphologische Untersuchungen im nördlichen Tarso Voon (Zentrales Tibesti). − 66 S., 12 S. Abb., 41 Bilder, 3 Karten.
ISBN 3-88009-008-4 (DM 15,−)

Heft 10: JÄKEL, Dieter (1971)
Erosion und Akkumulation im Enneri Bardague-Araye des Tibesti-Gebirges (zentrale Sahara) während des Pleistozäns und Holozäns. − Arbeit aus der Forschungsstation Bardai/Tibesti, 55 S., 13 Abb., 54 Bilder, 3 Tabellen, 1 Nivellement (4 Teile), 60 Profile, 3 Karten (6 Teile).
ISBN 3-88009-009-2 (DM 20,−)

Heft 11: MÜLLER, Konrad (1971)
Arbeitsaufwand und Arbeitsrhythmus in den Agrarlandschaften Süd- und Südostfrankreichs: Les Dombes bis Bouches-du-Rhone. − 64 S., 18 Karten, 26 Diagramme, 10 Fig., zahlreiche Tabellen.
ISBN 3-88009-010-6 (DM 25,−)

Heft 12: OBENAUF, K. Peter (1971)
Die Enneris Gonoa, Toudoufou, Oudingueur und Nemagayesko im nordwestlichen Tibesti. Beobachtungen zu Formen und Formung in den Tälern eines ariden Gebirges. − Arbeit aus der Forschungsstation Bardai/Tibesti. 70 S., 6 Abb., 10 Tab., 21 Photos, 34 Querprofile, 1 Längsprofil, 9 Karten.
ISBN 3-88009-011-4 (DM 20,−)

Heft 13: MOLLE, Hans-Georg (1971)
Gliederung und Aufbau fluviatiler Terrassenakkumulation im Gebiet des Enneri Zoumri (Tibesti-Gebirge). − Arbeit aus der Forschungsstation Bardai/Tibesti. 53 S., 26 Photos, 28 Fig., 11 Profile, 5 Tab., 2 Karten.
ISBN 3-88009-012-2 (DM 10,−)

Heft 14: STOCK, Peter (1972)
Photogeologische und tektonische Untersuchungen am Nordrand des Tibesti-Gebirges, Zentral-Sahara, Tchad. − Arbeit aus der Forschungsstation Bardai/Tibesti. 73 S., 47 Abb., 4 Karten.
ISBN 3-88009-013-0 (DM 15,−)

Berliner Geographische Abhandlungen
Im Selbstverlag des Instituts für Physische Geographie der Freien Universität Berlin,
Altensteinstraße 19, D-1000 Berlin 33 (Preise zuzüglich Versandspesen)

Heft 15: BIEWALD, Dieter (1973)
Die Bestimmungen eiszeitlicher Meeresoberflächentemperaturen mit der Ansatztiefe typischer Korallenriffe. — 40 S., 16 Abb., 26 Seiten Fiuren und Karten.
ISBN 3-88009-015-7 (DM 10,—)

Heft 16: Arbeitsberichte aus der Forschungsstation Bardai/Tibesti. III. Feldarbeiten 1966/67 (1972)
156 S., 133 Abb., 41 Fig., 34 Tab., 1 Karte.
ISBN 3-88009-014-9 (DM 45,—)

Heft 17: PACHUR, Hans-Joachim (1973)
Geomorphologische Untersuchungen im Raum der Serir Tibesti (Zentralsahara). — Arbeit aus der Forschungsstation Bardai/Tibesti. 58 S., 39 Photos, 16 Fig. und Profile, 9 Tabellen, 1 Karte.
ISBN 3-88009-016-5 (DM 25,—)

Heft 18: BUSCHE, Detlef (1973)
Die Entstehung von Pedimenten und ihre Überformung, untersucht an Beispielen aus dem Tibesti-Gebirge, Republique du Tchad. — Arbeit aus der Forschungsstation Bardai/Tibesti. 130 S., 57 Abb., 22 Fig., 1 Tab., 6 Karten.
ISBN 3-88009-017-3 (DM 40,—)

Heft 19: ROLAND, Norbert W. (1973)
Anwendung der Photointerpretation zur Lösung stratigraphischer und tektonischer Probleme im Bereich von Bardai und Aozou (Tibesti-Gebirge, Zentral-Sahara). — Arbeit aus der Forschungsstation Bardai/Tibesti. 48 S., 35 Abb., 10 Fig., 4 Tab., 2 Karten.
ISBN 3-88009-018-1 (DM 20,—)

Heft 20: SCHULZ, Georg (1974)
Die Atlaskartographie in Vergangenheit und Gegenwart und die darauf aufbauende Entwicklung eines neuen Erdatlas. — 59 S., 3 Abb., 8 Fig., 23 Tab., 8 Karten.
ISBN 3-88009-019-X (DM 35,—)

Heft 21: HABERLAND, Wolfram (1975)
Untersuchungen an Krusten, Wüstenlacken und Polituren auf Gesteinsoberflächen der nördlichen und mittleren Sahara (Libyen und Tchad). — Arbeit aus der Forschungsstation Bardai/Tibesti. 71 S., 62 Abb., 24 Fig., 10 Tab.
ISBN 3-88009-020-3 (DM 50,—)

Heft 22: GRUNERT, Jörg (1975)
Beiträge zum Problem der Talbildung in ariden Gebieten, am Beispiel des zentralen Tibesti-Gebirges (Rep. du Tchad). — Arbeit aus der Forschungsstation Bardai/Tibesti. 96 S., 3 Tab., 6 Fig., 58 Profile, 41 Abb., 2 Karten.
ISBN 3-88009-021-1 (DM 35,—)

Heft 23: ERGENZINGER, Peter Jürgen (1978)
Das Gebiet des Enneri Misky im Tibesti-Gebirge, Republique du Tchad — Erläuterungen zu einer geomorphologischen Karte 1:200 000. — Arbeit aus der Forschungsstation Bardai/Tibesti. 60 S., 6 Tabellen, 24 Fig., 24 Photos, 2 Karten.
ISBN 3-88009-022-X (DM 40,—)

Heft 24: Arbeitsberichte aus der Forschungsstation Bardai/Tibesti. IV. Feldarbeiten 1967/68, 1969/70, 1974 (1976)
24 Fig., 79 Abb., 12 Tab., 2 Karten.
ISBN 3-88009-023-8 (DM 30,—)

Heft 25: MOLLE, Hans-Georg (1979)
Untersuchungen zur Entwicklung der vorzeitlichen Morphodynamik im Tibesti-Gebirge (Zentral-Sahara) und in Tunesien. — Arbeit aus der Forschungsstation Bardai/Tibesti. 104 S., 22 Abb., 40 Fig., 15 Tab., 3 Karten.
ISBN 3-88009-024-6 (DM 35,—)

Heft 26: BRIEM, Elmar (1977)
Beiträge zur Genese und Morphodynamik des ariden Formenschatzes unter besonderer Berücksichtigung des Problems der Flächenbildung am Beispiel der Sandschwemmebenen in der östlichen Zentralsahara. — Arbeit aus der Forschungsstation Bardai/Tibesti. 89 S., 38 Abb., 23 Fig., 8 Tab., 155 Diagramme, 2 Karten.
ISBN 3-88009-025-4 (DM 25,—)

Berliner Geographische Abhandlungen
Im Selbstverlag des Instituts für Physische Geographie der Freien Universität Berlin,
Altensteinstraße 19, D-1000 Berlin 33 (Preise zuzüglich Versandspesen)

Heft 27: GABRIEL, Baldur (1977)
Zum ökologischen Wandel im Neolithikum der östlichen Zentralsahara. — Arbeit aus der Forschungsstation Bardai/Tibesti. 111 S., 9 Tab., 32 Fig., 41 Photos, 2 Karten.
ISBN 3-88009-026-2 (DM 35,—)

Heft 28: BÖSE, Margot (1979)
Die geomorphologische Entwicklung im westlichen Berlin nach neueren stratigraphischen Untersuchungen. — 46 S., 3 Tab., 14 Abb., 25 Photos, 1 Karte.
ISBN 3-88009-027-0 (DM 14,—)

Heft 29: GEHRENKEMPER, Johannes (1978)
Ranas und Reliefgenerationen der Montes de Toledo in Zentralspanien. — S., 68 Abb., 3 Tab., 32 Photos, 2 Karten.
ISBN 3-88009-028-9 (DM 20,—)

Heft 30: STÄBLEIN, Gerhard (Hrsg.) (1978)
Geomorphologische Detailaufnahme. Beiträge zum GMK-Schwerpunktprogramm I. — 90 S., 38 Abb. und Beilagen, 17 Tab.
ISBN 3-88009-029-7 (DM 18,—)

Heft 31: BARSCH, Dietrich & LIEDTKE, Herbert (Hrsg.) (1980)
Methoden und Andwendbarkeit geomorphologischer Detailkarten. Beiträge zum GMK-Schwerpunktprogramm II. — 104 S., 25 Abb., 5 Tab.
ISBN 3-88009-030-0 (DM 17,—)

Heft 32: Arbeitsberichte aus der Forschungsstation Bardai/Tibesti. V. Abschlußbericht (1982)
182 S., 63 Fig. und Abb., 84 Photos, 4 Tab. 5 Karten.
ISBN 3-88009-031-9 (DM 60,—)

Heft 33: TRETER, Uwe (1981)
Zum Wasserhaushalt schleswig-holsteinischer Seengebiete. — 168 S., 102 Abb., 57 Tab.
ISBN 3-88009-033-5 (DM 40,—)

Heft 34: GEHRENKEMPER, Kirsten (1981)
Rezenter Hangabtrag und geoökologische Faktoren in den Montes de Toledo. Zentralspanien. — 78 S., 39 Abb., 13 Tab., 24 Photos, 4 Karten.
ISBN 3-88009-032-7 (DM 20,—)

Heft 35: BARSCH, Dietrich & STÄBLEIN, Gerhard (Hrsg.) (1982)
Erträge und Fortschritte der geomorphologischen Detailkartierung. Beiträge zum GMK-Schwerpunktprogramm III. — 134 S., 23 Abb., 5 Tab., 5 Beilagen.
ISBN 3-88009-034-3 (DM 30,—)

Heft 36: STÄBLEIN, Gerhard (Hrsg.) (1984)
Regionale Beiträge zur Geomorphologie. Vorträge des Ferdinand von Richthofen-Symposiums, Berlin 1983. — 140 S., 67 Abb., 6 Tabellen.
ISBN 3-88009-035-1 (DM35,—)

Heft 37: ZILLBACH, Käthe (1984)
Geoökologische Gefügemuster in Süd-Marokko. Arbeit im Forschungsprojekt Mobilität aktiver Kontinentalränder. — 95 S., 61 Abb., 2 Tab., 3 Karten.
ISBN 3-88009-036-X (DM 18,—)

Heft 38: WAGNER, Peter (1984)
Rezente Abtragung und geomorphologische Bedingungen im Becken von Ouarzazate (Süd-Marokko). Arbeit im Forschungsprojekt Mobilität aktiver Kontinentalränder. — 112 Seiten, 63 Abb., 48 Tab., 3 Karten.
ISBN 3-88009-037-8 (DM 18,—)

Heft 39: BARSCH, Dietrich & LIEDTKE, Herbert (Hrsg.) (1985)
Geomorphological Mapping in the Federal Republic of Germany. Contributions to the GMK priority program IV. — 89 S., 16 Abb., 5 Tabellen.
ISBN 3-88009-038-6 (DM 22,50)

Heft 40: MÄUSBACHER, Roland (1985)
Die Verwendbarkeit der geomorphologischen Karte 1 : 25 000 (GMK 25) der Bundesrepublik Deutschland für Nachbarwissenschaften und Planung. Beiträge zum GMK-Schwerpunktprogramm V. — 97 S., 15 Abb., 31 Tab., 21 Karten.
ISBN 3-88009-039-4 (DM 17,—)

Berliner Geographische Abhandlungen
Im Selbstverlag des Instituts für Physische Geographie der Freien Universität Berlin,
Altensteinstraße 19, D-1000 Berlin 33 (Preise zuzüglich Versandspesen)

Heft 41: STÄBLEIN, Gerhard (Hrsg.) (1986)
Geo- und biowissenschaftliche Forschungen der Freien Universität Berlin im Werra-Meißner-Kreis (Nordhessen). Beiträge zur Werra-Meißner-Forschung I. — 265 S., 82 Abb., 45 Tab., 3 Karten.
ISBN 3-88009-040-8 (DM 28,—)

Heft 42: BARSCH, Dietrich & LESER, Hartmut (Hrsg.) (1987)
Regionale Beispiele zur geomorphologischen Kartierung in verschiedenen Maßstäben (1 : 5 000 bis 1 : 200 000). Beiträge zum GMK-Schwerpunktprogramm VI. —
ISBN 3-88009-041-6 (DM 35,—)

Heft 43: VAHRSON, Wilhelm-Günther (1987)
Aspekte bodenphysikalischer Untersuchungen in der libyschen Wüste. Ein Beitrag zur Frage spätpleistozäner und holozäner Grundwasserbildung. — 92 S., 12 Abb., 56 Fig., 7 Tab., 1 Karte.
ISBN 3-88009-042-4 (DM 18,—)

Heft 44: PACHUR, Hans-Joachim & RÖPER, Hans-Peter (1987)
Zur Paläolimnologie Berliner Seen. — 150 S., 42 Abb., 28 Tab.
ISBN 3-88009-043-2 (DM 30,—)

Heft 45: BERTZEN, Günter (1987)
Diatomeenanalytische Untersuchungen an spätpleistozänen und holozänen Sedimenten des Tegeler Sees.
ISBN 3-88009-044-0 *(im Druck)*

Heft 46: FRANK, Felix (1987)
Die Auswertung großmaßstäbiger Geomorphologischer Karten (GMK 25) für den Schulunterricht. Beiträge zum GMK-Schwerpunktprogramm VII. — 100 S., 29 Abb., Legende der Geomorphologischen Karte 1 : 25 000 (GMK 25).
ISBN 3-88009-045-9 (DM 18,—)

Heft 47: LIEDTKE, Herbert (Hrsg.) (1988)
Untersuchungen zur Geomorphologie der Bundesrepublik Deutschland — Neue Ergebnisse der Geomorphologischen Kartierung. Beiträge zum GMK-Schwerpunktprogramm VIII.
ISBN 3-88009-046-7 *(im Druck)*

Heft 48: MÖLLER, Klaus (1988)
Reliefentwicklung und Auslaugung in der Umgebung des Unterwerra-Sattels (Nordhessen). — 187 S., 55 Abb., 20 Tab., 2 Karten.
ISBN 3-88009-047-5 (DM 25,—)